# Carte des fonds marins de la Terre

La chaîne dorsale, enfouie sous l'océan Atlantique, sépare les Amériques ( à gauche ) de l'Europe-Afrique ( à droite ).

La première carte mondiale des fonds marins a été dressée par les sous-marins américains dans le cadre d'un programme top-secret mené pendant la guerre froide pour le compte de l'agence de renseignements NSA*. **Dans les années 1970 les scientifiques ont été totalement surpris lorsque l'US Navy et la NSA ont rendu cette carte publique où la Terre semble avoir été tordue par une main géante.**

**Cette carte n'était bien entendu pas disponible lorsque Velikovsky a écrit ce livre. En revanche, plus d'un géologue de l'époque a été étonné par l'incroyable justesse analytique de Velikovsky.**

---

* National Security Agency.

Dr Immanuel Velikovsky

# *Les Grands Bouleversements Terrestres*

Traduit par Collin Delavaud et Carole Hennebault

Le jardin des Livres
Paris

**Du même auteur :**

**- *Œdipe et Akhenaton*, Ed. Robert Laffont, 1986**
**- *Mondes en Collision*, Jardin des Livres 2003, dispo.**
**- *Le Désordre des Siècles*, Jardin des Livres 2005, juin.**

**Vous pouvez envoyer des chapitres de ce livre ( word, pdf, html, txt, mac ) à vos amis et relations par e-mail :**

| | | |
|---|---|---|
| www.lejardindeslivres.com/gbt.htm | Format | Html |
| www.lejardindeslivres.com/PDF/gbt.pdf | | Pdf |
| www.lejardindeslivres.com/PDF/gbt.doc | | Word |
| www.lejardindeslivres.com/PDF/gbt.sdw | | Star |

Format texte pur : ( cliquez sur Shift pour sauver le fichier sur votre bureau, sinon votre navigateur va l'ouvrir )

| | |
|---|---|
| www.lejardindeslivres.com/PDF/gbt-pc.txt | Pc |
| www.lejardindeslivres.com/PDF/gbt-mac.txt | Mac |
| www.lejardindeslivres.com/PDF/gbt-unix.txt | Unix |
| www.lejardindeslivres.com/PDF/gbt-win.txt | Win |
| www.lejardindeslivres.com/PDF/gbt.rtf | Rtf |



Éditions Le jardin des Livres ®
243 bis, Boulevard Pereire – Paris 75827 Cedex 17
Attachée de Presse : Marie Guillard

**ISBN 2-914569-22-X** **EAN 9782 914569 224**

# Immanuel Velikovsky inspire René Barjavel en 1966 et déclenche la censure de *Sciences et Avenir* en 2003

Avec son roman *La Nuit des Temps,* René Barjavel s'était ouvertement inspiré des *Grands Bouleversements Terrestres,* donnant à l'un de ses personnages les traits d'Immanuel Velikovsky :

> *Le géographe danois, exulte : il avait toujours soutenu la théorie si controversée d'un basculement du globe terrestre. Il en avait apporté des preuves multiples, qu'on lui réfutait une à une* .

René Barjavel avait mis en scène une équipe de scientifiques français en mission au Pôle Nord. En effectuant des carottages sous-glaciaires, ils découvrent deux êtres humains, un homme et une femme, gelés, mais maintenus en vie par un système complexe dont la technologie leur échappe. Après une série d'aventures toutes plus réalistes les unes que les autres, un groupe de savants internationaux parvient à réveiller la femme, sorte de nouvelle Eve qui leur dessine la carte du monde où elle avait vécu. Stupéfaits, les scientifiques finissent par comprendre qu'entre-temps, la Terre s'était... retournée :

---

* Page 182, in *La Nuit des Temps*, René Barjavel, Presses de la Cité, Paris, 1968. En 2004, toujours disponible en poche chez Pocket, numéro 812.

*Un cataclysme brutal a fait tourner la Terre sur un axe équatorial, bousculant les climats en quelques heures, peut-être en quelques minutes, brûlant ce qui était froid, glaçant ce qui était chaud, et submergeant les continents de masses énormes d'eaux océanes arrachées à leur inertie. (...) Les deux Amériques occupent l'écran. Mais le basculement du globe les a mises dans une position étrange. Elles se sont inclinées, celle du Nord vers le bas, celle du Sud vers le haut**.

Tout est dit par « *la théorie si controversée d'un basculement du globe terrestre. Il en avait apporté des preuves multiples, qu'on lui réfutait* ». En effet, le Dr Velikovsky a payé très cher son audace et personne à l'époque aux Etats-Unis ne s'était précipité pour le soutenir. Comme tous les messagers apportant de mauvaises nouvelles, il a été médiatiquement lynché pour avoir osé dire tout haut ce que les géologues ( y compris Darwin ) n'avaient même jamais osé penser tout bas, malgré toutes les preuves accablantes qui s'étalaient au grand jour devant eux.

En psychologie, on appelle cela le « *déni* ».

La Terre, notre jolie planète bleue, la Gaïa nourricière, n'avait pas pu vivre une chose pareille. C'était impossible.

On ne peut reprocher qu'une seule chose à Immanuel Velikovsky : ne pas avoir pris des gants pour le dire. Il a jeté un pavé dans la mare des géologues et s'est étonné d'avoir été éclaboussé. Néanmoins, depuis 1952, les preuves de ce qu'il affirmait se sont accumulées : au cours des 80.000 dernières années, la Terre s'est renversée au moins à trois reprises. Et sur 600 millions d'années, les pôles ont changé de place plus de 200 fois !

Imaginez quelques instants que notre planète se retourne soudainement et expose en quelques secondes ses flancs auparavant glacés au Soleil et vice-versa... Même aujourd'hui, les paléomagnétistes* essaient d'arranger l'information afin que cela nous effraye le moins possible.

---

* Ibid.

* Les paléomagnétistes étudient la polarisation des roches volcaniques.

A propos des mammouths par exemple, les scientifiques disent qu'ils « *se sont perdus dans un blizzard. Ils n'ont pas été gelés en une fraction de seconde*** ». Ils n'expliquent pas d'avantage pourquoi les cavernes chinoises, françaises ou américaines sont emplies de squelettes de milliers d'animaux terrestres mélangés avec des poissons. Comme d'habitude avec les questions gênantes, on se retrouve avec des explications embrouillées et vagues. Quelles qu'elles soient, Velikovsky ne peut de toute façon qu'avoir tort.

Voici comment la presse « scientifique » se débrouille pour, c'est le cas de le dire, le censurer. Ce n'est même pas l'analyse de l'éditeur mais celle de Marc Lalvée, qui, en 2004, dans le cadre du doctorat en Sciences de l'Information et de la Communication*** à Lille 3 a traité le sujet :

**Mondes en Collision *et* Planète X *dans la presse de vulgarisation scientifique et la presse de vulgarisation ésotérique : Analyse comparative de deux types de communication en action*****.**

*Le thème que nous avons retenu est l'ensemble des catastrophes naturelles ( volcanisme, séismes, cyclones, raz-de-marée, inondations, astéroïdes, perturbations climatiques, etc. ) sur la période 1993-2003 dans les revues de vulgarisation scientifique* Sciences et Avenir *et* Science et Vie *d'une part, et dans diverses revues de vulgarisation ésotérique sur cette période d'autre part* ( Facteur X, Le Monde de l'Inconnu, Top Secret ).

*La référence dans un article de revue de vulgarisation ésotérique de mai 2003 à un article d'astronomie de* Science et Vie *de février 2003 ainsi que la parution quasi simultanée de deux dossiers portant sur une thématique commune, l'un dans* Sciences et Avenir *( n°680, octobre 2003), l'autre dans la revue de vulgarisation ésotérique* Le Monde de l'Inconnu *( « le magazine de l'histoire mystérieuse et de*

** Entendu sur Europe 1 à propos du film « Le Jour d'Après » en mai 2004.
*** UMR CNRS 8529 Centre d'Etudes et de Recherches sur les Savoirs, les Arts et les Techniques, les Economies et les Sociétés.
**** Le 25 mars 2004 à l'Université Stendhal, sous la présidence de Joëlle Le Marec, maître de conférences HDR à l'ENS-LSH Lyon, responsable de recherche « Communication, Culture et Société ».

*la recherche spirituelle », n°305, 15 septembre - 15 novembre 2003 ) nous fournissent l'occasion de développer une analyse comparative de deux types de communication en action, d'en cerner les formes et les figures, les spécificités propres, les différences et convergences ainsi que les enjeux. (...)*

*L'un des articles du dossier « Les colères de l'univers » de* Sciences et Avenir *( octobre 2003, p. 46-48 ) s'intitule par exemple « Mondes en Collision » et évoque des « planètes nées d'un processus destructeur » ( notamment pour la Terre, par un basculement de l'axe des pôles )* ***sans qu'à aucun moment dans le dossier ne soit cité l'ouvrage de Velikovsky qui porte pourtant le même titre, traite précisément de ce sujet depuis 1950 et dont une nouvelle édition française est parue en mars 2003. On semble ainsi assister à une sorte d'« appropriation silencieuse » par la vulgarisation scientifique ( par la science ? ) de thèmes rejetés par la communauté scientifique à une certaine époque mais semblant être admis aujourd'hui dans le champ scientifique sans référence aux sources premières.***

C'est formidable n'est-ce-pas ? La revue *Sciences et Avenir* réalise un dossier « *Mondes en Collision* » en réussissant à ne jamais citer Velikovsky tout en lui prenant le titre ET le sujet de son livre ! Les lecteurs ne doivent surtout pas être informés de l'existence de ce livre.

Pour Immanuel Velikovsky, les choses pourtant sont très simples ; d'ailleurs il suffit d'ouvrir les yeux, les preuves se dressent un peu partout autour de nous, tellement visibles et évidentes, si énormes, que, comme toutes les choses évidentes, on ne les voit pas du premier coup.

En 2004, les géologues ont fini par reconnaître que « *Immanuel Velikovsky est le père du catastrophisme* », mot il est vrai peu agréable à entendre.

Les *Grands Bouleversements Terrestres* est un livre dur à lire, dur parce qu'après avoir été traîné dans la boue à cause de *Mondes en Collision,* l'auteur s'est efforcé de ne jamais citer des sources littéraires, religieuses et folkloriques afin de ne laisser que des témoignages solides, « *les témoignages des pierres* » difficilement niables.

Le merveilleux style littéraire de *Mondes en Collision* a laissé la place ici à un style froid, sans doute en corrélation avec sa thèse sur la glaciation, un style austère, presque universitaire. Mais ce style n'enlève rien à ses analyses qui, même aujourd'hui, ont conservé leur pertinence et leur qualité visionnaire. Ainsi, dans ce livre, Velikovsky affirme que :

– la dernière grande glaciation est beaucoup plus récente qu'on ne le pensait et les changements de climat ont été particulièrement subits ( thème du film « Le Jour d 'après » et du livre *Le Grand Dérèglement du Climat* ).

– toutes les grandes civilisations ( Egypte, Crète, Troie, etc. ) ont été plusieurs fois détruites à la suite de grands cataclysmes.

– de fait, l'Age de Bronze s'est brusquement terminé à la suite de ces catastrophes.

– les inscriptions minoéennes ( linéaire B ) découvertes en Crète sont d'origine grecque. Environ 6 ans après la publication du premier livre de Velikovsky, Michael Ventris finit par décrypter le linéaire B et tomba effectivement sur du grec ancien ou archaïque.

Les *Grands Bouleversements Terrestres* établissent avec le détachement d'un médecin légiste les traumas subis par la Terre, des traumas qui ont laissé des traces indélébiles dans nos rochers, dans nos montagnes et sur nos paysages. Grâce à Velikovsky, ces rochers géants posés au milieu d'un champ, à des milliers de kilomètres de la montagne la plus proche prennent une nouvelle dimension, une dimension dramatique.

Le jardin des Livres

# Préface du Dr Velikovsky de la 12e édition américaine

Voici déjà près de trente ans que la première édition de ce livre prenait place sur les rayons des libraires. Au cours des années qui suivirent, la course à l'espace s'emballa et la compréhension des mystères de l'espace fut comparable à une révélation. La Terre, le système solaire, notre galaxie et tout ce qui l'entoure, jusqu'alors symboles de calme et de sérénité, devinrent soudain des mondes agités.

La Terre n'est pas le jardin d'Eden, subissant une évolution lente, et pacifique sur un nombre incalculable de siècles – pour ne pas dire l'éternité – afin que l'orogénèse[1], progressant lentement, prenne fin avec l'ère tertiaire où, pendant des millions d'années, il n'y eut jamais d'autres événements que la chute de grosses météorites...

Pour beaucoup de scientifiques, la Terre a toujours été une planète paisible suivant imperturbablement son orbite sur un calendrier précis, sans changer de latitude et laissant ses sédiments s'accumuler avec une précision digne d'une pesée d'apothicaire ; pourtant, elle dissimule encore quelques mystères non résolus mais assurés de trouver leurs solutions dans le cadre d'un système où les corps célestes suivent leurs rondes immuables avec la régularité d'une horloge suisse.

La Terre, avec ses marées prévisibles et ses saisons aurait donc vécu un stade où s'affrontèrent les mammifères, les araignées, les vers, les poissons et les oiseaux. Tous ces êtres auraient évolué uniquement à cause de la compétition entre les espèces, tous descendants d'un ancêtre commun, la créature unicellulaire primitive[2]. Refusant de

---

1 NdT: formation des reliefs de l'écorce terrestre.

2 Note JdL: lire à ce sujet *Le Principe de Lucifer Tome 2* de Howard Bloom;

croire que de terribles cataclysmes aient pu affecter sa planète, l'homme rangea cette idée au rang de croyance religieuse ou ésotérique avec un Lucifer et une Apocalypse.

Cependant, l'homme découvrit aussi les indices irréfutables témoignant de ce passé terrifiant de sa planète, comme par exemple les cendres d'origine étrangère recouvrant les fonds sous-marins, eux-mêmes entaillés par un immense cañon ( qui traverse tous les océans ) preuve matérielle d'une torsion phénoménale et la Terre, frémissante de douleur, vit la position de ses pôles bouger, puis s'inverser à plusieurs reprises.[3]

La Lune n'est pas seulement cette planète romantique qui illumine nos nuits, elle est aussi un monde sans vie où règne le chaos avec ses millions de mètres carrés déformés, fondus et boursouflés dont les significations nous échappaient encore. Notre Soleil resplendissant envoie des vagues de plasma vers les planètes voisines qui, pour se protéger contre de telles démonstrations amoureuses, lui opposent leurs ceintures magnétiques. Elles diffusent même des messages par ondes hertziennes pour exprimer les angoisses de leurs âmes inorganiques, ainsi que d'autres signaux radio, résultant du choc de galaxies en collision qui parviennent aussi jusqu'à nous.

Cet univers d'apparence si placide n'est qu'un vaste nuage traversé par des radiations dont certaines sont mortelles, parcouru par des fragments de matières désagrégées, où résonnent des cris d'alarme provenant de toutes les directions.

Le seul sentiment de sécurité tient à la conviction qu'aucun désagrément majeur puisse arriver à l'homme, joyau de la Création, car il est impensable que cela puisse résulter de la décision d'un dieu bienveillant. L'idée que le système solaire vient tout juste de voir la fin des combats entre les dieux ( décrits par les Anciens ) pour entrer dans une phase de calme relatif ( peut-être une très longue

---

Ed. Le Jardin des Livres, 2003.

3 Note JdL: la première carte des fonds marins, établie bien après l'écriture de ce livre, confirme ces propos.

période, comparée à une vie humaine ) est un concept très plausible. Plausible l'est aussi celui qui affirme que pour conjurer la plupart de ces périls, une solution appropriée se serait naturellement mise en place ou, qui sait ?, ordonné par une intelligence supérieure et protectrice. En effet, l'ionosphère nous garde des redoutables rayons ultra-violets et d'autres radiations nocives, tout comme le bouclier magnétique ( engendré par la rotation terrestre permanente ) exerce un contrôle sur les rayons cosmiques ; et, bien que la Terre ne soit pas le centre de l'univers comme on le croyait il n'y a pas si longtemps, notre planète se déplace à une distance du Soleil qui lui procure une chaleur suffisante afin que sa réserve d'eau ne s'évapore, ni ne gèle ; en d'autres termes, pour qu'elle conserve une atmosphère humide favorable aux créatures vivantes.

Toutes les formes de vie qui ont évolué pendant les grands bouleversements terrestres se trouvent maintenant dans une ère de prospérité et d'abondance. Quant à l'homme, il conquiert l'Espace ; mais, frappé d'amnésie, il a oublié les bouleversements tragiques de son proche passé et joue dangereusement avec l'atome après en avoir maîtrisé la fission ; en somme, il est peu éloigné de son ancêtre qui inventa le feu en frottant le silex.

# Préface de la première édition française

Ce livre retrace les catastrophes effroyables subies par la planète Terre au cours de l'histoire : toutes les pages qui suivent sont remplies de pièces à conviction fournies par les montagnes, et dont le puissant témoignage n'a d'égal que le mutisme des cadavres et des squelettes qu'elles contiennent.

Un nombre incalculable d'êtres sont nés sur notre minuscule planète ronde suspendue dans le vide intersidéral. Beaucoup ont connu une mort naturelle, d'autres ont été engloutis au sein des couches tectoniques par des bouleversements monumentaux pendant lesquels les continents et les mers ont rivalisé de fureur destructrice. Les milliards et les milliards de poissons qui peuplaient les océans cessèrent brusquement de vivre et certaines espèces disparurent sans laisser de survivants. D'autres variétés d'animaux s'éteignirent tout aussi brusquement parce que cette terre et cette eau sont soudainement devenues si violentes qu'elles détruisirent une partie du règne animal, humanité comprise.

Il n'y eut ni abri, ni refuge : le sol et la mer changèrent plusieurs fois de place, le premier s'asséchant pour submerger la seconde. Dans *Mondes en Collision*[4], j'ai décrit deux de ces catastrophes ( les dernières en date ) qui ont ravagé notre Terre, respectivement 2000 ans et 1000 ans avant JC. Sachant que ces bouleversements se passèrent alors que l'écriture avait déjà été perfectionnée par les civi-

4 Note JdL : publié en 2003 au Jardin des Livres avec un dossier complet de 70 pages sur Velikovsky et son œuvre.

lisations anciennes, je me suis servi de documents historiques, m'appuyant sur des cartes des cieux, des clepsydres, des calendriers, des cadrans solaires découverts par les archéologues ; j'ai aussi emprunté des éléments à la littérature classique, aux épopées nordiques, aux multiples sagas toujours vivantes chez les peuples primitifs, de la Laponie jusqu'aux mers du Sud. Je donnais toutes les informations d'ordre géologique concernant les faits cités dans les textes antiques ou rapportés par les traditions orales quand j'estimais que le témoignage immédiat des pierres devait être présenté en même temps que celui de l'Histoire. Je terminais mon enquête en promettant de raconter dans un livre suivant des cataclysmes antérieurs assez semblables, l'un d'entre eux étant le Déluge.

Après avoir rassemblé une documentation importante, j'avais l'intention d'apporter les preuves géologiques et paléontologiques qui auraient étayé ma démonstration. Mais l'accueil réservé à *Mondes en Collision* par certains milieux scientifiques m'a convaincu qu'avant de présenter ces événements tragiques, il importait de présenter au moins quelques unes des « *dépositions* » faites par les pierres qui s'imposent avec autant de puissance que celles parvenues jusqu'à nous grâce aux traditions orales, et sous forme d'écrits dont les métaphores ne sont jamais sibyllines : certaines pages de l'Ancien Testament et de l'*Iliade* se passent de toute interprétation.

Les pierres, les rocs, les montagnes et les fosses sous-marines comparaîtront donc à la barre des témoins. Se souviendront-ils des temps relativement récents où l'harmonie du monde fut troublée par les forces naturelles qui ont enseveli d'innombrables êtres vivants pour les conserver presque intacts dans les roches ? Ces témoins muets ont-ils vu les océans envahir les continents et les terres glisser sous leurs eaux ? Le globe et l'étendue de ses mers ont-ils reçu des pluies de pierres ? A-t-il été couvert de cendres ? Les forêts ont-elles été déracinées par les ouragans, incendiées, submergées par les marées charriant le sable et les débris arrachés aux abîmes marins ?

J'évoque ici une partie de l'histoire du globe terrestre. J'ai supprimé de nombreux passages du Grand Livre de l'Humanité en omettant, intentionnellement, toutes les références à la littérature antique, aux traditions et aux folklores afin que les critiques ne puissent décrier la totalité de mon œuvre en la qualifiant de « *contes et légendes* ».

Les pierres et les ossements seront donc mes seuls témoins ; aussi muets qu'ils soient, ils s'exprimeront clairement, sans équivoque. Pourtant, certains lecteurs aux oreilles rétives, ne voulant pas accepter les preuves n'accepteront pas leurs dépositions. Moins la vision des choses sera nette, plus les protestations se feront criardes et obstinées. Mon livre n'a pas été écrit pour ceux qui ne jurent que par les *Verba Magistri,* seul enseignement acquis au cours de leurs études classiques. Aussi, libre à eux de le dénigrer sans le lire[5].

***Dr Immanuel Velikovsky***

5 Note JdL: ces lignes prouvent si besoin était à quel point Velikovsky a été traumatisé par les attaques contre son livre précédent, *Mondes en Collision*.

# ~ 1 ~
# Dans le Nord

## ~ En Alaska

Au nord du mont Mac Kinley – le plus haut sommet de l'Amérique – le fleuve Yukon[6] reçoit plusieurs affluents, dont la rivière Tanana. Dans ces vallées, on extrait de l'or et surtout du *muck*, sorte de masse congelée constituée d'animaux et d'arbres. Voici comment F. Rainey[7] de l'Université d'Alaska, décrit les lieux :

> *Dans le district de Fairbanks, de larges coupures, souvent longues de plusieurs kilomètres et parfois profondes de plus de 40 mètres, sont ouvertes le long des vallées tributaires de la rivière Tanana. Afin d'atteindre les veines de gravier, on enlève d'abord une couche supérieure de boue congelée, ou* muck, *avec des des excavateurs hydrauliques géants.*
>
> *Ce* muck *contient d'immenses quantités d'ossements d'espèces animales éteintes, telles que le mammouth, le mastodonte, le bison géant et le cheval*.[8]

Ces espèces n'ont disparu que très récemment. Les dernières estimations situent leur extinction à la fin de l'époque glacière ou peu après. La terre de l'Alaska a recouvert leurs cadavres, mais mélangés à d'autres animaux dont les espèces existent encore !

---

6 NdT: fleuve au nord-ouest de l'Amérique du Nord, long de 3190 km. Il traverse la Colombie-Britannique et le territoire canadien du Yukon puis pénètre en Alaska, territoire américain, pour se jeter dans la mer de Béring.

7 F. Rainey, « Archaelogical Investigation in Central Alaska », *American Antiquity*, v, 1940, p. 305.

8 Le cheval s'est éteint pendant l'époque de l'Amérique précolombienne; les chevaux existant actuellement dans l'hémisphère occidental descendent d'animaux importés.

Qu'est-ce qui a déclenché cette hécatombe au cours de laquelle des millions d'êtres vivants ont été mutilés et mélangés aux arbres déracinés ? Hibben, de l'Université du Nouveau-Mexique, écrit :

> *Bien que la formation des dépôts de* muck *soit énigmatique, il est manifeste qu'une partie au moins est arrivée là dans des conditions catastrophiques.*
>
> *Les restes de mammifères sont en majorité démembrés et désarticulés ; mais grâce à la congélation, certains fragments ont conservé des ligaments, des lambeaux de chair et de peau encore couverts de poils.*
>
> *Des arbres tordus, déchirés sont empilés en masses séparées. Malgré leurs formes gondolées et tordues, on peut distinguer dans ces dépôts au moins quatre grandes couches de cendres volcaniques.*[9]

Se pourrait-il qu'un sursaut d'activité volcanique ait tué la faune de l'Alaska, et que les cours d'eau aient par la suite transporté les corps de ces animaux ? Une éruption volcanique aurait évidemment brûlé les arbres mais sans les déraciner, ni les déchirer. De plus, si elle avait tué les animaux, elle ne les aurait pas démembrés.

La présence des cendres volcaniques montre qu'elle a bien eu lieu, et même à quatre reprises pendant la même époque ; mais il est aussi évident que les arbres n'ont pu être arrachés et déchiquetés que par un ouragan, par une inondation ou par les deux.

Les animaux ont été broyés par une vague énorme qui a soulevé, arraché, transporté, écrasé, réduit en morceaux et enterré des millions de corps et autant d'arbres. Il faut ajouter que plusieurs volcans n'auraient pas suffi à provoquer une telle catastrophe sur une étendue aussi vaste : des dépôts de *muck*, analogues à ceux de la rivière Tanana existent aussi sur les berges de la rivière Koyukuk qui se jette dans le Yukon, et sur toute la longueur de la rivière Kuskokwim qui débouche dans la mer de Béring, ainsi que sur d'autres sites arctiques.

---

9 F. C. Hibben, « Evidence of Early Man in Alaska », *American Antiquity*, 1943, viii, p. 256.

On peut donc « *considérer qu'ils s'étendent en plus ou moins grande épaisseur sur toutes les zones n'ayant jamais été glacées de cette péninsule nordique* »[10].

Pourquoi les océans Arctique et Pacifique auraient-ils arraché forêts et animaux pour ensuite rejeter toute cette masse confuse en grands tas éparpillés sur le territoire... N'était-ce pas plutôt une révolution tectonique dans l'écorce terrestre, qui a aussi entraîné des éruptions volcaniques et couvert la péninsule de cendres ?

A différents niveaux du *muck*, on a trouvé des outils de pierre « *congelés in situ à de grandes profondeurs, manifestement associés à la faune de la période glaciaire* », ce qui implique qu'en Alaska « *des hommes furent contemporains d'animaux maintenant disparus* »[11]. A plusieurs reprises, on y a découvert des silex taillés de forme caractéristique ( appelés *pointes yumas* ) à 30 mètres de profondeur. On a même retrouvé ces pointes entre une mâchoire de lion et une défense de mammouth ![12]

Des armes similaires étaient employées il y a quelques générations uniquement par les Indiens de la tribu Athapasca occupant la vallée de la Tanana[13]. « *On a également remarqué que les harpons des Esquimaux modernes ressemblent étrangement aux* pointes yumas »[14]. Tous ces détails indiquent que ce carnage d'animaux et de forêts ne remonte qu'à seulement quelques millénaires.

### ~ Les îles de l'ivoire

Le littoral arctique de la Sibérie est froid, désert et inhospitalier. La mer est navigable pendant deux mois par an, et encore, uniquement pour les brise-glace. De septembre à la mi-juillet, elle forme une étendue de glace continue. Les vents arctiques balaient ses toundras gelées où aucun arbre ne pousse et dont le sol n'est jamais cultivé. En 1878, au cours de son expédition à bord du

10 Ibid.
11 Rainey, *American Antiquity*, v, p. 307.
12 Hibben, *American Antiquity*, viii, p. 257.
13 Rainey, *American Antiquity*, v, p. 301.
14 Hibben *American Antiquity*, viii, p. 256.

Vega, Nils Adolf Erik Nordenskjöld, premier à emprunter cette route maritime nordique, longea la côte pendant des semaines sans jamais voir un seul être humain et ce depuis la Nouvelle-Zemble[15] jusqu'au cap Shelagskoï[16] situé près de l'extrémité Est de la Sibérie.

Dans le nord de la Sibérie, on a toujours découvert des défenses de mammouth fossilisées ; elles étaient déjà vendues dans l'Antiquité du temps de Pline, c'est-à-dire au I^er^ siècle avant JC. Les Chinois excellaient dans l'art de les sculpter. Le commerce de ces défenses s'est poursuivi de 1582, date de la conquête de la Sibérie par le cosaque Yermak ( sous le règne d'Ivan le Terrible ) jusqu'à nos jours. La Sibérie a fourni au monde plus de la moitié de ses besoins : bien des touches de piano ou de boules de billard ont été fabriquées à partir de ces défenses de mammouth.

En 1797, le cadavre d'un mammouth intact avec sa chair, sa peau et ses poils fut trouvé dans le sol gelé sibérien ; d'autres ont été extraits depuis : « *La viande avait l'aspect de bœuf récemment congelé ; elle était comestible ; des loups et des chiens de traîneau en mangèrent sans problème et sans conséquence* »[17]. Le sol a dû rester gelé depuis le moment où ces mastodontes y ont été enfouis, car autrement ils se seraient putréfiés en un seul été et ne seraient pas restés intacts pendant des millénaires : « *Il faut donc absolument en déduire que les corps ont été gelés immédiatement après la mort et qu'ils n'ont* ***jamais dégelé une seule fois*** *jusqu'au jour de leur découverte* »[18].

Bien plus au nord de la Sibérie, dans l'océan Arctique, à quelques 1000 km à l'intérieur du Cercle polaire, se trouvent les îles Liakhov ; elles ont pris le nom du chasseur qui, à l'époque de Catherine II, s'était aventuré dans cet archipel et avait découvert qu'elles abondaient en ossements :

---

15 NdT: grande île située au nord de la Sibérie.
16 170° 30' Est.
17 Observation de D. F. Hertz, dans B. Digby, *The Mammouth*, 1926, p. 9.
18 D. Gath Whitley, « The Ivory Island in the Arctic Ocean », *Journal of the Philosophical Society of Great Britain*, XII, 1910, p. 35.

*La quantité de restes de mammouths était telle que l'île semblait véritablement formée d'ossements et de défenses d'éléphants cimentés par un sable glacé.*[19]

Les îles de la Nouvelle-Sibérie, découvertes en 1805 et 1806, ainsi que celles de Stolbovoï et de Belkov plus à l'ouest, offrent le même spectacle : « *Le sol de ces îles désolées est littéralement jonché d'ossements d'éléphants et de rhinocéros en nombre surprenant* »[20]. Elles sont couvertes « *d'os de mammouths. La quantité de défenses, de dents d'éléphants et de cornes de rhinocéros trouvée dans la Nouvelle-Sibérie* (...) *est ahurissante et surpasse tout ce qu'on a pu découvrir jusqu'à ce jour* »[21].

Ces animaux s'y étaient-ils installés en passant sur la glace et pourquoi ? De quoi avaient-ils pu se nourrir ??? Pas des lichens des toundras sibériennes en tout cas, recouvertes de neige épaisse pendant la plus grande partie de l'année ; encore moins de la mousse des îles polaires gelées 10 mois sur 12 : les mammouths appartenant à la famille vorace des éléphants avaient besoin de copieuses rations « végétariennes ».

Comment ces grands troupeaux auraient-ils pu vivre dans un pays comme la Sibérie qui est considérée comme le pays le plus froid du monde et où il n'y avait pas d'alimentation qui leur convenait ?

Des défenses de mammouths ont été même été ramenées dans les filets du fond de l'océan Arctique ; après les tempêtes qui sévissent dans ces parages, le littoral est parsemé de défenses rejetées par les vagues. D'après certains, cela indique que le fond de cet océan ( entre les îles et le continent ) était autrefois à sec et permettait ainsi le passage des pachydermes.

Le grand paléontologue français Georges Cuvier[22] estimait qu'au cours d'un séisme continental, la mer ayant envahi les terres, les troupeaux de mammouths avaient péri ; puis, dans un second mouvement spasmodique, les eaux s'étaient retirées en laissant les cadavres derrière

19 Ibid., p. 41.
20 Ibid., p. 36.
21 Ibid., p. 42.
22 1769-1832

elles. Cette catastrophe avait dû s'accompagner d'une chute soudaine de la température et le gel les avait préservés de la décomposition[23]. Chez quelques-uns même, quand ils furent découverts, les prunelles étaient intactes !!

Charles Darwin n'admettait pas que de tels faits se soient produits. Dans une lettre adressée à Sir Henry Howorth, il reconnut que l'extinction des mammouths sibériens constituait à ses yeux un problème insoluble[24]. L'éminent géologue américain J. D. Dana écrivit : « *Le fait que d'énormes éléphants soient enveloppés dans la glace et le parfait état de conservation de la chair montrent que le froid est devenu* **soudainement** *extrême, comme en une seule nuit d'hiver et qu'il n'y a pas eu de radoucissement par la suite* »[25].

On a trouvé dans l'estomac et entre les dents des mammouths des plantes et des herbes qui ne poussent pas de nos jours dans le nord de la Sibérie : « *Les estomacs et leur contenu ont été soigneusement examinés ; ils renfermaient, non digérées, des feuilles d'arbres existant actuellement dans le sud de la Sibérie, bien éloigné de ces gisements d'ivoire. L'étude au microscope de la peau a révélé la présence de globules rouges dans le sang, ce qui prouve* [ deux choses ] *: la mort a été subite, et la mort a été causée par asphyxie, que cette asphyxie soit due à des gaz ou à de l'eau ( manifestement l'ultime cause possible dans ce cas )* ». Mais l'énigme subsistait : « *Comment expliquer la congélation subite de ces énormes masses de chair, comme si elles avaient été conservées pour le futur ?* »[26]

Quel phénomène a pu entraîner un changement subit du climat de la région ? Aujourd'hui, le pays ne produit pas de nourriture pour les grands quadrupèdes ; le sol est aride et ne donne que des mousses et des champignons durant quelques mois. Or les mammouths ne s'en contentaient pas ; ils n'étaient d'ailleurs pas les seuls à paître au nord de la Sibérie et dans les îles de l'océan Arcti-

---

23 Georges Cuvier, *Discours sur les révolutions de la surface du globe et sur les changements qu'elles ont produits dans le règne animal*, 1825.
24 Whitley, *Journal of the philosophical Society of Great Britain*, XII, 1910, p. 56; G. F. Kuntz, *Ivory and the elephant*, 1916, p. 236.
25 J. D. Dana, *Manual of Geology*, 4e éd., 1894, p. 1007.
26 Whitley, *Journal of the Philosophical Society of Great Britain*, 1910, p 56.

que. Sur l'île Kotelnoï « *il n'y a ni arbustes ni buissons... Dans cette contrée sauvage et glacée, on trouve pourtant des os d'éléphants, de buffles et de chevaux en quantités qui défient tout calcul* »[27].

En 1806, quand Hedenström et Sannikov découvrirent les îles de la Nouvelle-Sibérie, ils trouvèrent au milieu de cette « *région déserte et reculée* » de l'Arctique « *d'immenses forêts pétrifiées* ». Elles se voyaient de plusieurs dizaines de kilomètres. « *Dans ces ruines d'anciennes forêts, les troncs de certains arbres étaient debout ; d'autres gisaient horizontalement, à demi enterrés dans le sol gelé ; ils couvraient une étendue considérable* »[28].

Hedenström les décrivit ainsi : « *Sur la côte de la Nouvelle-Sibérie, on rencontre de remarquables collines de bois* [ amoncellement de troncs ] *; elles font 50 mètres de hauteur et sont faites de couches horizontales de grès qui alternent avec des couches de poutres bitumineuses ou troncs d'arbres. Lorsqu'on les parcourt, on rencontre partout du charbon de bois fossilisé, apparemment recouvert de cendres ; mais, en y regardant de plus près, on constate que ces cendres sont également pétrifiées et si dures qu'on peut difficilement en couper un petit morceau au couteau* »[29]. Certains troncs sont fichés verticalement dans le grès, leurs extrémités brisées.

En 1829, le scientifique allemand G. A. Erman se rendit aux îles Liakhov et de Nouvelle-Sibérie pour y mesurer le champ magnétique terrestre et s'étonna de voir le sol jonché d'os d'éléphants, de rhinocéros et de buffles. Au sujet des entassements de bois, il écrivit : « *En Nouvelle-Sibérie, sur pentes exposées au Sud, on trouve de véritables collines de bois rejetés par la mer et hautes de 70 à 90 mètres dont l'origine ancienne (...) s'impose immédiatement à l'esprit des chasseurs les moins instruits. D'autres collines de cette île, tout comme celles de l'île située plus à l'ouest ( Kotelny ), sont composées de squelettes de pachydermes, de bisons etc. entassés sur une même hauteur, cimentés ensemble tant par du sable congelé que par des couches et des veines de glace... Sur le sommet de ces singulières collines, des troncs d'arbres gisent les uns sur les autres, dans le plus*

27 Ibid., p. 50.

28 Ibid., p. 43.

29 F. P. Wrangell, *Narrative of an Expedition to Siberia and the Polar Sea*, 1841, note p. 173 de l'édition américaine.

*grand désordre, soulevés en dépit de la pesanteur, leurs cimes brisées ou éclatées comme s'ils avaient été violemment projetés et amassés sur les pentes en venant du Sud* »[30].

Eduard von Toll fit plusieurs voyages aux îles de la Nouvelle-Sibérie entre 1885 et 1902, année de sa mort dans l'océan Arctique. Il examina les « *montagnes de bois* » et « *constata qu'elles étaient faites de troncs d'arbres carbonisés, portant des empreintes de feuilles et de fruits* ».[31] Sur Maloï, une des îles de l'archipel Liakhov, il trouva des ossements de mammouths et d'autres animaux mêlés à des troncs d'arbres fossiles, ainsi qu'à des feuilles et à des pommes de pin. « *Cette étonnante découverte prouve qu'aux époques où les mammouths et les rhinocéros vivaient dans le nord de la Sibérie, ces îles désolées étaient couvertes de grandes forêts et d'une végétation luxuriante* »[32]. Un formidable ouragan avait apparemment déraciné et emporté les arbres de la Sibérie vers l'extrême Nord ; des vagues gigantesques les avaient empilés sous forme de grosses collines et un agent de nature bitumineuse les avait transformés en charbon de bois, avant ou après qu'ils aient été déposés et cimentés dans des masses de sable qui s'est desséché et durci en grès.

Ces forêts ont été arrachées au nord de la Sibérie, précipitées dans l'océan, et, mêlées aux os d'animaux et aux tas de sable... elles ont formé les îles ! Il se peut d'ailleurs que les arbres brûlés, les mammouths et les autres animaux n'aient pas été tous détruits et emportés par une seule catastrophe. Il est plus probable qu'un cimetière « flottant » composé d'arbres et d'animaux ait été charrié sur la crête d'un monstrueux raz-de-marée et que celui-ci, en se retirant, ait tout laissé tomber sur un cimetière plus ancien, situé loin à l'intérieur du Cercle polaire.

Les scientifiques qui avaient exploré les lits de *muck* en Alaska ne comprirent pas : ils ne relevèrent pas la similitude qui existe entre les restes d'animaux qu'ils avaient vus et les restes d'animaux qu'on avait trouvés bien avant

---

30 G. A. Erman, *Travels in Siberia* 1848, II, p. 376, 383.
31 Whitley, *Journal of the Philosophical Society of Great Britain*, 1910, p. 49.
32 *Ibid* p. 50.

( et qu'on trouve encore ) dans les îles arctiques et les régions polaires de Sibérie. Ils ne pensèrent pas à une cause commune. L'exploration des îles de la Nouvelle-Sibérie était l'œuvre d'académiciens des XVIII$^e$ et XIX$^e$ siècles qui avaient suivi les chasseurs d'ivoire ; l'exploration de l'Alaska était l'œuvre des scientifiques du XX$^e$ siècle qui avaient suivi les machines des « chercheurs » d'or. Deux cas de figure quasiment identiques, deux observations, l'une ancienne, l'autre récente, pour une même région, le Grand Nord, quand on sait que l'Alaska n'est séparé de la Sibérie que par un détroit.

Avant de présenter d'autres observations réparties un peu partout sur le globe, je passerai en revue quelques théories à propos de notre planète et du règne animal. Nous allons donc voir comment les anciens naturalistes expliquaient les phénomènes, comment ils les interprétaient sur le principe de « *l'évolution lente* », et comment certains faits récents ne collent plus vraiment avec l'idée d'un monde paisible modelé par une « *lente évolution* ».

# ~ 2 ~
# Révolution

### ~ Les blocs de pierre erratiques

*« Les océans recouvraient encore en partie les Alpes*[33] *lorsqu'une violente secousse du globe ouvrit tout à coup de grandes cavités (...) et fit céder ou éclater un grand nombre de rochers. (...) En tombant de leur hauteur, les eaux se jetèrent vers ces abysses avec une violence extrême ; elles traversèrent de profondes vallées et arrachèrent d'énormes quantités de terre, de sable et de roche de toutes sortes. Cette masse, poussée par les torrents d'eau, fut dispersée sur les pentes jusqu'à une certaine hauteur, pentes où nous pouvons voir encore aujourd'hui tous ces fragments éparpillés*[34]».

C'est ainsi que l'éminent physicien et géologue suisse Horace Bénédict de Saussure expliquait la présence dans le Jura de pierres et de rochers venant des Alpes, la présence de restes marins sur les sommets alpins, et pourquoi les vallées alpines sont remplies de sable, de gravier et d'argile. Ces pierres du Jura ont été arrachées aux Alpes ; en effet, leur composition minérale diffère des formations rocheuses de leur nouveau site, montrant ainsi leur véritable origine, en l'occurrence alpine. On les appelle des « *blocs erratiques* ».

Ceux du Jura sont situés à 600 mètres au-dessus de l'altitude du lac de Genève. Ils mesurent souvent des dizaines de mètres cubes ( celui de la Pierre-à-Martin dépasse 290 $m^3$ ) . Seule une force colossale a pu les transporter à travers le fond du lac ( à sec ) et les monter jusqu'à leur place actuelle.

On trouve des blocs erratiques un peu partout dans le monde. Sur les côtes britanniques et les plateaux des

---

33 Qui s'étaient formées sous le niveau de l'océan.
34 Horace Bénédict de Saussure, *Voyage dans les Alpes*, 1779, p. 151.

Highlands, il en existe des quantités ayant traversé la mer du Nord depuis les montagnes norvégiennes. D'autres sont partis de la Scandinavie pour se répandre en Allemagne, parfois de façon si dense qu'ils semblent avoir été amassés là par des maçons pour construire des villes ; certains, venus de Norvège, sont perchés sur les pentes du Harz ( massif presque au centre de l'Allemagne ). Des blocs de pierre sont aussi partis de Suède, ont survolé les pays Baltes et la Pologne, et ont atterri sur les Carpates. Un autre train de pierres a quitté la Finlande et a passé les collines du Valdaï et Moscou pour aller jusqu'au Don.

En Amérique, des blocs erratiques issus des granits du Canada et du Labrador se sont répandus sur les Etats du Maine, du New Hampshire, du Vermont, du Massachusetts, du Connecticut, de New York, du New Jersey, du Michigan, du Wisconsin et de l'Ohio ( tous au nord-est des U.S.A. ); ils se sont perchés sur les arêtes des montagnes, et gisent sur leurs versants ou au fond des vallées. On en voit sur la plaine côtière, sur les White Mountains et les Berkshires, en files parfois ininterrompues ; dans les monts Pocono, ils reposent en équilibre instable sur le rebord des crêtes. Un touriste attentif se promenant dans les forêts s'émerveillera devant les dimensions de ces rochers, jadis amenés et abandonnés là dans des empilements à faire peur.

Certains sont énormes : le bloc près de Conway ( New Hampshire ) est long de 25 mètres, large de 12 et haut de 11, et pèse environ 10.000 tonnes, soit la charge d'un gros cargo. Le Mohegan qui domine Montville ( Connecticut ) est de même taille. Le grand bloc plat du comté de Warren ( Ohio ) pèse environ 13.500 tonnes et recouvre presque un tiers d'hectare ; l'Ototoks, à 50 km de Calgary ( Alberta ) se compose de deux morceaux de quartzite « *provenant d'au moins 80 km* » et doit peser dans les 18.000 tonnes[35].

Néanmoins, ceux de 75 à 90 mètres de circonférence sont petits si on les compare à la masse de craie située près de Malmö en Suède : elle mesure « *4.800 mètres de longueur,*

---

35 R. F. Flint, *Glacial Geology and the Pleistocene Epoch*, 1947, p. 116-117.

*300 de largeur, avec 30 à 60 d'épaisseur et a été transportée sur une distance indéterminée...* » Elle est exploitée commercialement. Sur la côte est de l'Angleterre, on trouve une dalle calcaire analogue « *sur laquelle un village a été innocemment construit* »[36].

Ainsi, un peu partout sur la Terre, sur certaines îles lointaines de l'Atlantique et du Pacifique comme sur celles de l'Antarctique[37], il existe des rochers d'origine étrangère qu'une force phénoménale a apportés de très loin. Arrachés aux crêtes des montagnes et aux falaises côtières, ils ont voyagé par monts et par vaux, franchissant indifféremment les terres et les mers.

## ~ Les mers et les terres ont changé de place

Le plus célèbre zoologiste de la génération de la Révolution française et des guerres napoléoniennes fut Georges Cuvier[38], fondateur de la paléontologie des vertébrés, science des ossements fossiles et par là même des espèces animales éteintes. Etudiant les formations de gypse à Montmartre, ainsi qu'en France et en Europe, il constata des couches d'animaux ou de plantes ( tous terrestres et d'eau douce ) intercalées parmi les strates marines du milieu et du fond – plus ou moins anciennes ; parmi les strates récentes, des animaux terrestres étaient enfouis sous des amas de sédiments marins. Il parvint à cette conclusion :

> *Il est souvent arrivé que des terrains ( mis à sec ) aient été recouverts par les eaux : soit ils sont descendus dans l'abîme, soit la mer est simplement montée plus haut que leur niveau... Les irruptions et retraites répétées de la mer n'ont pas toutes été lentes ou graduelles : au contraire, la plupart des catastrophes qui les ont entraînées ont été subites ; ceci est particulièrement facile à prouver pour la dernière en date qui, par un double mouvement, a inondé puis laissé à sec nos continents actuels, ou du moins une grande partie du sol qui les forme*

36 G. F. Wright, *The Ice Age in North America and its Bearing upon the Antiquity of Man*, 5e éd., 1911, p. 238-239.
37 F. H. Shackleton, *The Heart of the Antarctic*, 1909
38 1769 - 1832

*aujourd'hui.*[39] *Le fait que les plus anciennes strates* [ de la Terre ] *aient été mise en morceaux, levées et retournées, ne laisse aucun doute sur les causes subites et violentes qui les ont mises en l'état où nous les voyons maintenant ; même la force qui a animé la masse des eaux est attestée par les tas de débris et de galets qui s'interposent souvent entre les strates solides. La vie a donc été fréquemment troublée sur cette terre par des événements effroyables. D'innombrables êtres vivants ont été victimes de ces catastrophes : les uns, habitants de la terre ferme, se sont vus engloutis par des inondations, les autres, qui peuplaient les eaux, ont été mis à sec, le fond des mers s'étant brusquement rehaussé ; des espèces ont même disparu à jamais et n'ont laissé que quelques fragments commémoratifs à peine reconnaissables par le naturaliste.*[40]

Cuvier fut surpris de constater que « *la vie n'a pas toujours existé sur le globe* » parce que des couches profondes ne contiennent pas la moindre trace d'êtres vivants. Déserte, la mer « *semblait préparer des matériaux pour les mollusques et les zoophytes*[41] » : ils sont apparus et l'ont peuplée, puis quittant leurs coquilles, ils ont élaboré les coraux, d'abord peu nombreux puis en vastes formations. Le scientifique français pensait que des changements avaient opéré dans la nature ( et pas seulement depuis l'apparition de la vie ) car ces masses terrestres les plus anciennes semblaient elles aussi avoir subi de violents déplacements[42].

Dans le gypse des environs de Paris, il découvrit une couche calcaire avec plus de 800 espèces de coquillages marins ; sous ce calcaire se trouvait un dépôt d'argile issu d'une eau douce. Et parmi les coquillages ( tous d'eau douce ) il y avait aussi des os, mais, chose remarquable, ils appartenaient à des reptiles ( crocodiles et tortues ) et non

---

39 Georges Cuvier, *Essay on the Theory of the Earth*, 5e éd., 1827, p. 13-14. (Titre français: *Discours sur les révolutions de la surface du globe*)
40 Ibid., p. 15.
41 NdT: ce mot n'est plus utilisé aujourd'hui: il a désigné une classe d'animaux dont l'aspect rappelle celui des plantes ( coraux, éponges... ), ou une classe d'êtres vivants intermédiaires entres les animaux et les plantes (Linné, Paré), voire des polypes (Forster, Buffon). Cuvier l'employait comme synonyme d'animaux rayonnés ( polypes, méduses, échinodermes...).
42 Ibid., p. 20.

à des mammifères. Une grande partie de la France était alors recouverte par la mer, puis elle est devenue un pays habité par des reptiles terrestres ; ensuite, ce processus mer/terre s'est répété deux fois, les mammifères prenant la place des reptiles. Chaque couche referme la preuve de son âge grâce aux os et aux coquilles des animaux qui y ont été ensevelis au cours de bouleversements successifs. Ce qui s'est passé dans le Bassin parisien s'est aussi produit ailleurs, en France comme en Europe. Les couches dévoilent que :

> *Le fil des opérations est rompu ; la marche de la Nature a changé ; et aucun des agents qu'elle emploie maintenant n'aurait suffi à produire ses œuvres antérieures*[43]. *Nous n'avons aucune preuve que la mer puisse aujourd'hui incruster des coquilles dans des pâtes aussi compactes que les marbres, les grès ou même le vulgaire calcaire* (...) *En résumé, l'ensemble de tous les causes* ( *encore actives aujourd'hui* ) *ne ferait pas sensiblement varier le niveau de la mer et n'élèverait pas non plus une simple strate au-dessus de sa surface* (...) *On a prétendu qu'elle avait subi une diminution générale de niveau* (...) *En admettant qu'il y ait eu une baisse graduelle des eaux, que la mer ait transporté des matières solides dans toutes les directions, que la température du globe diminue ou augmente, aucune de ces causes n'aurait pu renverser nos strates, envelopper de glace les grands quadrupèdes avec leur chair et leur peau, exposer à l'air libre des* [ animaux ] *marins* (...) *et finalement détruire de nombreuses espèces et même des genres entiers*[44].
>
> *Ainsi, nous le répétons, nous cherchons vainement des causes suffisantes à produire des révolutions et des catastrophes tracées et « signées » sur la croûte terrestre, dans des forces qui agissent aujourd'hui à la surface de la Terre* [45].

Mais qu'est-ce qui pouvait avoir causé ces catastrophes ? Cuvier passa en revue toutes les théories de son époque mais ne trouva pas de réponse à la question qui le préoccupait. Il constata seulement qu'elles avaient bel et

43 Ibid., p. 24.
44 Ibid., p. 32, 36-37.
45 Ibid., p. 35-36.

bien eu lieu. Après « *tant d'effort infructueux* », il sentit que sa quête était vaine. « *Je peux dire que les idées que j'ai poursuivies jusqu'à l'obsession, m'ont quasiment torturé pendant mes recherches sur les ossements fossiles* »[46].

## ~ Les cavernes d'Angleterre

En 1823, un professeur de l'Université d'Oxford publia un ouvrage intitulé *Reliquiae Diluvianae* ( Les Reliques du Déluge ), avec pour sous-titre : « *Observations sur les restes organiques contenus dans les cavernes, les fissures et le gravier diluvien, et sur les autres phénomènes géologiques attestant l'action d'un déluge universel* ». Son auteur William Buckland comptait parmi les grandes autorités en matière de géologie pendant la première moitié du XIX$^{e}$ siècle. En visitant une grotte située à Kirkdale ( Yorkshire ), à 25 mètres audessus de la vallée, il découvrit des dents et des os d'éléphants, de rhinocéros, d'hippopotames, de chevaux, de cerfs, de tigres ( avec des dents « *plus grandes que celles du plus grand lion ou du plus grand tigre du Bengale* » ), d'ours, de loups, d'hyènes, de renards, de lièvres, de lapins, ainsi que des os de corbeaux, de pigeons, d'alouettes, de bécassines et de canards, le tout dans un sol couvert de stalagmites. La plupart des mammifères étaient morts « *avant d'avoir perdu leurs dents de lait* ». Bien avant Buckland, certains scientifiques avaient expliqué à leur façon la présence d'os d'éléphants sur le sol anglais. Buckland leur répondit que l'idée « *qui a longtemps prévalu et qui satisfaisait les* [ archéologues ] *du siècle dernier, affirmant que ces os étaient les restes d'éléphants importés par les armées romaines, est réfutée : d'abord parce qu'ils appartiennent à une espèce éteinte – comme le prouve leur anatomie, ensuite parce qu'ils sont généralement mêlés à des os d'hippopotames et de rhinocéros, animaux qui n'auraient pas pu être affectés aux armées romaines, enfin parce qu'on en a retrouvé dispersés en Sibérie et en Amérique du Nord* [ mais ] *en quantité égale ou plus grande que dans les parties d'Europe qui ont été soumises à la puissance de Rome* »[47].

---

46 Ibid., p. 242.
47 W. Buckland, *Reliquiae Diluvianae*, p. 173.

Il est ainsi apparu que l'hippopotame, le renne et le bison cohabitaient à Kirkdale ; que l'hippopotame, le renne et le mammouth broutaient ensemble à Brentford, près de Londres[48]; et que le renne et l'ours gris demeuraient avec l'hippopotame à Cefn au Pays de Galles. Des squelettes de lemmings[49] et de rennes ont été exhumés dans le Sommerset avec des os de lion et d'hyène[50], et ceux d'hippopotames, de bisons, de chevrotains porte-musc avec des silex taillés dans les graviers de la vallée de la Tamise[51]. Dans la caverne française de Breugue, on a découvert des restes de renne avec des os de mammouth et de rhinocéros, à nouveau dans cette argile rouge avec les mêmes stalagmites[52]. Toujours en France, dans une grotte à Arcy, on a trouvé des os d'hippopotame au milieu d'os de renne, ainsi qu'un silex travaillé[53].

D'après le *Livre d'Isaïe* ( 11:6 ) le léopard et le lion paîtront avec le chevreau et le veau dans les temps messianiques à venir... mais aucun prophète n'aurait pu prédire qu'un renne de la Laponie et un hippopotame du fleuve Congo vivraient ensemble en Angleterre et en France. Pourtant, ces animaux ont bien laissé leurs ossements dans la même boue, des mêmes grottes, avec ceux d'autres bêtes, dans un assortiment des plus étranges. Leurs ossements furent découverts dans des graviers et de l'argile auxquels Buckland a donné le nom de *diluvium*[54]. Il cherchait « *à établir deux faits importants : en premier lieu, qu'une inondation récente avait affecté la totalité du globe ; en second lieu, que les animaux dont on avait trouvé les os dans les restes naufragés de cette inondation étaient originaires des hautes latitudes du Nord* ». La présence d'animaux tropicaux dans le nord de l'Europe « *ne saurait être mieux expliquée en supposant qu'ils se livraient à des migrations périodiques* (...) *car, pour les crocodiles et les tortues, les longues migrations sont quasiment*

48 W. B. Dawkins, *Proceedings of the Geological Society*, 1869, p. 190.
49 NdT: petit rongeur de Scandinavie.
50 Ibid.
51 James Geikie, *Prehistoric Europe*, 1881, p. 137. Dawkins, *Cave-hunting*, 1874, p. 416.
52 Cuvier, *Recherches sur les ossements fossiles des quadrupèdes*, p. 94.
53 E. Lartet, *Reliquiae aquitanicae*, p. 147-148.
54 NdT: du latin, déluge.

*impossibles, ainsi que pour l'hippopotame, lourd et gauche quand il est hors de l'eau* ».

Mais alors, comment pouvaient-ils vivre dans le froid des îles Britanniques ? Buckland déclare : « *Il est également difficile d'imaginer qu'ils aient pu passer l'hiver dans des lacs ou des rivières gelés* ». En effet, les animaux terrestres à sang froid sont incapables de réguler leur température et sont obligés de se terrer pendant l'hiver, sinon leur sang se congèlerait. Comme Cuvier, Buckland était « *presque certain que si un changement climatique s'est produit, il a été soudain* »[55].

A propos de l'époque de la catastrophe qui a couvert de boue et de gravats les ossements de la caverne de Kirkdale, Buckland écrit : « *De la faible quantité de stalactites post-diluviennes, et de l'état des os – non décomposés*[56]» on peut déduire que « *le temps écoulé depuis l'arrivée de la boue diluvienne n'a pas été d'une longueur excessive.* » Il pensa que la catastrophe diluvienne datait tout au plus de 5.000 ou 6.000 ans, chiffre également adopté par Dolomieu, De Luc et Cuvier, chacun donnant ses propres raisons. Buckland ajouta ceci : « *Quelle qu'en fut la cause, un changement d'inclinaison de l'axe terrestre, l'approche d'une comète, ou tout autre cause unique, combinée, et d'ordre astronomique, elle pose un problème dont la discussion dépasse le propos de ce mémoire* » .

### ~ Les cimetières d'animaux marins

Le grès rouge est considéré comme l'une des plus anciennes couches contenant des signes de vie. On n'y trouve aucune vie animale d'un degré supérieur aux poissons. Quel que soit l'âge de cette formation, elle est « *un prodigieux témoignage d'une mort violente qui a frappé d'un seul coup, non pas des individus isolés, mais des tribus entières* »[57].

Vers la fin du XIX$^{e}$ siècle, Hugh Miller fit du grès rouge d'Ecosse le sujet principal de ses recherches. Il observa que « *la terre était devenue un vaste sépulcre, depuis une*

55 Buckland, *Reliquiae Diluvianae*, p. 47.

56 Ils n'étaient pas fossilisés, leur matière organique n'avait pas encore été remplacée par des minéraux.

57 Hugh Miller, *The Old Red Sandstone*, Boston, 1865, p. 48.

*profondeur située sous le lit des mers jusqu'au dessus du niveau de la mer, sépulcre au moins égal à deux fois la hauteur du Ben Nevis* »[58]. L'épaisseur de ces grès atteint le double. Ils offrent le spectacle d'un bouleversement immobilisé à un moment donné et pétrifié à tout jamais. Voici ce qu'en dit Miller : « *La première scène de* La Tempête *de Shakespeare, s'ouvre parmi la confusion et le désordre de l'ouragan, le tonnerre et les éclairs, le rugissement du vent, les cris des matelots, les vibrations des cordages et l'étourdissant fracas des vagues. Il semble que l'histoire représentée dans les vieux grès rouges ( formant maintenant la moitié nord de l'Ecosse ) ait commencé de la même manière* (...) *La vaste étendue qui englobe aujourd'hui Orkney, le Loch Ness, Dingwall, Gamrie et un peu plus, a autrefois été le décor d'un océan peu profond, troublé par de puissants courants et agité par les vagues. Une vaste strate de galets, de 30 à 90 mètres d'épaisseur, subsiste dans un millier d'endroits et atteste les actions perturbantes à cette époque de bouleversement* »[59].

Miller constata que les masses les plus dures de la couche, des « *porphyres – dont les arêtes coupent le verre aussi facilement que le silex, et les masses de quartz, qui donnent des étincelles quand elles sont frappées par l'acier, sont cependant polies et meulées en forme de balles de revolver* (...) *Il est néanmoins difficile d'imaginer à quel point le fond de la mer a dû être violemment et uniformément agité sur une si grande superficie* (...) *et pendant si longtemps, de façon à ce que toute la région ait été couverte d'une couche de galets issus de toutes sortes d'anciennes roches et dont l'épaisseur atteint la hauteur d'un immeuble de 15 étages* »[60].

De nombreux animaux aquatiques sont imbriqués dans ces grès rouges et dans des postures peu naturelles. A l'époque où se sont constituées ces formations « *une terrible*

---

58 Ibid., p. 217. Le Ben Nevis avec ses 1343 mètres, est le point culminant de Grande-Bretagne : il est situé dans les monts Grampians. NdT: la « grande » moitié nord de l'Ecosse se divise en 2 régions montagneuses principales : celle qu'on appelle parfois les Highlands du centre et qui est uniquement occupée par les monts Grampians, et celle des Highlands (ou Highlands du nord), située à l'extrême nord et occupée entre-autre par les monts de Ross. Le Highland est une région administrative de 26.136 km$^2$.

59 NdT: d'étroites vallées séparent les Highlands du nord et les Grampians : le Loch Ness est situé dans l'une d'elles, côté Grampians. Dingwall est une ville côté Highlands du nord, à quelques dizaines de kilomètres au nord du Loch Ness.

60 Ibid. p. 217-218.

*catastrophe a entraîné la mort brutale des poissons dans une région dont les frontières sont distantes de 160 km ou plus. La plate-forme d'Orkney, comme celle de Cromarty, est recouverte d'une grande épaisseur de fossiles qui portent les signes révélateurs et sans équivoque d'une mort violente. Les corps sont courbés, contractés, contorsionnés ; la queue est souvent arquée jusqu'à la tête, l'épine dorsale saillante, les nageoires déployées à l'extrême, comme chez les poissons morts de convulsion. Le Pterichthys*[61] *a les bras écartés de façon raide, comme s'il se préparait à rencontrer un ennemi. Sur cette plate-forme, les attitudes de tous les ichthyolites* [ tout poisson fossile ] *dénotent la crainte, la fureur et la douleur. D'autre part, ils ne semblent pas avoir été touchés ultérieurement par de quelconques prédateurs; aucun de ceux-ci ne paraît avoir survécu. Le tableau montre une destruction à la fois étendue et totale* »[62].

Quelle action destructrice pourrait expliquer « *le brusque anéantissement d'innombrables existences dans une région qui s'étend peut-être sur 25.000 km² ?* » ... « *L'imagination ne sait par où aborder cette énigme et cherche vainement sa solution en passant en revue tous les phénomènes connus relatifs à la mort* »[63], commente Miller.

Aucune maladie, quelle que soit sa virulence, ne pourrait élucider certains phénomènes constatés dans cet immense cimetière : il est rare qu'une épidémie touche également et simultanément différentes espèces animales et jamais elle ne frappe avec une telle soudaineté. Pourtant, ce plateau contient 10 à 12 genres distincts, et donc de multiples espèces. L'agent destructeur s'est manifesté si rapidement que ses victimes sont restées figées dans une attitude de surprise et de terreur.

La superficie de grès rouge ancien prospectée par Miller comprend une moitié de l'Ecosse, depuis le Loch Ness jusqu'à l'extrémité nord, et les îles Orcades : « *Des millier d'endroits* » offrent le même spectacle de destruction. Mais ce spectacle se reproduit ailleurs, tout autour du globe, dans des formations identiques ou dissemblables.

61 NdT : espèce de poissons éteinte, dont la moitié du corps (antérieure) est revêtue de plaques osseuses, avec deux nageoires antérieures qui ressemblent plus à des bras, et qui lui donnent un aspect cuirassé, « blindé ».
62 Miller, *The Old Red Sandstone*, p. 222.
63 Ibid. p. 223.

Buckland écrit au sujet de Monte Bolca ( près de Vérone, au nord-est de l'Italie ): « *D'après les circonstances dans lesquelles on les trouve, les poissons fossiles de Monte Bolca semblent avoir péri d'un seul coup.* (...) *Leurs squelettes reposent parallèlement aux lames de la couche d'ardoise* [ schiste argileux ] *calcaire ; ils sont toujours entiers et pressés les uns contre les autres.* (...) *Ils ont dû tous mourir soudainement* (...) *et ont été rapidement ensevelis dans le sédiment calcaire quand celui-ci se déposait. Nous sommes sûrs qu'ils ont été enterrés avant que la décomposition de leurs parties molles ne commence,* [ car ] *la peau de certains individus a conservé des traces de couleur* »[64].

Le même auteur, parlant des dépôts de poissons fossiles découverts en Allemagne dans le massif du Harz, s'exprime ainsi : « *Un autre dépôt bien connu est celui du schiste argileux cuprifère qui entoure le Harz. La plupart des poissons qu'on y a trouvé ( à Mansfeld, Eisleben, etc. ) ont une attitude contorsionnée, souvent attribuée au fait de s'être tordu de douleur dans les affres de la mort.* (...) *Comme ces fossiles ont conservé cette attitude rigide après la mort, il en résulte qu'ils ont été ensevelis avant le début de la putréfaction, et apparemment dans la même boue bitumineuse, dont l'arrivée massive avait causé leur anéantissement* »[65].

L'histoire de leur supplice, de leur fin subite et de leur « mise en bière » immédiate nous est contée par le grès rouge du nord de l'Ecosse, par le calcaire de Monte Bolca en Italie, par l'ardoise bitumineuse de Mansfeld en Allemagne ; mais aussi par la couche de charbon de Sarrebruck en Allemagne, « *les plus célèbres dépôts de poissons fossiles en Europe* » ; par l'ardoise calcaire de Solenhofen, par l'ardoise bleue de Glaris, par les marnes[66] d'Oensingen en Suisse, et celles d'Aix-en-Provence, pour ne mentionner que quelques-uns des sites européens les plus connus.

En Amérique du Nord, de « *pleins paquets de splendides poissons préservés* » sont visibles dans le calcaire noir de l'Ohio et du Michigan, dans le lit de la Green River en

64 W. Buckland, *Geology and Mineralogy*, Philadelphia, 1837, p. 101.
65 Ibid., p. 103.
66 NdT: mélange d'argile et de calcaire.

Arizona, dans les couches de diatomées[67] de Lompoc en Californie, et dans beaucoup d'autres formations[68].

Ainsi, pendant les cataclysmes des premiers âges, des poissons sont morts dans d'atroces conditions, et le sable et le gravier des fonds marins soulevés ont recouvert leurs tombes aquatiques.

67 NdT : algue unicellulaire, qui abonde dans les eaux salées et qui vit aussi en eau douce, microscopique mais néanmoins magnifique ( elle est entourée d'une coque de silice finement ornementée, plus ou moins dorée ). Les nombreuses espèces de diatomées sont des éléments majeurs du plancton.

68 George Mc Cready Price, *Evolutionary Geology and New Catastrophism*, 1926, p. 236. J.M. Macfarlane, *Fishes the Source of Petroleum,* 1923.

# ~ 3 ~
# L'Uniformité

## ~ La doctrine de l'Uniformité

Du début de la Révolution française de 1789 jusqu'à la bataille de Waterloo de 1815, l'Europe vécut dans un tourbillon : la France décapita son roi, sa reine, et à leur tour de nombreux révolutionnaires les suivirent sur l'échafaud. L'Espagne, l'Italie, l'Allemagne, l'Autriche et la Russie devinrent le théâtre d'opérations militaires. La Grande-Bretagne faillit être envahie ; sa flotte combattit le tyran surgi de l'armée républicaine à Trafalgar. Mais après 1815 tout le monde aspira à la paix et à la tranquillité. Avec la Sainte-Alliance, l'Europe mena une politique visant à réprimer tout mouvement subversif et l'Angleterre s'installa dans le conservatisme. Son île ne fut pas atteinte par la vague révolutionnaire de 1830. Dans un climat issu des troubles de la Révolution et des guerres napoléoniennes, il ne faut donc pas s'étonner que la théorie de l'uniformité ait été bien accueillie et qu'elle ait immédiatement prévalu parmi les sciences naturelles. Selon elle, **le développement de la surface du globe s'est poursuivi sans heurts à travers les différents âges de la Terre** ; les très lents changements que nous observons actuellement ont constitué depuis les temps premiers les seuls faits de réelle importance.

Cette théorie, proposée d'abord par Hutton en 1795 et ensuite par Lamarck en 1800, fut promue au titre de loi scientifique par le jeune avocat Charles Lyell ; en effet, l'intérêt qu'il portait à la géologie allait lui donner la première place dans ce domaine. Quant à Charles Darwin, un de ses disciples, il édifia sa Théorie de l'évolution sur le principe d'uniformité énoncé par son maître et ami.

L'évolutionniste moderne H.F. Osborn, a écrit : « *La continuité actuelle implique l'improbabilité des catastrophes dans le passé, ainsi que des changements violents, que ce soit dans le monde animé ou minéral. En outre, nous cherchons à interpréter les changements du passé et leurs causes à travers ceux que nous observons actuellement. Tel fut le secret de Darwin qu'il tenait de Lyell* »[69]. C'est avec une dialectique convaincante que ce dernier présenta son dossier.

Selon lui, le vent, la chaleur solaire et la pluie pulvérisent progressivement les roches à l'air libre... Les cours d'eau entraînent les résidus vers la mer. Ce processus perpétuel érode inlassablement les continents émergés, et finit par dégrader de vastes étendues. Alors, la masse terrestre se soulève de nouveau comme un lent mouvement respiratoire ; le fond de la mer s'affaisse et l'émiettement des roches recommence. Les terres s'élèvent et forment un vaste plateau où l'action de l'eau et du vent trace ensuite des sillons ; peu à peu, le plateau se change en une chaîne de plis montagneux. Un temps infini s'écoule ; les pics s'écroulent sous les coups incessants du vent et de l'eau qui les emportent grain par grain jusqu'à la mer, laquelle à son tour fait disparaître la terre sous un faible volume d'eau, puis se retire lentement.

Aucune grande catastrophe ne vient transformer la surface du sol. Sans vouloir minimiser les résultats de l'activité sporadique des volcans, il n'estimait pas qu'elle eût sur le relief un effet comparable à celui des cours d'eau, du vent et des vagues marines.

On n'a pas déterminé la cause de ce mouvement extrêmement lent d'élévation et d'affaissement. Les géologues du XVIIIe siècle prétendaient avoir observé une légère variation graduelle du niveau de la mer Baltique en prenant la côte du golfe de Botnie[70] comme ligne de référence. Au cours des temps « géologiques » , des processus du même ordre auraient entraîné tous les changements qui se sont produits sur la Terre : montagnes

---

69 H. F. Osborn, *The Origin and Evolution of Life*, 1917, p. 24.
70 NdT: bras de la mer Baltique encadré à l'est par la Finlande et à l'ouest par la Suède.

majestueuses qui tantôt s'élevèrent tantôt s'aplanirent ; littoral qui avançait et reculait à une cadence lente ; couverture terrestre redistribuée par la pluie et le vent.

Selon la doctrine de l'uniformité, les changements qui ont eu lieu autrefois se passent encore sous nos yeux ; ce sont non seulement les transformations progressives et non décelables de la Nature, mais aussi la faible intensité des phénomènes physiques actuels que l'on prend pour critères. Sachant que cette théorie est enseignée dans tous les établissements scolaires et que l'on peut être accusé d'hérésie en la contredisant, il nous faut donc reproduire ici quelques-unes des déclarations que Lyell a faites dans ses *Principes de géologie.* Elles ont servi de manifeste – ou de credo – à tous ses disciples, qu'ils s'appellent uniformistes ou évolutionnistes :

> *Il a été notoirement reconnu que, lorsque nous classons les formations fossilifères par ordre chronologique, elles constituent des séries incomplètes ou interrompues. Nous passons sans gradations intermédiaires des systèmes de couches horizontaux à des systèmes fortement inclinés : d'un assemblage de vestiges organiques à un autre, dans lesquels les espèces représentées et une grande partie des genres sont différents. Ces solutions de continuité sont si fréquentes que dans la plupart des cas, elles sont la règle plutôt que l'exception et beaucoup de géologues considèrent qu'elles plaident en la faveur des brusques transformations du monde animé et inanimé* [71].

Il reconnaissait ainsi que la surface de la Terre semble avoir subi des changements importants, violents et soudains ; mais il estimait que la documentation s'y rapportant était incomplète et que la plupart des preuves manquaient : « *Grâce aux éléments solides constituant la lithosphère, nous avons une chaîne permettant de suivre la succession chronologique des événements naturels, mais il y manque de nombreux maillons* »[72].

---

71 Sir Charles Lyell, *Priciples of Geology*, 12e éd., 1875, 1, p. 298.
72 Ibid, p. 299.

Pour rendre cette idée plus plausible, il empruntait un exemple aux sociétés humaines : lorsqu'on procède chaque année à un recensement dans 60 régions, l'accroissement de la population s'avère peu important et progressif ; mais s'il était effectué – toujours annuellement – chaque fois dans une région différente, et seulement dans l'une d'elles, l'augmentation du nombre d'habitants de chaque région entre deux pointages espacés de 60 ans paraîtrait très grande et semblerait se produire par à-coups. Lyell soutenait que l'explication des dépôts géologiques s'appuie sur un cheminement de pensée comparable. La théorie de l'uniformité ( ou des changements graduels dans le passé, évalués par l'importance des changements observés dans le présent ) ne dispose, il le reconnaissait, d'aucune preuve positive étant donné que l'écorce terrestre ne nous livre pas son histoire complète. La théorie, s'édifiant sur le principe d'*argumentum ex silentio*, c'est-à-dire d'argument par défaut, exigeait d'autres analogies :

> *Supposons que nous ayons découvert deux villes enfouies au pied du Vésuve, l'une construite directement au-dessus de l'autre, mais séparée par une grande masse de tuf et de lave... Un archéologue pourrait se servir des inscriptions relevées sur les édifices publics pour dire que les habitants de la ville inférieure et plus ancienne étaient grecs et ceux de la ville récente, italiens. Mais il tiendrait un raisonnement hâtif en déduisant de ces mêmes éléments que la langue parlée en Campanie était directement passée du grec à l'italien. Si d'aventure, il découvrait par la suite trois villes enfouies et superposées, la ville intermédiaire étant romaine, il douterait alors du bien-fondé de sa première opinion et ne serait pas loin d'admettre que les catastrophes responsables de l'engloutissement des villes pouvaient avoir eu un rapport avec les fluctuations du langage de leurs habitants ; que le latin étant intervenu entre le grec et l'italien, d'autres dialectes avaient sans doute été parlés successivement ; et qu'enfin le passage du grec à l'italien avait pu être très graduel*[73].

73 Ibid., p. 316.

Ce passage fréquemment cité constitue un exemple malheureux : en essayant de prouver qu'il n'y a pas eu de changements brusques, Lyell a paradoxalement choisi le résultat de violentes catastrophes puisque les villes dont il parle sont séparées par des couches de lave. C'est aussi celui de beaucoup d'études géologiques. L'emploi d'un tel exemple à l'appui de l'uniformité procède d'une dialectique spécieuse.

La comparaison est suivie d'une attaque d'autant plus véhémente que l'idée exposée ne peut remplacer les preuves géologiques. Ainsi, Lyell déclare :

> *Il est évident que les géologues de jadis n'avaient qu'une faible connaissance des transformations causées par le vent, l'eau courante et d'autres forces agissantes mais que de plus, ils étaient bien inconscients de leur ignorance. Avec la présomption que celle-ci leur inspirait naturellement, ils n'hésitèrent pas à proclamer que le temps n'aurait jamais pu permettre à la nature de produire des mouvements tectoniques de faible amplitude, et encore moins des bouleversements importants, tels que ceux révélés par la géologie* [74].

Et il continue :

> *Jamais dogme n'a été échafaudé de façon aussi délibérée pour encourager la paresse et émousser la curiosité scientifique, que cette hypothèse fondée sur la discordance entre les causes anciennes et actuelles ; il a créé une mentalité qui se prête extrêmement mal à accueillir sans parti pris les modifications minimes mais incessantes, que l'écorce terrestre subit dans chacune de ses parties* [75].

Au début, ce plaidoyer fut seulement défensif car la position manquait d'appuis solides. Puis, comme si les comparaisons avec les situations humaines pouvaient être assez concluantes pour se substituer à la carence des témoignages de la Nature, il prit un ton intransigeant : « *C'est pourquoi, il faut exclure toutes les théories qui admettent la possibilité de catastrophes soudaines et violentes, et de révolutions affectant la Terre entière et ses habitants – théories qui*

---

74 Ibid., p. 317.
75 Ibid., p. 318.

*ne sont limitées par aucune référence à des analogies existantes et qui laissent transparaître le désir de trancher le nœud gordien plutôt que de le dénouer avec patience* »[76].

En dépit de ce langage péremptoire, l'idée que ce qui ne se produit pas dans le présent ne s'est pas produit dans le passé constitue une limitation volontaire. Plutôt même qu'un principe scientifique, c'est davantage une profession de foi. D'ailleurs, Lyell termine dans le même esprit son chapitre célèbre par une incitation et un précepte destinés à ses disciples : « *Si, en définitive, le chercheur admet que les modifications anciennes et actuelles de la surface terrestre ont entre elles une certaine ressemblance – voire une parfaite similitude, il considérera tous les faits notables concernant les forces agissant quotidiennement, comme la clef qui lui permettra d'expliquer certains mystères du passé* »[77].

**~ L'hippopotame**

L'hippopotame habite les grands cours d'eau et les marais africains. On ne le rencontre en Europe ou en Amérique que dans les jardins zoologiques où il passe la plus grande partie de son temps vautré dans un bassin d'eau boueuse. Après l'éléphant, c'est le plus gros animal terrestre. On a relevé ses traces loin de son habitat coutumier, jusque dans le Yorkshire en Angleterre.

Voici comment Lyell expliquait ainsi sa présence en Europe :

> *Le géologue peut se livrer à maintes hypothèses sur l'époque à laquelle des troupes d'hippopotames abandonnèrent les rivières de l'Afrique du Nord, le Nil, par exemple, nageant en été le long des côtes méditerranéennes vers le Nord, s'arrêtant à l'occasion pour visiter les îles voisines. Ils ont pu y aborder pour paître ou brouter, y séjourner quelque temps et reprendre leur route vers le Nord. D'autres entreprirent peut-être pendant la saison chaude la traversée de l'Europe en empruntant les rivières espagnoles et françaises jusqu'à la Somme, la Tamise ou la Severn, pour repartir opportuné-*

76 Ibid.
77 Ibid., p. 319.

*ment en direction du Sud avant la venue de la neige et de la glace* [78].

Digne du poème mythique relatant l'expédition des Argonautes, cette évocation d'un périple qui les aurait menés depuis l'Afrique jusqu'à l'antique Albion, semble tirée d'un conte idyllique. Dans la grotte Victoria près de Seule ( ouest du Yorkshire ) à 440 mètres au-dessus du niveau de la mer, on a découvert, sous 4 mètres de dépôts argileux contenant des rocs fortement striés, d'abondants restes de mammouths, de rhinocéros, d'hippopotames, de bisons, d'hyènes et d'autres animaux.

Des restes d'hippopotames voisinent avec ceux de mammouths, de rhinocéros et de lions dans les nombreuses cavernes du Vale of Clwyd. Particulièrement dans celle de Cae Gwyn, « *les fouilles ont établi sans conteste que les ossements avaient été fort dérangés par l'action de l'eau* ». Le sol de cette grotte fut « *recouvert ensuite par des argiles et du sable contenant des cailloux étrangers au site. Ce fait semble prouver que celles qui sont aujourd'hui à 120 mètres d'altitude, ont dû être submergées bien après leur occupation par des hommes ou des animaux... leur contenu a dû être dispersé par l'action de la mer pendant la grande submersion des époques glaciaires intermédiaires, puis recouvert par des sables marins* »[79], écrit H. B. Woodward.

Ainsi, non seulement les hippopotames nageaient vers l'Angleterre et parcouraient le Pays de Galles pendant les douces nuits d'été, mais en plus ils escaladaient les montagnes afin de mourir en paix dans les grottes parmi d'autres animaux ; pendant ce temps, la glace, approchant avec douceur, répandait tendrement de petits cailloux sur le corps de ces voyageurs assoupis alors que la contrée, ses collines et ses cavernes glissaient doucement sous le niveau de la mer et que de faibles courants caressaient les cadavres et les recouvraient de sable rose.

Les partisans de l'uniformité soutenaient trois affirmations :

---

78 Charles Lyell, *Antiquity of Man*, 1863, p. 180.
79 H. B. Woodward, *Geology of England and Wales*, 2° éd., 1887, p. 543.

1 ) à une époque relativement récente, le climat des îles britanniques était si chaud que les hippopotames s'y rendaient en été.

2 ) ces îles se tassèrent au point que les montagnes furent envahies par la mer.

3 ) le sol reprit son altitude actuelle ; tout cela s'étant passé sans que la Nature ait agi avec violence.

Ne serait-il pas possible qu'une vague énorme ait traversé le pays, se soit engouffrée dans les grottes pour les remplir de sable et de gravier marin ? Le sol s'est-il affaissé puis exhaussé à la suite d'un phénomène naturel qui modifia aussi le climat ?

Prises de panique, les faunes terrestres et marines se sont-elles affolées dans une fuite éperdue dès les prémices de la catastrophe, poursuivies par la mer qui vint les asphyxier dans les cavernes, devenues leur dernier refuge et leur sépulture ?

Ou encore la mer les arracha-t-elle à l'Afrique pour les jeter en tas sur les îles britanniques et ailleurs, en les recouvrant de terre et de débris marins ?

Pourtant, les entrées de certaines grottes étaient trop étroites et les grottes trop exiguës pour accueillir et abriter des bêtes aussi volumineuses que des hippopotames et des rhinocéros.

Peu importe de savoir quelle supposition est exacte : qu'ils aient vécu en Angleterre ou y aient été précipités par l'océan, qu'ils se soient réfugiés dans des cavernes ou que les cavernes ne leur aient servi que de tombeaux, la présence de leurs ossements en Grande-Bretagne et au fond de ses eaux est le signe d'un grand bouleversement mondial.

## ~ Icebergs

La théorie à propos des cataclysmes du passé n'était pas compatible avec les enseignements alors en vigueur.

Ceux-ci attribuaient la distribution des dépôts dérivés[80] et des blocs erratiques à l'action de l'eau, sous forme de puissants raz-de-marée venus se briser sur les continents. Il fallait faire appel à un processus capable du même travail, mais en un laps de temps infiniment plus long. Les navigateurs nordiques ayant observé des icebergs dans lesquels étaient enclavés des morceaux de rocs, Lyell affirma que ces glaces flottantes – détachées des inlandsis qui descendent des côtes montagneuses jusqu'à la mer – transportaient les roches à travers les océans. Si, disait-il, nous considérons la longueur des époques géologiques et que nous y ajoutons les propriétés des icebergs, nous pouvons expliquer la présence des blocs erratiques et celle des graviers sur le sol.

Comment se fait-il qu'il y en ait loin du littoral ? Lyell enseignait que la Terre avait été submergée, puis que les icebergs passant au-dessus s'étaient délestés de leurs charges, et qu'ensuite le sol s'était soulevé les ramenant à l'air libre. Quant à ceux que l'on trouve sur les montagnes, il les expliquait à peu près de la même façon. Car pour justifier leur provenance, il fallait admettre la submersion de vastes parties de continents à une époque relativement récente.

Par exemple dans les Berkshires, les blocs erratiques sont parfois alignés en files interminables. Mais les icebergs ne pouvaient pas avoir été des « *transporteurs intelligents* » et Lyell dut bien percevoir la faiblesse de sa théorie. La seule possibilité connue à cette époque était le raz-de-marée. Mais il avait pris les catastrophes en aversion ; il les détestait, tant celles de la vie politique européenne que celles provoquées par la Nature, à un tel point que son autobiographie commence par un souvenir significatif qui l'avait profondément marqué : « *J'avais quatre ans et demi quand survint un accident que je ne suis pas près d'oublier* ». Sa famille se trouvait en voyage dans deux voitures à une étape et demie d'Edimbourg. « *Nous arrivions sur une route étroite flanquée d'une falaise abrupte, surplombant un profond ravin sans parapet.*

80 Débris rocheux, d'argile et de matière organique recouvrant les terrains continentaux.

*Soudain, un troupeau de moutons fit irruption. Leur apparition effraya les chevaux de la première voiture... Ils s'emballèrent : chaise de poste, cocher, attelage, tout versa en un instant* ». Ses occupants furent sortis par la vitre brisée, il y eut un peu de sang, quelqu'un s'évanouit[81]. L'incident s'imprima comme le premier et le plus vif souvenir d'enfance dans la mémoire de celui qui allait devenir le père de la théorie de l'uniformité[82].

## ~ Darwin en Amérique du Sud

Après avoir abandonné ses études de médecine à Edimbourg, Charles Darwin reçut son diplôme de théologie au Christ College de Cambridge. En décembre 1831, il s'embarqua comme naturaliste à bord du Beagle[83] pour mener pendant 5 ans une expédition scientifique autour du monde. Le livre fraîchement publié par Lyell, *Les Principes de la géologie*, devint sa bible et il dédia à l'auteur la deuxième édition du *Journal* qu'il écrivit au cours de son voyage. Ce fut la seule enquête géologique et paléontologique à laquelle Darwin se soit livré sur le terrain ; il y acquit une expérience dont il tint compte tout au long de sa vie : « *Les observations effectuées pendant mon périple furent à l'origine de toutes mes points de vue* ».

Il avait décidé de se rendre dans l'hémisphère austral et plus particulièrement en Amérique du Sud, continent qui attirait les naturalistes depuis les voyages d'exploration d'Alexandre de Humboldt[84]. Darwin fut impressionné par les innombrables fossiles d'espèces animales éteintes, la plupart de tailles bien supérieures à celles vivant aujourd'hui. Ils évoquaient l'existence d'une faune prospère, subitement rayée du globe à une époque géologique relativement proche de nous. Ainsi, à la date du 9 janvier 1834 on lit dans ses notes : « *Il est impossible de réfléchir aux changements survenus dans le continent américain sans éprouver le plus profond étonnement. Jadis, des monstres énor-*

81 Charles Lyell, *Life, Letters and Journals,* 1881, I, p. 2.
82 Note JdL: on reconnaît ici la formation de psychiatre de Velikovsky.
83 Nom du navire à bord duquel Charles Darwin, alors jeune naturaliste, fit son voyage autour du globe.
84 1799 -1804.

*mes y grouillaient : maintenant, nous n'y trouvons plus que des Pygmées en comparaison de leurs prédécesseurs préhistoriques* ». Il ajoute : « *La plupart d'entre eux, voire la totalité, vivaient à une période récente : ils étaient contemporains de la majorité des coquillages marins actuels. Depuis leur époque, il n'a pu se produire de grands changements dans la configuration du pays. A quoi attribuer l'extermination de tant d'espèces et de genres entiers ? On pense d'abord irrésistiblement à quelque grande catastrophe. Mais pour détruire ainsi tous les petits et gros animaux de la Patagonie méridionale, du Brésil, de la Cordillère des Andes et ceux de l'Amérique du Nord jusqu'au détroit de Béring, il nous faudrait ébranler toute la structure du globe* ».

Un événement de ce type étant exclu de toutes les considérations imaginables, Darwin ne concevait pas d'explication plausible : « *Il était difficile d'admettre qu'une variation de température ait simultanément détruit les habitants des régions tropicales, tempérées et polaires de chaque côté du globe* » .

De plus, il était certain que l'homme n'avait pu être cet agent destructeur : « *Même s'il avait attaqué tous les grands animaux, aurait-il aussi été capable d'anéantir les nombreux petits rongeurs et quadrupèdes ?* » demandait-il... « *Nul n'imaginera qu'une sécheresse ait pu détruire tous les individus de toutes les espèces depuis la Patagonie jusqu'au détroit de Béring. Et que dire de l'extinction du cheval ? Ces plaines ont-elles manqué de pâturages, elles qui ont été parcourues par des milliers de troupeaux issus des montures qu'amenèrent les Espagnols ?* » Et sans prendre position, il terminait en disant : « *Dans la longue histoire du monde, rien n'est aussi étonnant que ces incroyables exterminations plusieurs fois répétées* »[85].

De ses incertitudes naquit l'idée que l'extinction des espèces était le prélude de la sélection naturelle.

85 Charles Darwin, *Journal of Researches into the Natural History and Geology of the Countries Visited During the Voyage of « H.M.S. Beagle » round the World*, à la date du 9 janvier 1834.

# ~ 4 ~
# La Glace

## ~ L'origine de la théorie glaciaire

En 1836, le jeune géologue et paléontologue Louis Agassiz se rendit sur un glacier des Alpes pour prouver au professeur Jean Charpentier, naturaliste comme lui, à quel point les idées proposées par A. Bernardi étaient fausses. En effet, appartenant à l'école forestière d'une petite ville, Bernardi soutenait qu'une grande partie de l'Europe avait été recouverte de glace. Quatre ans auparavant, il avait écrit : « *La glace polaire est jadis arrivée jusqu'à la limite Sud de la zone qui reste marquée par la présence de blocs erratiques* »[86]. Le botaniste C. Schimper, ayant probablement eu la même idée, venait de forger l'expression *die Eiszeit*[87] et avait réussi à convaincre le professeur Charpentier. D'abord sceptique, Louis Agassiz changea d'avis et devint l'acteur principal de cette nouvelle théorie. Il construisit une cabane sur les bords de l'Aar et s'y installa afin d'observer les mouvements de la glace, ce qui lui valut l'attention des spécialistes et des curieux de toute l'Europe.

Son étude révéla que les glaciers alpins peuvent avancer de quelques mètres par jour à cause de leur poids et charrient les débris arrachés sur leur passage. Certains d'entre eux sont rejetés sur les côtés et forment les moraines latérales ; d'autres sont poussés par le front qui avance et constituent les moraines terminales ( ou frontales ).

86 A. Bernardi, «Wie kamen die aus dem Norden stammenden Felsbruchstücke und Geschiebe, welche man in Norddeutschland und den benachbarten Landern findet, an ihre gegenwärtingen Fundorte ?» *Jahrbuch für Mineralogie, Geognosie und Petrefactenkunde*, 1832, iii, p. 57-67.
87 NdT: de l'allemand, l'époque glaciaire.

Lorsque le glacier fond – et par conséquent recule – les rocs détachés restent là où ils se trouvaient lors de sa plus grande expansion. Agassiz admit que les blocs arrondis ou anguleux du Jura y avaient été apportés par la glace venue des Alpes et que les traînées de moraines d'Europe du Nord et d'Amérique avaient été formées par les glaciers gigantesques qui recouvraient autrefois la quasi-totalité de ces continents. Il affirma que les dépôts avaient été transportés puis laissés sur place par la couche glaciaire, que celle-ci avait strié le sol avec les fragments de pierres dures dont elle s'était armée, qu'elle avait poli les pentes des vallées par frottement et creusé enfin le lit des lacs.

Agassiz étendit le résultat de ses observations ( qui se limitaient à la Suisse et aux pays voisins ) aux autres parties du monde. Il partit en Angleterre pour exposer les conséquences de ses recherches devant d'autres éminents géologues[88] et obtenir l'aide nécessaire afin d'être accepté par le milieu scientifique. En se souvenant de son isolement scientifique, il se confia à sa femme : « *De tous les naturalistes plus âgés que moi, un seul me donna son appui : le docteur Buckland, doyen de Westminster... Nous nous rendîmes en Ecosse ( c'est un des plus doux souvenirs de ma vie ). Comme nous approchions du château du duc d'Argyll, bâti au cœur des Highlands qui me rappelaient certains paysages suisses, je dis à Buckland: " Nous allons bientôt trouver nos premières traces de glaciers ". Dès l'entrée de la vallée, nous passâmes par-dessus une ancienne moraine frontale qui la barrait à demi* »[89]. C'était le lieu propice à une révélation : Agassiz avait fait un adepte.

Quelques semaines plus tard, le 4 novembre, il fit un exposé à la Société géologique de Londres, résumant cette excursion sous l'angle de la théorie glaciaire ; Buckland, président de l'association, lui succéda à la tribune. Son exposé traita le même sujet. Quelques jours avant la séance, il avait écrit à Agassiz pour l'informer du succès de sa mission : « *Lyell a complètement adopté votre théorie ! Lorsque je lui ai montré un magnifique groupe de moraines à*

88 Murchison et Buckland, auteur des *Reliquiae Diluvianae*.
89 *Louis Agassiz, His Life and Correspondance*, éd. Elizabeth Cary Agassiz, 1893, i, p. 307.

*3 km du domicile de son père, il s'y est rangé sur-le-champ, car elle résout une foule de problèmes qui l'embarrassait jusqu'à présent* »[90].

Moins de trois semaines après cet épisode, c'est-à-dire le lendemain de l'intervention des deux orateurs, il rédigea une déclaration hâtive dans laquelle la présence des moraines en Grande-Bretagne était expliquée à la lumière des enseignements d'Agassiz. A la séance du 4 novembre, Murchison avait tenté une contre-attaque mais qui n'avait guère produit d'effet, bien qu'il se soit montré vraiment éloquent. La même année, Agassiz publia sa théorie dans un ouvrage intitulé *Etudes sur les glaciers* :

> *Le sol de l'Europe, orné naguère d'une végétation tropicale et habité par des troupes de grands éléphants, d'énormes hippopotames et de gigantesques carnassiers, s'est trouvé enseveli subitement sous un vaste manteau de glace recouvrant indifféremment les plaines, les lacs, les mers et les plateaux. Aux mouvements d'une puissante création succédèrent le silence et la mort. Les sources tarirent, les fleuves cessèrent de couler et les rayons du soleil, en se levant sur cette plage gelée ( si toutefois ils arrivaient jusqu'à elle ), n'y étaient salués que par les sifflements des vents du Nord et par le tonnerre des crevasses qui s'ouvraient à la surface de ce vaste océan de glace* [91].

De son propre aveu, il considérait que le début et la fin de la glaciation résultaient d'événements catastrophiques, ne niant pas que les mammouths de Sibérie aient pu être congelés en un instant grâce au rapide envahissement du globe par la glace. Il admettait que des cataclysmes successifs s'étaient produits à l'échelle mondiale accompagnés d'une chute de température, et que les périodes glaciaires ( car il y en avait eu plus d'une ) s'étaient à chaque fois terminées par un regain d'activité du feu central ( éruptions de l'intérieur ).

Toujours selon lui, les Alpes occidentales se sont élevées très récemment, à la fin de la dernière période et

---

90 Ibid., p. 309.
91 Louis Agassiz, *Etudes sur les glaciers*, 1840, p. 314.

seraient donc plus jeunes que les cadavres de mammouths de Sibérie dont la chair est encore comestible ; il pensait que ces animaux avaient péri au début de l'âge glaciaire[92]. Avec la reprise des éruptions volcaniques, la couverture de glace avait fondu, déclenchant de grandes inondations ; les montagnes et lacs suisses et d'autres lieux s'étaient formés, et, partant de là, le relief terrestre avait subi une modification générale.

On a souvent dit qu'Agassiz avait ajouté entre 500.000 et 1 million d'années à l'histoire récente de la Terre en plaçant la grande glaciation entre le tertiaire – ou époque des mammifères – et l'époque récente[93]. Ne pas oublier que ce million d'années supplémentaires attribuées aux périodes glaciaires est une estimation de Lyell qui interpréta la théorie d'Agassiz dans un esprit uniformiste.[94] L'idée de la couverture glaciaire continuelle était acceptable pour Lyell. Il y adhéra, se contentant des preuves trouvées à 3 km de la maison familiale, mais admit cependant que les déplacements des icebergs ne pouvaient expliquer le phénomène de la dérive des blocs erratiques et leur présence en différents points du globe. Il ne restait qu'une contre-proposition, celle de la vague de translation, ou raz-de-marée, qui aurait dévasté les continents ; mais elle faisait intervenir le catastrophisme.

Désormais, avec la glace continentale, il estimait posséder la bonne solution du moment que le côté catastrophique de la théorie était éliminé, comme l'avait tout de suite proposé Agassiz, pourtant disciple de Cuvier. Personne ne se demandait encore quelle avait été la cause de la couverture glaciaire.

## ~ Sur les plaines russes

Très peu après cette séance historique, invité par le tsar Nicolas I, Murchison se rendit en Russie afin d'y

92 Ibid., p. 304-329.

93 Qui comprend le néolithique et les temps historiques.

94 Lyell emprunta cette estimation d'un million d'années à J. Croll à qui elle était nécessaire pour sa théorie astronomique des époques glaciaires, théorie depuis longtemps abandonnée.

mener une étude géologique. Elle donna lieu à la découverte du système Permien; son inventeur fut le premier à reconnaître le Permien, le Silurien et ( avec Sedgwick ) le Dévonien[95], les trois principales divisions admises dans la classification moderne des périodes géologiques.

Voulant vérifier la thèse d'Agassiz, Murchison parcourut l'empire russe d'Est en Ouest sous toutes ses latitudes pendant des mois, observant avec soin les blocs erratiques répartis sur toutes ses vastes plaines. Dans la partie Nord du pays et en Finlande, il en trouva d'énormes, mais leur taille diminuait lorsqu'il se dirigeait vers le Sud, suggérant qu'un raz-de-marée venu du Nord ou du Nord-Ouest avait laissé des fragments rocheux sur sa route. Il constata également que ceux observés dans les Carpates n'étaient pas d'origine locale mais bien... scandinave.

Quant aux dépôts dérivés ou « *entassements de pierres, de sables, d'argiles et de graviers, répandus en grande quantité sur les zones peu élevées de Russie, de Pologne et d'Allemagne* », Murchison était persuadé que « *beaucoup d'entre eux, pour ne pas dire la plupart, ont été déplacés par la poussée des eaux résultant des puissantes vagues de translation et des courants créés par les différences de niveau, souvent brutales entre la mer et le continent* »[96]. En tout état de cause, ces irruptions marines sont à l'origine des dépôts dérivés « *avec l'aide de flots de glace* ». Etant donné « *qu'en Suède méridionale, en Finlande ou en Russie nord-orientale il n'existe pas de montagne dont un glacier ait pu descendre, et que ces régions n'en sont pas moins abrasées, striées et polies* », Murchison conclut que les faits constatés sur des contrées aussi plates sont les conséquences d'une transgression marine qui laissa derrière elle d'énormes masses de débris et de pierres roulées.

En revanche, Murchison « *rejeta l'application de la théorie glaciaire continentale à la Suède, à la Finlande, à la Russie nord-orientale et à tout le nord de l'Allemagne, en somme à toutes les régions basses de l'Europe* »[97]. Il admit que les glaciers arc-

95 NdT : le Permien, le Silurien et le Dévonien sont des périodes de l'ère primaire. Pour plus de précisions, voir le tableau des temps géologiques au chapitre 13.
96 R. I. Murchison, *The Geology of Russia in Europe and the Ural Mountains*, Londres, 1845, p. 553.
97 Ibid., p. 554.

tiques avaient jadis existé dans les montagnes du Nord de la Scandinavie et en Laponie : des pans de glace qui s'en étaient détachés avaient charrié des pierres brisées et angulaires sur les terres submergées et les avaient abandonnées au-dessus du dépôt apporté par l'irruption des eaux. Murchison signala également que « *la Sibérie est totalement dépourvue de blocs erratiques, bien qu'elle soit bordée des trois côtés par de hautes montagnes* »[98]. Pour « *expliquer certains phénomènes superficiels* », il évoquait les icebergs détachés des glaciers, et maintenait avec une tranquille assurance que « *ce sont les conditions aqueuses détritiques qui feront le mieux comprendre la grande diffusion des dépôts dérivés sur la surface du globe, ainsi que l'abrasion et les striations très fréquentes des roches, aussi bien à des niveaux bas qu'à d'autres plus élevés, sous presque toutes les latitudes* »[99].

A la fin de sa vie, sans renier aucune de ses observations et conclusions, Murchison avoua dans une lettre à Louis Agassiz qu'il regrettait d'avoir fait opposition à la nouvelle théorie au début de leurs entretiens ; chose étonnante, on trouva des dépôts marins récents au milieu d'immenses plaines de Russie, d'Europe et d'Asie.

D'autre part, des phoques – apparentés à ceux de l'océan Arctique – vivent actuellement dans les eaux qui baignent la côte Nord de l'Iran. Certains en conclurent qu'il n'y a pas très longtemps, en se répandant, la mer polaire rejoignit la Caspienne :

> *Depuis que la glace a reculé, l'océan Arctique a pénétré au cœur de la Russie et a laissé en maints endroits, des dépôts marins sur le sédiment glaciaire dérivé comme sur les sols plus fermes. Il a également envahi le lointain bassin de l'Obi, puis a communiqué avec la Caspienne; les ancêtres des phoques vivant maintenant sur ses îles rocheuses s'y sont alors rendus et y sont restés quand l'eau s'est retirée* [100].

---

98 Ibid.
99 Ibid.
100 G. D. Hubbard, *The Geography of Europe*, 1937, p. 47.

## ~ La glaciation des tropiques

Alors qu'il se trouvait au Brésil, l'un des pays les plus chauds du monde, Agassiz retrouva en 1895 toutes les manifestations qu'il attribuait à l'action de la... glace. Ses collègues, qui s'étaient précédemment rangés de son côté, s'étonnèrent à juste titre : une couverture de glace aux tropiques et sur l'équateur lui-même ? Pourtant, il y avait là des accumulations de dépôts dérivés, des roches striées, des blocs erratiques, des vallées en auge et aussi de la tillite[101] polie ; donc il fallait bien de la glace pour ce travail et ce polissage ; ce continent avait dû subir une sérieuse glaciation... Mais pourquoi une contrée tropicale aurait-elle été recouverte par un manteau gelé épais de plusieurs milliers de mètres ?

On découvrit également les preuves d'une glaciation en Guyane britannique, pays aussi chaud que le Brésil. Bientôt, la même information arriva du continent africain, mais les relevés topographiques démontrèrent – chose étrange – que non seulement la glace avait recouvert l'Afrique équatoriale et Madagascar, mais aussi qu'elle s'était déplacée de l'équateur vers les plus hautes latitudes de l'hémisphère austral, c'est-à-dire dans la mauvaise direction !

Puis ce fut au tour de l'Inde de témoigner dans le même sens : là aussi, la glace était partie *de* l'équateur, non pas vers le pôle mais en s'élevant depuis les terres basses, jusqu'aux contreforts de l'Himalaya. Après réflexion, la glaciation de ces régions équatoriales fut attribuée à une autre période qui se serait établie non pas des milliers d'années, mais des millions d'années auparavant.

Aujourd'hui, il est généralement admis que les vestiges de l'ancienne glaciation constatée sous les tropiques et dans l'hémisphère austral remontent environ à l'époque permienne, bien plus ancienne que la dernière période glaciaire. « *Le trait le plus remarquable de la glaciation permienne est sa répartition* », écrit Dunbar de l'Université de Yale. « *L'Amérique du Sud n'en a pas été exempte : les traces de glaciation sont toujours visibles en Argentine et au Brésil sud-oriental, à*

101 NdT: argile consolidée.

*moins de 10° de l'équateur. Dans l'hémisphère boréal, l'Inde péninsulaire proche de l'équateur, a été le théâtre principal d'une glaciation se déplaçant vers le Nord ( ou allant des tropiques vers des latitudes plus hautes )* »[102]. « *La calotte glaciaire recouvrit presque toute l'Afrique du Sud, jusqu'à 22° de latitude Sud au moins et s'étendit aussi sur Madagascar* »[103].

Même si le phénomène s'est produit à une époque très reculée, l'existence d'une couche de glace épaisse de plusieurs milliers de mètres dans les régions les plus chaudes du globe ne cesse d'être une énigme et un défi pour l'esprit. Chamberlin dit à ce sujet : « *Certaines de ces énormes couches de glace avancèrent même jusqu'aux tropiques, où les entassements de moraines, épais de centaines de mètres, stupéfient les géologues qui les contemplent. On n'a pas encore fourni d'explication satisfaisante sur l'étendue et la situation de ces glaciers extraordinaires...* » Et il ajoute : « *Ces glaciers presque incroyables, compte tenu de leurs dimensions et de leurs emplacements ne se formèrent certainement pas dans les déserts* ! »[104].

### ~ Le Groenland

Selon la théorie glaciaire, le Groenland est l'exemple type de ce qui s'est produit jadis dans la majeure partie du globe. Il appartient au grand archipel qui couronne le Nord-Est du Canada, bien qu'il soit parfois considéré comme faisant partie de l'Europe. Si l'on estime que l'Antarctique et l'Australie sont des continents, c'est la plus vaste de toutes les îles. Elle mesure 2.700 km de longueur, s'inscrit presque entièrement à l'intérieur du cercle arctique et atteint 83° 39' de latitude Nord. Sur ses 2.184.000 km$^2$, plus de 1.800.000 km$^2$ sont recouverts d'une immense croûte de glace qui ne laisse libre que la frange littorale. On détermine son épaisseur en mesurant le temps mis par l'écho pour revenir du soubassement rocheux après avoir provoqué une détonation à la surface de la couche : et elle dépasse 2.000 mètres. « *Pendant long-*

---

102 C. O. Dunbar, *Historical Geology*, 1949, p. 298-299.
103 Ibid., p. 298
104 R. T. Chamberlin, « The Origin and history of the Earth » dans *The World and Man*, éd. F. R. Moulton, 1937, p. 80.

*temps, bien des gens ont cru que l'intérieur du pays était dépourvu de glace et qu'il était peut-être même habité. C'est presque uniquement pour le vérifier que le baron Nordenskjöld y conduisit une expédition* »[105].

Il entreprit l'ascension de la calotte glaciaire à Disco Bay ( 69° de latitude ), se dirigeant vers l'Est pendant 18 jours : « *Des rivières coulent en suivant des lits rappelant ceux creusés dans la terre... mais en comparaison le bleu de leurs parois glacées est infiniment plus beau. Toutefois, ces cours d'eau ne sont pas absolument continus. Après avoir parcouru une certaine distance à l'air libre, ils plongent subitement et entièrement avec un mugissement assourdissant dans quelque crevasse béante, pour continuer leur route vers la mer par des cheminements dérobés ; nous rencontrâmes aussi beaucoup de lacs dont les bords sont gelés* » . En tendant l'oreille, écrit l'explorateur, « *nous entendions une sorte de grondement assourdi provenant de ces torrents invisibles et, de temps à autre, une forte détonation isolée, semblable à celle d'un canon, nous annonçait la formation d'une nouvelle crevasse... Dans l'après-midi, on vit au loin une colonne de brouillard bien définie ; de plus près on découvrit qu'elle s'élevait d'un abîme dans lequel s'engouffrait un véritable fleuve. La masse liquide mugissante s'était foré un puits pour vraisemblablement atteindre le socle du glacier, situé au moins 600 mètres plus bas* »[106].

Le Groenland du Sud semble donc vivre encore à l'âge glaciaire. Cette île arctique a l'aspect que devaient avoir autrefois certaines régions continentales. Mais cela n'explique pas comment la glace a pu recouvrir la Guyane britannique et Madagascar. Il n'est pas moins étonnant d'apprendre, si l'on en croit l'avis des spécialistes, que la zone nord du Groenland n'a jamais subi de glaciation : « *Les îles de l'archipel arctique non plus* », surenchérit un autre scientifique, « *et pas davantage l'intérieur de l'Alaska* »[107]. L'explorateur polaire Vilhjamur Stefansson écrit : « *Probablement, jadis comme aujourd'hui, l'extrême Nord du Groenland faisait exception, car il semble de règle que les pays les plus au Nord ne*

---

105 G. F. Wright, *The Ice Age in North America*, p. 75.
106 Ibid.
107 R. F. Griggs, *Science*, 1942, xcv, p. 2473.

*sont pas et n'ont jamais été sous la glace* »[108]. « *Il est à remarquer que ce fut le cas pour les terres basses de la Sibérie du Nord et de l'Alaska* »[109], expliqua James D. Dana, éminent géologue américain du siècle dernier. « *En Sibérie et sur les îles polaires de l'océan Arctique, des aiguilles rocheuses fichées dans la terre se tiennent encore debout ; elles auraient certainement été renversées et même brisées si une couverture glaciaire avait parcouru les lieux* »[110].

Des os de rennes groenlandais furent découverts dans le Sud du New Jersey et dans le Sud de la France ; des ossements de rennes lapons furent retrouvés en Crimée. Cela est dû, paraît-il, à l'invasion de la glace et à la retraite des animaux nordiques vers le Sud. D'autre part, l'hippopotame a vécu en France et en Angleterre et le lion en Alaska. Pour donner une explication plausible, on a fait intervenir une période interglaciaire : la région se réchauffant, les animaux du Sud auraient émigré vers les latitudes nordiques. Le remplacement d'une faune par une autre ayant eu lieu à plusieurs reprises, on compte généralement quatre périodes glaciaires, suivies chacune d'un adoucissement climatique, mais leur nombre varie selon les pays ou les spécialistes.

Cependant, personne n'a jamais su pourquoi les régions polaires ont été exemptes de glaciation tout au long des temps géologiques. Par ailleurs, la flore naissante du Groenland, datant du tertiaire, pose un problème.

En 1868, Heer publia à Zurich un ouvrage traitant des végétaux fossilisés de l'Arctique ; entre autres espèces, il a reconnu tout un assortiment de plantes constitué par des magnolias et des figuiers[111]. Des forêts d'arbres exotiques et des boqueteaux de plantes juteuses méridionales poussaient donc sur ce pays profondément enclavé dans le cercle polaire, privé de la lumière nécessaire à leur croissance pendant 6 mois de l'année.

---

108 V. Stefansson, *Greeland*, 1942, p. 4.
109 Dana, *Manual of Geology*, 4e éd., p. 977.
110 Whitley, *Journal of the Philosophical Society of Great Britain*, xii, p. 55.
111 O. Heer, *Flora Arctica Fossilis: Die fossile Flora der Polarländer*, 1868.

**~ Les coraux des régions polaires**

Le Spitzberg ( 78° 56' de latitude Nord ), une possession norvégienne de l'océan Arctique, est aussi distant d'Oslo que celle-ci l'est de Naples. Heer y identifia 136 espèces de plantes fossiles et les assigna à l'ère tertiaire. Parmi ces végétaux, il inventoria des pins, des sapins, des épicéas et des cyprès, ainsi que des ormes, des coudriers et des nénuphars.

L'extrémité Nord de l'île recèle une couche de charbon noir et brillant, épaisse de 8 à 10 mètres ; elle est recouverte de schiste noir et de grès incrusté de plantes fossiles terrestres. « *Lorsqu'on pense que cette luxuriante végétation croissait à moins de 8° 15' du pôle Nord, dans une région qui reste dans l'obscurité pendant la moitié de l'année et qui est aujourd'hui presque continuellement sous la neige et la glace, il est facile d'évaluer la difficulté du problème que pose aux géologues la répartition des climats* »[112].

Pour constituer une couche de charbon de 10 mètres d'épaisseur, le Spitzberg devait avoir des grandes forêts. En admettant que, pour une raison quelconque, cet archipel ait joui d'une température comparable à celle de la Côte d'Azur, il est impossible qu'elles y aient poussé car à 1.500 km à l'intérieur du cercle polaire, la nuit règne 6 mois sans interruption, et le reste de l'année, le soleil se tient très bas au-dessus de l'horizon. Pourtant, on y a retrouvé non seulement des arbres fossiles et du charbon, mais aussi des coraux qui ne croissent qu'en eau tropicale ; il faut savoir que la Méditerranée, même à la hauteur de l'Egypte ou du Maroc, est trop froide pour eux... Or, ils ont prospéré le long des côtes du Spitzberg ! De nos jours, on peut y contempler leurs immenses colonies recouvertes de neige. Même en faisant remonter la formation de ces coraux au passé le plus lointain, le problème de leur croissance n'est pas résolu.

112 Archibald Geikie, *Text-Book of Geology*, 1882, p. 869.

A une certaine époque, les coraux vivaient tout le long des côtes de l'Amérique du Nord ( Alaska, Canada et Groenland [113]) – on les voit encore, pétrifiés. Plus tard, au tertiaire, les figuiers fleurissaient à l'intérieur du cercle arctique ; des forêts de séquoias, conifères géants de Californie, s'étalaient du détroit de Béring au Nord du Labrador. « *Il est difficile d'imaginer les conditions climatiques qui ont permis à ces arbres de pousser si près du pôle, privés de soleil pendant plusieurs mois de l'année* »[114].

On prétend qu'autrefois le climat était identique sur la totalité du globe et que la caractéristique « *des périodes chaudes qui ont constitué la plus grande partie des temps géologiques était la faible différence de température entre les régions équatoriales et les régions polaires* ». A cela, dans son livre *Climate through the Ages,* Brooks répond : « *Tant que l'axe de rotation reste à peu près dans sa position actuelle relativement au plan de l'orbite terrestre autour du Soleil, la limite extérieure de l'atmosphère dans les régions tropicales doit recevoir plus de chaleur solaire que les latitudes moyennes, et les latitudes moyennes plus que les régions polaires ; c'est une loi invariable... Il est très difficile de concevoir une cause susceptible d'élever la température de ces régions de 15°, ou davantage, tandis que celle des régions équatoriales resterait la même* »[115].

L'Antarctique est plus grand que l'Europe, Russie occidentale comprise. Il n'y a pas d'arbres, aucun buisson, et pas le moindre brin d'herbe ; on n'y a trouvé que très peu de moisissures. Les textes des explorateurs polaires n'y mentionnent pas d'autres animaux que de rares insectes extrêmement dégénérés. Les manchots et les mouettes y viennent en traversant la mer. Ce continent, soumis à de fréquentes tempêtes d'une violence inouïe, est presque totalement recouvert de glace qui, en certains endroits, descend jusqu'à l'océan. Au cours de son expédition de 1907-1909, Shackleton a trouvé du bois fossile dans le grès d'une moraine par 85° 5' de latitude Sud. Il a également rencontré des blocs erratiques de granit sur les flancs du

113 Dunbar, *Historical Geogogy*, p. 162, 194.
114 D. H. Campbell, *« Continental Drift and Plant Distribution »*, *Science*, 16 janvier 1942.
115 C. E. P. Brooks, *Climate through the Ages*, 1949, p. 31.

volcan Erebus. Puis, il découvrit 7 veines de charbon, à seulement 15° du pôle ; elles varient entre 1 et 2 mètres d'épaisseur. Des morceaux de grès contenant du bois de conifères sont mêlés à cette houille[116]. Les terres de l'Antarctique, elles aussi, ont dû donner naissance jadis à de grandes forêts.

Le paléoclimatologue a choisi un problème aussi difficile à résoudre que celui de la quadrature du cercle ; il semble en effet que cette discipline se résume à un ensemble de questions non résolues et même insolubles. Sans un ou plusieurs changements notables du parcours orbital de notre planète ou de l'inclinaison de son axe – ou les deux conjugués – les conditions qui ont permis à des plantes tropicales de se développer dans les régions polaires n'auraient pas pu exister. Que l'incrédule essaie de cultiver du corail au pôle Nord !

### ~ Les baleines sur les montagnes

Les squelettes de deux baleines ont été découverts dans les marais du Michigan. Comment ces animaux marins y sont-ils parvenus ? Les cétacés ne se déplacent pas sur la terre ferme, ils n'utilisent pas les icebergs comme moyen de transport, et la glace en mouvement ne les aurait pas amenés au milieu d'un continent. En outre, leurs ossements ont été trouvés dans des dépôts post-glaciaires. Il y aurait donc eu une mer à l'emplacement du Michigan après la dernière glaciation, c'est-à-dire il y a quelques milliers d'années seulement ? Pour l'expliquer on a supposé qu'à ce moment les Grands Lacs faisaient partie d'un bras de mer. Maintenant ils sont à une altitude de 177 mètres.

Des os de baleines ont été trouvés à 135 mètres au-dessus du niveau de la mer, au Nord du lac Ontario ; le squelette d'une autre baleine a été découvert dans le Vermont, à plus de 150 mètres d'altitude[117] ; un autre encore

---

116 Shackleton, *The Heart of the Atlantic*, ii, p. 314, 316, 319, 323. Photographies face aux p. 293, 316. Selon Chamberlin, on trouve du charbon à seulement 300 km du pôle Sud.
117 Dana, *Manuel of Geology*, p. 983.

dans le Québec, à 180 mètres environ. Si la baleine de Humphrey et le Beluga pénètrent parfois dans l'estuaire du Saint-Laurent, ils n'escaladent pas les collines. Leur présence sur les hauteurs du Vermont et de Montréal exige un affaissement du sol. Une autre explication serait qu'une vague océanique les transportant ait envahi la région. Dans les deux cas, il aurait fallu une pression phénoménale pour abaisser des montagnes au-dessous du niveau de la mer, ou pour provoquer l'irruption de celle-ci ; la seconde explication est incontestablement d'ordre catastrophique. La thèse généralement admise est donc que la Terre, aux environs de Montréal et du Vermont s'est enfoncée à plus de 180 mètres sous le poids de la glace et qu'elle y est restée quelque temps, après la débâcle[118].

Mais le long du littoral de la Nouvelle-Ecosse et de la Nouvelle-Angleterre, des souches d'arbres se dressent dans l'eau, prouvant que le pays jadis boisé fut ensuite submergé. Devant les embouchures du Saint-Laurent et du fleuve Hudson, de profonds cañons s'avancent vers le large sur plusieurs centaines de kilomètres, indiquant que le sol fut remplacé par la mer après avoir subi un affaissement à l'époque glaciaire.

Faut-il en déduire que deux mouvements inverses, l'un montant l'autre descendant, se sont produits simultanément dans un périmètre restreint ?

Un animal du tertiaire, le Zeuglodon[119] a laissé une quantité d'ossements sur le territoire de l'Alabama et sur d'autres, proches du Mexique. Ils recouvraient les champs en telle abondance et « *gênaient tant leurs travaux, que les paysans les entassaient en guise de clôtures* »[120]. Il n'y a pas eu de couche glaciaire dans les Etats du Golfe ; quelle a donc été la cause de leur submersion et de leur émersion ? Ce phénomène n'a pas seulement touché la zone couverte de glace, mais aussi le littoral océanique du Maine à la Floride. Reginald A. Daly, de l'Université de Harvard, a écrit : « *Il*

118 Dunbar, *Historical Geology*, p. 453.
119 NdT: genre de mammifère cétacé possédant une denture caractéristique comprenant trois sortes de dents, un crâne de 1 mètre et une longueur totale de 20 mètres.
120 George McCready Price, *Common-sense Geology*, 1946, p. 204-205.

*n'y a pas longtemps ( au sens géologique ) la plaine du New Jersey jusqu'à la Floride était sous la mer. Les vagues de l'océan se brisaient sur les contreforts du Piedmont américain. Les sédiments marins enclavés furent alors soulevés et les cours d'eau y creusèrent leurs lits, ce qui donna la plaine côtière atlantique. Pourquoi la masse sédimentaire fut-elle soulevée ? Le géologue nous parle des époques agitées au cours de laquelle la ceinture rocheuse qui s'étendait de l'Alabama à Terre-Neuve fut plissée, bousculée et forma le système montagneux des Appalaches. Pourquoi ? Comment cela s'accomplit-il ? Pour quelles raisons la mer aurait-elle inondé les immenses plaines, du Mexique à l'Alaska, puis se serait ensuite retirée ?* »[121].

On trouve des dépôts marins sur « *des tertres hauts de 75 mètres, au Nord de la Floride, et de 50 mètres en Géorgie* ». Ils contiennent des restes de morses : « *Les caractères marins du pléistocène sont fréquents sur la côte du golfe du Mexique, à l'Est du Mississippi, à des altitudes dépassant parfois 60 mètres* »[122]. Il arrive que l'on exhume de dépôts marins texans, des mammifères terrestres à l'état fossile, datant de l'ère glaciaire. Cette partie du continent ne fut pas recouverte par la glace qui, venant du Nord, ne dépassa pas la Pennsylvanie.

Une sédimentation marine recouvre le littoral Nord-est des Etats-Unis et la côte arctique du Canada ; on y trouve des morses, des phoques et au moins 5 espèces de baleines. Il existe à l'intérieur des terres « *le long des crêtes arctiques et pacifiques, souvent à 300 kilomètres des côtes* »[123] des dépôts du même genre dont l'origine remonte tant « *aux périodes glaciaires qu'interglaciaires* » contenant des animaux des latitudes arctiques et tempérées. La fonte de la glace qui pesait sur l'écorce terrestre a été rendue responsable de l'exhaussement des terrains jusqu'alors maintenus sous la pression de la couverture glaciaire ; mais à quoi est due l'élévation d'autres régions qui n'y étaient pas soumises ?

Si le sol s'est lentement relevé quand il a été libéré et qu'il a porté les os des baleines sur les sommets des collines, pourquoi les terres avoisinantes se sont-elles enfoncées à des profondeurs de plusieurs milliers de mètres ainsi

121 R. A. Daly *Our Mobile Earth*,1926, p. 90.
122 R.F. Flint, *Glacial Geology and the Pleistocene Epoch*,1947, p. 294-295.
123 Ibid., p. 362.

que l'indiquent les cañons sous-marins ? Daly conclut : « *Pour un mystère élucidé, l'histoire du pléistocène*[124] *américain en contient dix autres qui ne le sont pas* »[125].

124 NdT: époque glaciaire, correspondant au paléolithique, du début de l'ère quaternaire.
125 Daly, *The Changing World of the Ice Age*, 1934, p. 111

# ~ 5 ~
# Les raz-de-marée

### ~ Les fissures dans les roches

Joseph Prestwich[126], professeur de géologie à Oxford et faisant encore autorité sur l'ère quaternaire, fut intrigué par de nombreuses constatations qui l'amenèrent à penser que « *le sud de l'Angleterre s'est enfoncé d'environ 300 mètres, voire plus, entre les périodes glaciaires ou postglaciaires et la période récente, c'est-à-dire le néolithique* »[127]. A la suite d'un mouvement spasmodique de l'écorce terrestre, la côte et les terres de l'Angleterre s'immergèrent à une telle profondeur que des points situés à 300 mètres d'altitude se trouvèrent au-dessous du niveau de la mer[128]. Parmi ces curiosités, le contenu de certaines crevasses retint toute son attention. Les formations calcaires des environs de Plymouth ( sur la Manche ) présentent des fissures de diverses tailles, remplies de fragments rocheux, angulaires et coupants, d'ossements de mammouths, d'hippopotames, de rhinocéros, de chevaux, d'ours polaires et de bisons « *brisés en petits morceaux. On ne rencontre aucun squelette entier. En fait, ils sont dispersés dans le plus grand désordre, en vrac, ce qui interdit toute reconstitution. Ils ne montrent pas d'usure et n'ont pas été rongés par des carnassiers, bien qu'ils soient mêlés à des vestiges d'hyènes, de loups, d'ours et de lions* »[129].

---

126 1874-1888.

127 Joseph Prestwich, « The Raised Beaches and " Head " or Rubble drift of the South of England », *Quarterly Journal of the Geological Society*, 1982, xlviii, p. 319-337. Prestwich, « On the Evidences of a Submergeance of Western Europe and of the Mediterranean Coasts at the Close of the Glacial or So-called Post-Glacial period, and Immediately Preceeding the Neolithic or Recent Period », *Philosophical Transactions of the Royal Society of London*, 1893, Séries A, 1894, p. 904 et suiv.

128 Ibid., p. 906.

129 Prestwich, *On Certain Phenomena Belonging to the Close of the Last*

Les brèches de failles du Devonshire et du Pembrokeshire sont des conglomérats de roches détritiques et d'os « *brisés et éclatés* » aux arêtes nettes et coupantes en « *état de fraîcheur* », en « *condition splendide* » et ne portant aucune trace de dents[130]. Si les animaux étaient tombés vivants dans les crevasses en question, leurs carcasses seraient encore entières, or elles ne le sont pas. De plus, si elles étaient restées pendant quelque temps à l'air libre, on y constaterait des traces d'érosion ; mais « *ce n'est jamais le cas : une simple chute n'aurait jamais suffi à briser les os de telle façon. J'estime que ces objections sont assez éloquentes pour détruire l'hypothèse d'une chute... On n'en a proposé nulle autre depuis* »[131], écrit Prestwich.

Il existe en Angleterre et dans toute l'Europe occidentale des cassures de roches bourrées d'ossements ayant appartenu aux représentants d'espèces disparues, ou à d'autres, d'origine aussi ancienne, qui prolifèrent encore actuellement. On en voit dans les vallées du Bassin parisien ainsi qu'en haut de collines peu fréquentées, situées au cœur de la France. Ces monticules, souvent assez élevés, contiennent parfois des restes de mammouths, de rennes, de chevaux et d'autres animaux. Le sommet du mont Genay ( 436 mètres ), près de Semur-en-Auxois et celui du Santenay, entre Dijon et Lyon, constituent des « *exemples frappants* »[132].

Le professeur Albert Gaudry, attaché au Jardin des Plantes de Paris, se demanda pourquoi tant de loups, de chevaux et de bovidés en auraient gravi les pentes. Selon la description des lieux, les os sont généralement brisés et éclatés en innombrables fragments tranchants et ne sont « *évidemment pas ceux d'animaux dévorés par des prédateurs, bien que les vestiges de loups, de lions des cavernes et d'ours voisinent avec ceux de rhinocéros, de chevaux, de bovidés et de cervidés. Il est inconcevable que des animaux de mœurs et d'habitats si différents aient pu*

*Geological Period and on their Bearing upon the Tradition of the Flood*, Londres, Macmillan and Co., 1895, p. 25-26.
130 Prestwich, *Quarterly Journal of the Geological Society*, XLVIII, p. 336.
131 Prestwich, *On Certain Phenomena*, p. 30.
132 Ibid., p. 36.

*jamais se rencontrer vivants, tous ensemble* »[133]. L'état de conservation de ces esquilles indique qu'ils périrent tous à la même période. Prestwich estimait que devant ces ossements « *aujourd'hui intimement mêlés à l'intérieur de la faille couronnant les sommets de ces collines* » et « *réunis en un seul tas* », il était permis de supposer que « *leurs propriétaires s'étaient réfugiés là pour échapper à la montée des eaux* »[134].

Un peu partout sur les côtes méditerranéennes, il existe des fissures ayant les mêmes particularités. Le compte rendu des investigations effectuées par Marcel de Serres aux environs de Pédémar dans le Gard fait état de la présence singulière d'os dans des creux ou dans des crevasses : « *L'étrange phénomène qui entraîna cette énorme accumulation d'ossements appartenant à diverses races animales s'est produit à l'intérieur d'un périmètre très restreint* »[135]. De Serres les découvrit réduits en pièces mais aucun d'eux ne semblait avoir été rongé ou roulé. On ne constata pas de coprolites ( excréments durcis ), cela prouve donc que ces bêtes n'avaient pas habité les lieux.

Le rocher de Gibraltar par exemple est sillonné par une multitude de crevasses bourrées d'os rompus et éclatés : « *des restes de panthères, de lynx, de chats sauvages, d'hyènes, de loups, de rhinocéros, de chevaux, de sangliers, de cerfs, de daims, d'ibex, de bœufs sauvages, de lièvres, de lapins ont été trouvés dans ces fissures ossifères. Ils sont presque toujours brisés en milliers de fragments ; aucun n'est usé ni roulé ; aucun n'a été rongé bien que de nombreux carnivores étaient présents alors sur le rocher* »[136], dit Prestwich qui ajoute : « *Seul un grand danger commun, une forte inondation par exemple, a pu chasser devant elle aussi bien les animaux des plaines que ceux des cavernes* »[137].

Le rocher est tailladé et fissuré à l'extrême. Ce qui reste d'anciennes plages, à plus de 180 mètres d'altitude

---

133 Ibid., p. 37-38.
134 Ibid., p. 38.
135 Marcel De Serres, « Notes sur de nouvelles brèches ossifères découvertes sur la montagne de Pédémar aux environs de Saint-Hippolyte-du-Fort (Gard) », *Bulletin de la Société géologique de France*, 2e série, xv, 1858, p. 233.
136 Prestwich, *On Certain Phenomena*, p. 47. Prestwich, *Philosophical Transactions of the Royal Society*, 1893, p. 935.
137 Prestwich, *On Certain Phenomena*, p. 48.

indique qu'à une certaine époque, les eaux de la Méditerranée léchaient les fameuses colonnes d'Hercule. Celle dont il s'agit, le mont Calpé des Romains, s'élève maintenant à 418 mètres au-dessus de la mer. Par conséquent, « *à l'époque de l'homme, ce fut une île d'un peu moins de 250 mètres de hauteur ; elle s'éleva par étapes successives à son niveau actuel. Toutefois, il est très probable qu'avant de l'atteindre, l'ensemble de la région fut soulevé à un point tel qu'il se forma un passage de terre ferme entre Gibraltar et la côte d'Afrique* [138] (...) *Cela montre que l'allégorie faisant des deux montagnes – séparées par le détroit – le symbole de la pérennité n'est pas fondé. Parmi les os d'animaux découverts dans certaines de ces crevasses, on a trouvé une molaire humaine et quelques silex travaillés par l'homme paléolithique, ainsi que des débris de poterie néolithique* »[139].

En Corse, en Sardaigne, en Sicile, sur le continent européen et les îles Britanniques, des os brisés remplissent les fissures des roches. Les collines des alentours de Palerme, en Sicile, ont révélé une « *extraordinaire quantité d'os provenant de véritables hécatombes d'hippopotames* » : « *On en a extrait 20 tonnes d'une caverne proche de San Ciro, en 6 mois d'exploitation ; ils étaient d'une telle fraîcheur qu'ils furent expédiés à Marseille pour être transformés en noir animal destiné aux raffineries de sucre. Comment cette brèche a-t-elle pu se remplir d'os ? Il est impossible que des prédateurs aient apporté et laissé là cette quantité d'os* »[140]. On n'y constate en effet aucune trace de dents d'hyènes ou d'autres carnivores. Les animaux venaient-ils y mourir quand leur fin approchait ? « *Ils appartiennent à des bêtes de tous âges, même à des bébés et ne portent aucune marque de patine causée par le temps ou due aux conditions climatiques* »[141]. « *L'état extrêmement frais des os, attesté par leur très forte proportion de matière organique* » montre que – du point de vue géologique – l'événement est « *récent* » . D'autre part, le fait que « *des animaux de tous âges* » aient été « *englobés dans la catastrophe* » montre qu'elle fut « *soudaine* ».

Selon Prestwich, les îles méditerranéennes furent submergées en même temps que l'Europe et l'Angleterre :

---

138 Ibid., p. 46.
139 Ibid., p. 48.
140 Ibid., p. 50.
141 Ibid., p. 51.

« *Les animaux habitant la plaine de Palerme reculèrent ( cela se conçoit ) à mesure que l'eau avançait et s'enfoncèrent de plus en plus dans l'amphithéâtre de collines où ils furent enfermés... Ils ont dû se trouver groupés par milliers, s'entassant dans les cavernes les plus accessibles et se bousculant devant leurs entrées, jusqu'à ce que l'eau les rejoigne et les détruise... Des débris rocheux et de gros blocs arrachés aux flancs des pentes, emportés par le courant, ont écrasé et brisé leurs os* »[142].

Parmi les géologues partisans de la théorie glaciaire, Prestwich est considéré comme le plus éminent. Il se vit obligé de rédiger une thèse intitulée « *Submersion de l'Europe occidentale et des côtes méditerranéennes à la fin de la période glaciaire – dite "postglaciaire" – précédant immédiatement la période néolithique, ou récente* » . Elle fit l'objet d'une communication scientifique publiée dans le bulletin de la Royal Society of London, sous le titre « *Philosophical Transactions* » . Il lui paraissait « *impossible d'expliquer les phénomènes géologiques spécifiques... par aucun des facteurs dont notre époque nous a donné l'expérience* »[143] ... « *quels qu'ils furent, ils ont dû agir avec une violence suffisante pour écraser des os* »[144]. « *Cela n'a pas été non plus l'œuvre du temps, car les ossements enfouis, bien que très brisés sont singulièrement frais* »[145]. « *Certaines communautés primitives ont sans doute vécu, elles aussi, la catastrophe* »[146].

Le rocher de Gibraltar s'éleva de manière à fermer le détroit, puis disparut partiellement ; la côte anglaise et ses collines de 300 mètres furent submergées, ainsi que de nombreux monticules à l'intérieur de la France et en Sicile. On relève partout les traces d'un cataclysme qui s'est produit à une époque relativement récente et a touché une zone de dimensions continentales. De grandes avalanches d'eau chargées de pierres se jetèrent à l'assaut des terrains, ébranlant des massifs montagneux, cherchant des fissures où elles s'engouffrèrent, disloquant et écrasant sur leur passage tout le royaume animal. Prestwich attribuait ces dévastations à l'affaissement de la terre ferme, suivi d'un

142 Ibid., p. 51-52.
143 Ibid., p. vi.
144 Ibid., p. 67.
145 Ibid., p. 7.
146 Ibid., p. 74.

exhaussement brusque au cours duquel des masses d'eau se seraient précipitées vers les niveaux inférieurs, y apportant chaos et destruction. Dans ses écrits, il ne niait pas avoir sous-estimé la superficie des terres englouties, mais ne s'expliquait pas ce double mouvement de submersion et d'émersion. Ces événements eurent lieu quand l'âge de la pierre polie commençait à peine en Angleterre, tandis que les grands foyers de civilisation connaissaient peut-être déjà celui du bronze.

Dans un chapitre suivant, nous traiterons les grandes catastrophes qui ébranlèrent plus d'une fois toutes les villes du monde antique. En effet, la Crète, l'Asie Mineure, le Caucase, la Mésopotamie, l'Iran, la Syrie, la Palestine, Chypre et l'Egypte furent simultanément dévastés à plusieurs reprises, alors que l'Egypte était à l'Age du Bronze et que l'Europe se préparait au néolithique.

## ~ Les forêts enfouies du Norfolk anglais

L'étude d'un pays soulève plus de problèmes qu'elle n'en résout. La Grande-Bretagne est la patrie d'hommes illustres, fondateurs et promoteurs de la géologie. Cela explique pourquoi son sol fut plus exploré que celui de n'importe quelle autre partie du monde. Les recherches effectuées sur ses différents niveaux, et notamment sur ceux qui remontent à l'ère glaciaire, révèlent « *une interstratification très complexe de couches de diverses origines* »... « *Quand nous faisons la somme des complications additionnelles imposées par de minces apports dérivés, par de maigres dépôts interglaciaires et par la fréquente présence dans les couches fossilifères du secondaire, de fossiles déplacés provenant du remodelage de terrains plus anciens, nous nous trouvons devant une impasse, confrontés à un problème extrêmement ardu. Tout compte fait, l'étude stratigraphique de la glaciation en Grande-Bretagne a rencontré des difficultés exceptionnelles* »[147]. Ainsi s'exprime le professeur Flint, géologue à l'Université de Yale.

Dans le comté de Norfolk à Cromer, près du littoral de la mer du Nord, on a trouvé en Angleterre comme

147 Flint, *Glacial Geology and the Pleistocene Epoch*, p. 377.

ailleurs des « *forêts enfouies* » dénommées ainsi à cause des très nombreuses souches d'arbres qui, d'après la rumeur publique, auraient poussé sur les lieux de leur enfouissement. Beaucoup sont en position verticale et souvent enchevêtrés ; leurs racines ne portent pas de radicelles mais sont brisées, généralement à une distance de 30 à 90 cm du tronc. On a trouvé des os de 60 espèces de mammifères, sans compter ceux d'oiseaux, de grenouilles et de serpents. Parmi les premiers : le tigre à dents en forme de sabre, le grand ours *Ursus horribilis,* le mammouth, l'éléphant à défenses droites, l'hippopotame, le rhinocéros, le bison, le cheval actuel *equus caballus.*

Deux espèces, vivant exclusivement au Nord, le glouton et le bœuf musqué, ont été décelées parmi d'autres, de latitudes tempérées et tropicales. Des 30 variétés de grands animaux terrestres trouvés là, 6 existent encore, les autres sont éteintes ; 3 seulement sont originaires des îles Britanniques[148]. On y a découvert les restes de 68 espèces végétales ; ils indiquent « *un climat et un relief très semblables à ceux du Norfolk actuel* »[149]. Etant donné la sensibilité des plantes aux écarts de température, on pourrait en conclure que le climat existant au moment où la forêt fut déplacée n'était pas différent de celui d'aujourd'hui ; mais cela est contredit par le caractère de la faune qui comprend aussi bien des animaux du Sud que du Nord.

L'abondance d'espèces si différentes sur une île aussi grande que la Grande-Bretagne laisse penser qu'elle avait dû faire partie d'un continent et que le Pas-de-Calais n'était alors pas encore ouvert. On a également dit que le Rhin coulait à travers la zone actuellement occupée par la mer ( la Tamise étant l'un de ses affluents ), que les arbres y avaient été apportés par ses soins, qu'ils poussaient sur ses berges, que l'eau avait enlevé la terre autour de leurs racines et que les troncs avaient été emportés et déposés à leur emplacement actuel. « *Il faut cependant remarquer que l'ouverture du Pas-de-Calais constitue une révolution géologique d'une ampleur si considérable, qu'on hésiterait volontiers à l'assi-*

148 W. B. Wright, *The Quarternary Ice Age*, 1937, p. 110.
149 Ibid.

*gner à la période relativement brève des temps glaciaires et postglaciaires* »[150].

Un dépôt non marin contenant des plantes arctiques ( saules, bouleaux nains ) et des coquilles de gastéropodes recouvre directement cette profusion de souches mortes sans que rien l'en sépare. Cela implique un changement remarquable des conditions climatiques qui ont permis la croissance de la forêt sous-jacente... « *Il pourrait indiquer un abaissement de température d'environ 20°* »[151]. Un autre dépôt marin termine cette incroyable superposition. On y remarque l'*Astarté borealis* et d'autres coquillages « *dans la position de la vie, les deux valves réunies* »... « *Ces mollusques sont originaires de l'Arctique, mais comme la couche sédimentaire dont ils font partie contient aussi l'*Ostrea edulis *qui exige une mer tempérée, on ne peut rien en conclure quand il s'agit de déterminer le climat* »[152].

Quel est l'agent qui rassembla, en bloc ou par à-coups successifs, toute cette flore et faune de la toundra et de la jungle, des futaies comme des déserts, de rivières et de lacs, d'altitudes variées et de diverses latitudes, dés mers du Nord et du Sud ?

Les coquillages aux valves closes nous apprennent que les mollusques ne succombèrent pas à une mort naturelle, mais furent ensevelis vivants. Il semble donc que cette agglomération soit due à la ruée des eaux qui balaya les terres, laissant derrière elle des sables marins et des organismes pélagiques, qui arracha des bêtes et des arbres du Sud pour les drosser vers le Nord ; puis, abandonnant les régions polaires et rejoignant des zones plus chaudes, mélangea sa charge de végétaux et d'animaux au sédiment dans lequel elle avait déjà abandonné ceux du Sud.

En somme, les animaux terrestres et marins de toutes les parties du globe furent projetés ensemble – un groupe suivant l'autre – par les éléments en furie, sans commune mesure avec un simple débordement de rivière.

150 Ibid., p. 111.
151 Ibid.
152 Ibid.

Des vestiges d'espèces qui s'étaient éteintes au cours d'époques antérieures furent également prélevés de la couche où ils reposaient et jetés dans la mêlée.

La découverte d'animaux et de plantes de climats chauds dans les régions polaires, celle de coraux et de palmiers dans le cercle arctique conduit à l'alternative suivante : ou ces animaux et ces plantes ont vécu dans ces régions à une époque lointaine, ou bien ils y ont été apportés par des raz-de-marée. La première hypothèse est vérifiée dans certains cas, lorsque par exemple des souches de palmiers sont trouvées *in situ.* La seconde est par ailleurs acceptable lorsque des animaux et des plantes terrestres et/ou marins sont découverts mélangés.

De toute façon, une constatation s'impose : de tels changements ne peuvent s'être produits que si le globe s'est écarté de son cours, soit à cause d'une variation de sa vitesse de rotation, soit à cause d'un déplacement de la position astronomique ou géographique de son axe. Nous avons souvent constaté que des plantes méridionales poussaient dans le Nord. Cela est dû soit à un déplacement de la position géographique du pôle, et par conséquent des latitudes, soit à une variation de l'inclinaison de l'axe terrestre. Pour le reste, une irruption marine sous les tropiques et à l'intérieur du cercle arctique a précipité dans un seul et même dépôt des êtres vivants. **L'événement n'a pu être que brutal, instantané. Les deux propositions se complètent et impliquent que la direction de l'axe ait été soudainement perturbée.**

### ~ La caverne de Cumberland

En 1912, près de Cumberland dans le Maryland, des ouvriers creusant une tranchée pour une voie ferrée, à l'aide de dynamite et d'une pelle à vapeur, pratiquèrent par hasard une ouverture dans une caverne close de tous côtés. Elle offrit à leurs yeux « *un curieux assemblage d'animaux. Parmi les espèces, beaucoup sont comparables à celles vivant actuellement aux alentours, certaines sont nettement du Nord ou boréales, si l'on en juge par leurs caractéristiques ; mais d'autres sont apparentées à celles provenant de régions méridionales, pour ne pas dire des hautes latitudes australes* ». Cette citation vient d'un texte de Gidley et Gazin, tous deux du National Museum of America[153].

Un crocodile et un tapir représentent le climat méridional ; un glouton et un lemming « *sont incontestablement du Nord* ». Il semble « *très improbable* » qu'ils aient vécu ensemble à la même époque en ces lieux. Comme d'habitude, on supposa que leurs dépouilles étaient arrivées là pendant une période glaciaire ou interglaciaire. Néanmoins, Gidley, le chercheur du Smithonian Institute qui examina la découverte, et y retourna au cours des années suivantes pour l'étudier de plus près, assura que les animaux avaient été contemporains, la position des os excluant toute autre explication. « *Cet étrange assemblage de restes fossiles se présente dans un désordre extrême* »[154]. Les ossements de la caverne de Cumberland étaient « *pour la plupart très brisés, quoique ne portant pas de traces d'érosion* »[155].

Cela laisse penser qu'ils ne furent pas roulés par un cours d'eau pendant très longtemps. Il est tout à fait possible qu'ils aient été projetés contre des rocs par le déferlement de la vague qui les aurait amenés de loin, rompant les squelettes à l'intérieur des corps ( ceci explique cela ) et que l'avalanche ait écrasé toutes ces espèces, les mélangeant et les incorporant aux graviers, pour les enfermer par la suite à l'intérieur des roches.

Il arriva donc que des animaux nordiques ( gloutons, lemmings, musaraignes, écureuils roux, porcs-épics, lièvres et élans ) furent entassés avec d'autres, « *suggérant des conditions climatiques plus chaudes* » tels les pécaris, crocodiles et tapirs qui vivent actuellement sur la côte occidentale d'Amérique ; des coyotes, des blaireaux, des chats sauvages et des pumas figurent dans cet assortiment. Des castors,

---

153 J. W. Gidley et C. L. Gazin, *The Pleistocene Vertebrate Fauna from Cumberland cave, Maryland*, U.S. National Bulletin 171, 1938.
154 Gidley, dans *Explorations and Field-work of the Smithonian Institution for the Year 1913*, Washington, 1914. *Annual Report of the Smithonian Institution for 1918*, p. 281-87.
155 Ibid. (*Explorations* ... ) p. 94-95.

des rats musqués et des visons, habitants de contrées où l'eau abonde, des bêtes venues de pays arides, celles qui hantent les régions boisées aussi bien que celles habituées aux grands espaces découverts comme le lièvre et le cheval sont réunis dans la caverne de Cumberland.

Oui, vraiment, « *curieuse assemblée* » où les espèces éteintes côtoient les formes existantes : la mort les a tous surpris en même temps. Quant aux thèses qui essayent d'expliquer par la succession de périodes glaciaires et interglaciaires, la présence en un seul et même gisement d'ossements appartenant à des individus de climats différents, elles trébuchent inévitablement sur les os de la caverne de Cumberland.

### ~ En Chine du Nord

On a aussi découvert des gisements de milliers d'os à l'intérieur de grottes et fissures à Chou-Kou-tien, un petit village des environs de Pékin : « *le fait le plus étonnant fut la trouvaille d'une inimaginable accumulation d'os fossiles* »[156]. Ces riches dépôts « ossifères » contiennent aussi des restes de squelettes humains : « *Lorsque Weidenreich entreprit son étude, il constata d'autres détails stupéfiants, presque inexplicables* » ... On y a retrouvé des fragments d'os provenant de sept humains : « *un Européen, un Mélanésien et un Esquimau, étroitement enchevêtrés dans une grotte située sur le flanc d'une colline chinoise ! Il en resta un moment abasourdi* »[157]. Vu leurs fractures crâniennes et osseuses, on en a conclu que ces 7 personnes avaient été massacrées ou qu'elles s'étaient entre-tuées. On peut penser que ces ethnies se soient rencontrées à Chou-Kou-tien sachant que les migrations de l'homme préhistorique étaient plus importantes qu'on ne le pense en général.

Les scientifiques furent également surpris par les vestiges d'animaux provenant de climats divers, le tout « *bizarrement mélangés* » . Mammouths, buffles, autruches, bêtes arctiques y avaient laissé leurs dents, leurs cornes, leurs griffes et leurs os dans un mélange inextricable. Cer-

156 Weidenreich.
157 R. Moore, *Man, Time, and Fossils*, 1953, p. 274-275.

tes, ceci ne nous est plus étranger, mais contrairement aux géologues occidentaux, les scientifiques chinois assimilèrent leur découverte à une énigme. « *On ne peut pas se servir de cette collection de diverses faunes pour déterminer de façon probante la température qui régnait à l'époque où elles vivaient* », déclare Lee dans sa *Géologie de la Chine*[158]. Certaines espèces indiqueraient un « *climat assez rude* », d'autres un « *climat chaud* ». « *Il est presque inconcevable* » que des animaux d'habitats aussi variés aient pu vivre ensemble. « *Et pourtant leurs restes furent trouvés côte à côte* » .

On assure qu'avant l'apparition de l'homme, depuis la fin de l'ère tertiaire et tout au long de la grande période glaciaire, la Chine du Nord a subi « *une dessiccation progressive interrompue par des intervalles pluvieux* »[159]. Il y régna une grande sécheresse et « *l'absence générale de traces d'érosion glaciaire* » amena les naturalistes à conclure que cette partie de l'Asie n'avait pas connu – comme la Sibérie du Nord – d'hivers rigoureux et, a fortiori, pas de glaciation. « *D'autre part, on constate dans l'ensemble du pays certains détails qui ne s'accordent pas avec l'interprétation précédente* »[160]. Et les blocs erratiques et les rocs striés ne manquent ni dans les vallées, ni sur les montagnes. Mais s'il n'y eut pas de couverture de glace en Chine du Nord, ni en Sibérie du Nord, comment des ossements d'animaux ont-ils alors pu combler tant de fissures ? Quel facteur a strié les rocs et transporté ces blocs si loin de leurs points de départ et aussi près des sommets ? Lee devait nous apprendre que « *les chaînes montagneuses de la Chine occidentale ont subi une élévation depuis l'âge glaciaire* »[161].

Les argiles et les sables marins de T'ien-tsin sont si riches en mollusques fossiles qu'ils affleurent en surface. Les carottes obtenues par forage « *ont révélé la présence de sable et d'argile contenant des coquillages d'eau douce à plus de 155 mètres au-dessous de la couche supérieure marine* »[162] donnant les preuves d'une élévation et d'une submersion suc-

158 J. S. Lee, *The Geology of China*, Londres, 1939, p. 370.
159 Ibid., p. 371.
160 Ibid., p. 371.
161 Ibid., p. 207.
162 Ibid., p. 206.

cessives et récentes. Ne serait-ce pas une transgression marine qui a mêlé animaux de différentes latitudes et les a transportés sur les sommets ? Les montagnes qui se sont soulevées quand l'humanité en était à ses premiers balbutiements n'ont-elles pas surgi pendant le bouleversement qui a forcé les mers à dépasser les limites de leurs rivages ? Des animaux de différentes régions n'ont-ils pas été précipités – en même temps que les humains – dans des fissures, des crevasses et des failles tandis que les montagnes se soulevaient, que les mers envahissaient les terres, que des débris rocheux franchissaient des hauteurs et que les climats changeaient ?

Les fossiles de Chou-Kou-tien sont ensevelis dans une glaise rougeâtre dont la sédimentation remonte à la même époque qu'eux ; ces terres grasses couvrent une partie de la Chine du Nord. Teilhard et Young estiment que leur couleur « *ne saurait être une qualité héritée du matériel dont elles sont composées, ni acquises à la suite de lents processus chimiques longtemps après leur formation* ». La teinte de ce sédiment si répandu ayant une origine étrangère inexpliquée, la seule déduction plausible que l'on puisse envisager est qu'une variation climatique violente ( qui n'est pas elle-même la cause du coloris ) s'est produite *« immédiatement avant l'accumulation des glaises rouges, ou aussitôt après »*[163].

D'autres observations du même ordre ont été faites ailleurs sur la Terre. Le dépôt dont le déplacement est attribué au glissement de la couverture de glace est souvent rougeâtre. Chamberlin, cherchant à donner la raison de cette coloration suppose que « *le fer libéré par la décomposition des grains de granite en est responsable* »[164].

Le professeur Pettersson, de l'Institut océanographique de Göteborg, a constaté que l'argile extraite du fond de l'océan Pacifique contient des cendres ayant un fort taux de fer et de nickel – métal presque complètement absent dans l'eau[165]. Selon lui, elles seraient dues à

---

163 Ibid., p. 202, 368, 371.
164 Chamberlin, *Man and Science*, éd. Moulton, p. 92.
165 H. Petersson: « Chronology of the Deep Ocean Bed », *Tellus* (*Quarterly Journal of Geophysics*), 1, 1949.

de fortes pluies de météores. Quant aux laves des profondeurs océaniques, il estime qu'elles ne sont pas très anciennes[166]. Tout permet de penser qu'une pluie de poussière ferrugineuse a touché la Terre à une époque géologique récente lorsque se déposèrent les argiles rouges du Pacifique et les glaises chinoises.

### ~ La fosse d'asphalte de La Brea (Los Angeles)

A Rancho La Brea, l'un des quartiers les plus élégants de Los Angeles, des ossements sont abondamment répartis dans l'asphalte faite d'argile et de sable, témoins d'espèces disparues et d'autres toujours vivantes. On en parla la première fois en 1875 ; pourtant, des milliers de tonnes de bitume, destinés au revêtement des toits et des chaussées avaient déjà été expédiées vers San Francisco[167]. Des couches de schiste pétrolifère[168] attribuées à l'époque tertiaire, et très souvent épaisses de 600 mètres environ, s'étendent du Nord de la Californie jusqu'à Los Angeles, et même au-delà sur plus de 700 km.

La fosse d'asphalte de La Brea est un affleurement de cette importante formation bitumineuse. L'université de Californie y prélève régulièrement depuis 1906 un maximum d'échantillons, « *masse de matériaux fossiles des plus remarquables* ». Dès leur découverte, on admit qu'ils représentaient la faune du tertiaire récent ( pliocène ) ou du pléistocène ancien ( âge glaciaire ). Des stratifications datant du pléistocène, épaisses de 15 à 30 mètres surmontent les terrains tertiaires dans lesquels se trouvent les principaux gisements pétroliers. Le dépôt qui contient les fossiles se compose d'alluvions, d'argiles, de sables grossiers, de graviers et d'asphalte.

L'animal le plus extraordinaire découvert à Los Angeles est le tigre à dents de sabre ( *Smilodon* ) jusqu'alors inconnu, aussi bien dans le nouveau que dans

166 Nous reviendrons sur ses travaux plus loin, à la section « Le fond des mers » du chapitre 7.

167 Cf. J. C. Merriam: « The Fauna of Rancho La Brea », *Memoirs of the University of California*, 1911, 1, n° 2.

168 Roche de structure laminée formée par la consolidation de l'argile.

l'ancien monde mais qui a été depuis trouvé ailleurs. Ses canines de 25 cm sortaient de sa gueule comme deux poignards incurvés, une arme redoutable dont il se servait pour déchirer la chair de ses victimes. Les vestiges animaux y sont entassés et compressés de façon inimaginable. Au cours des premières fouilles entreprises par l'université de Californie « *On rencontra une couche partiellement constituée de boîtes crâniennes appartenant à des tigres aux canines en forme de sabre et de loups dont le recensement atteint le chiffre moyen de 26 par* $m^3$ »[169]. On a dégagé pas moins de 700 crânes de smilodons[170], aux côtés des bisons, des chevaux, des chameaux, des paresseux, des mammouths, des mastodontes et des oiseaux.

Lorsque l'Amérique vit arriver ses pionniers, les plaines littorales de la Californie n'étaient que pauvrement peuplées. Les premiers immigrants n'y virent que « *des coyotes et des serpents à sonnette à demi morts de faim* »[171]. Mais quand la fosse de La Brea reçut ses squelettes, « *une multitude d'animaux vivait dans l'ouest américain* »[172]. Pour expliquer la présence d'os dans ce marécage résineux, on a émis l'hypothèse que les victimes s'y engluèrent lorsqu'il était encore semi-liquide et qu'elles se sont conservées dans l'asphalte formé par le durcissement du goudron ; mais l'importance de leur rassemblement est déconcertante. De plus, la plupart sont des carnivores alors que toute faune comporte une majorité d'herbivores ; s'il en était autrement, les prédateurs n'auraient pas de nourriture en quantité suffisante. Le fait exigeait une explication. On supposa donc qu'un animal quelconque retenu captif par le bitume se mit à hurler, attirant ses congénères qui furent à leur tour pris au piège ; leurs plaintes en firent accourir d'autres, jusqu'à épuisement. Le raisonnement pourrait avoir quelque valeur si l'état des ossements ne prouvait que de violentes circonstances les ont enseveli.

---

169 Ibid.
170 R. S. Lull, *Fossils*, 1931, p. 28.
171 George McCready Price, *The New Geology*, 1923, p. 579.
172 Lull, *Fossils*, p. 27.

Quand le pétrole brut a perdu ses éléments volatiles, il reste de l'asphalte, du goudron et d'autres bitumes. « *Comme presque tous les animaux de La Brea étaient englués dans du goudron, il y avait lieu de présumer que dans une forte proportion, la majeure partie de leurs squelettes devait être intacte ; mais, contrairement à cette attente, les charpentes encore articulées sont plutôt rares* »[173]. Les os témoignent un « *parfait état de conservation* »[174]; ils sont, comme ailleurs, « *brisés, écrasés, tordus et mêlés en une masse très hétérogène, telle qu'elle n'a jamais pu résulter de la capture fortuite et de l'enfouissement de quelques traînards* »[175]. Les hordes de bêtes effrayées découvertes à Los Angeles ont-elles été englouties par une catastrophe ? Des groupes géants d'animaux sauvages – carnivores en majorité – auraient-ils succombé à des averses de pierres, à des tempêtes, à des raz-de-marée, à des pluies de naphte ?[176]

A plusieurs reprises, des trouvailles similaires ont été faites en Californie, à Carpinteria et à McKittrick ; les apports se sont effectués dans des circonstances identiques. Les plantes des fosses de goudron de Carpinteria sont, à une exception près, reconnues comme « *membres de la flore récente* » ou de celle que l'on cultive de nos jours, à 300 km plus au Nord[177].

**On a également découvert à La Brea la boîte crânienne d'un homme qui aurait vécu à l'âge glaciaire, bien qu'il ne présente aucune déviation par rapport aux crânes normaux actuels.** D'autres ossements humains y ont été trouvés sous les restes d'un vautour d'une espèce éteinte. Ces découvertes laissent penser que l'époque de leur mort précéda, ou tout au moins coïncida, avec celle de l'extinction de ce vautour ; celui-ci trouva la mort dans une catastrophe comme peut-être tous ses congénères, ainsi que le Smilodon et les autres espèces.

---

173 Merriam, *Memoirs of the University of California*, 1, n° 2.
174 Lull, *Fossils*, p. 28.
175 Price, *The New Geology*, p. 579.
176 C. E. Brasseur, *Histoire des nations civilisées du Mexique*, 1857-1859, 1, p. 55. *Popul-Vuh, Le livre sacré*, éd. Brasseur, 1861, p. 25.
177 R. W. Chaney et H. L. Mason: « A pleistocene Flora from the Asphalt Deposits at Carpinteria, California », dans *Studies of the Pleistocene Paleobotany of California*, Carnegie Institution, 1934.

**~ La carrière d'Agate Spring**

Située au cœur du comté de Sioux ( Nebraska ) sur la rive Sud de la Niobrara, la carrière d'Agate Spring est un dépôt de fossiles dont l'épaisseur atteint les 50 cm. Son contenu indique qu'il a été transporté violemment et pendant très longtemps avant de s'arrêter. « *La quantité de fossiles est telle, qu'ils forment un véritable pavage d'ossements entremêlés ; très peu d'ailleurs sont restés articulés comme ils l'étaient naturellement* »[178], écrit le conservateur du musée Peabody dans un livre spécialisé.

Un échantillon exposé au musée d'Histoire naturelle de New York contient environ 1.100 fragments d'os par $m^2$. Il est difficile d'expliquer cette profusion autrement qu'en considérant ce site comme un lieu où les différentes espèces se regroupaient pour mourir. Les animaux étaient des mammifères où dominaient des petits rhinocéros bicornes ( *Diceratherium* ) ; il s'y trouvait aussi une espèce disparue, le *Moropus* aux membres épais et aux griffes de carnivore, mais dont la tête ressemblait à celle du cheval ; mentionnons aussi les os d'un porc géant, haut de 2 mètres, le *Dinohyus hollandi* .

Le musée Carnegie y fit aussi des recherches ; ses scientifiques ont extrait d'un champ de fouilles de 164 $m^2$ plus de 16 millions d'os. Le nombre moyen d'os chez les mammifères étant de 200 par individu, les squelettes reconstitués s'élèveraient à un total d'environ 800. L'espace en question ne représentant qu'un vingtième de la couche fossile, Lull a estimé qu'elle devait contenir en tout 16.400 squelettes environ de rhinocéros bicorne, 500 de chevaux à griffes et 100 de porcs géants.

D'une autre fosse située à quelques kilomètres à l'ouest, on a dégagé des squelettes de chameaux-gazelles, en raison de leurs analogies avec les deux espèces existantes. Tous ces animaux furent décimés par un cataclysme. Comme à la carrière d'Agate Spring, une violente cataracte d'eau, de sable et de graviers laissa des marques caractéristiques sur ces ossements fossiles. Des dizaines de milliers

178 Lull, *Fossils*, p. 34.

d'animaux furent charriés sur une distance indéterminée puis précipités, en bouillie, dans une tombe commune. Très probablement, la catastrophe fut universelle, car non seulement les petits rhinocéros bicornes, les chevaux à griffes, les porcs géants et les chameaux-gazelles d'Agate Spring et d'ailleurs n'y survécurent pas, mais leurs espèces disparurent. Rien n'autorise à les considérer comme des dégénérés promis à l'extinction. L'état dans lequel ils ont été découverts indique une mort violente, infligée par les éléments en furie, et pas par une lente extinction résultant de la disparition successive des plus résistants.

Des découvertes similaires ont été faites un peu partout sur la Terre ; nous visiterons au prochain chapitre les fameux gisements des Siwalik. Aux Etats-Unis, le Big Bone Lick dans le Kentucky renfermait les os de 100 mastodontes, ainsi que d'autres races à jamais disparues. Le président Jefferson y recueillit les principaux éléments de sa célèbre collection de fossiles. L'investigation systématique de la vallée californienne de San Pedro a permis de mettre au jour des mastodontes en position verticale, posture dans laquelle la mort les a surpris.

Les fossiles, trouvés dans l'Oregon à John Day Basin et au fond du lac glaciaire Florissant dans le Colorado, sont prisonniers d'une cendre volcanique, et les exploitations commerciales de phosphate en extraient couramment dans le sud des Etats-Unis. En Suisse, il existe à Kesserlock (près de Thayngen) un conglomérat d'os appartenant à des espèces animales d'habitats et de climats différents ; des types alpins composent ce *Tiergemisch*[179] avec une faune des steppes et une faune des forêts[180].

En Allemagne à Neukölln ( ex-Rixdorf, faubourg de Berlin ) une fosse de gravier a révélé deux sortes de faunes différentes : les mammouths, bœufs musqués, rennes et renards arctiques « *évoquent un climat boréal* » ; les lions, les hyènes, les bisons, les bœufs et deux espèces d'éléphants

179 NdT: de l'allemand, mélange d'animaux.

180 Heierli, « Das Kesslerlock bei Thaygen », *Neue Denkschriften der Schweizrischen Naturforschenden Gesellschaft*, vol. XLIII, 1907. H. Brockmann-Jerosh, dans *Die Veränderungen des Klimas*, publié par le XI$^{e}$ Congrès géologique international, 1910.

« *suggèrent divers climats plus chauds* » . Ce classement en deux groupes distincts a donné lieu à une interprétation astucieuse : le premier aurait appartenu à une période glaciaire et le second à une période interglaciaire... Malheureusement, les os sont, comme d'habitude, inextricablement emmêlés. « *Il est probable que les conditions qui les ont réunis sont plus complexes qu'on ne l'a cru* »[181].

Aucune solution satisfaisante à ce problème climatique n'a été proposée. Ainsi, la grande majorité des êtres vivants qui peuplaient la terre, l'eau et l'air, les fragiles ou résistants, tous aussi avides de vivre et de se multiplier, furent plus d'une fois contraints de se laisser anéantir.

181 Flint, *Glacial Geology*, p. 329.

# ~ 6 ~
# Montagnes et Fractures

### ~ Les Alpes

L'âge d'une roche est déterminé grâce aux fossiles qu'elle contient. A leur grand étonnement, de nombreux scientifiques ont constaté que des montagnes se sont effectivement déplacées et que certaines stratifications ont franchi d'autres montagnes, plus récentes qu'elles !

Chief Mountain dans le Montana est un massif qui domine toute la région. Il fut « *littéralement plaqué sur les couches bien plus jeunes des Grandes Plaines, puis traîné au-dessus d'elles en direction de l'Est pendant au moins 13 km. En fait, son déplacement a même pu dépasser ce chiffre* »[182], écrit Daly. « *A la suite de poussées similaires, tout la ligne des montagnes Rocheuses a jailli du sol sur des centaines de kilomètres ; une fois dehors, elle s'est avancé de plusieurs kilomètres sur les plaines* »[183].

Un peu partout sur notre planète, on a constaté des déplacements titanesques identiques. Celui des Alpes fut particulièrement important : « *Durant la naissance des Alpes, des gigantesques masses rocheuses, épaisses de plusieurs kilomètres, longues de centaines, et larges d'une quinzaine ont subi une poussée verticale et ont été, ensuite, bousculées latéralement par rapport aux couches inférieures. La direction de ce mouvement de chevauchement allait de l'Afrique vers la masse européenne, au Nord. Les roches visibles des Alpes suisses ont été charriées vers le Nord sur des distances de l'ordre de 100 kilomètres. En quelque sorte, les Alpes se trouvaient à l'emplacement actuel de l'Italie du Nord* »[184]. En clair, le mont-Blanc fut déplacé, le Cervin retourné.

---

182 Daly, *Our Mobile Earth*, p. 228-229.
183 Ibid., p. 231.
184 Ibid., p. 232-233.

La partie basse des montagnes qui entourent la vallée du Linth au cœur du canton de Glaris est constituée par des formations tertiaires de l'époque des mammifères ; les parties hautes sont permiennes, c'est-à-dire de l'époque qui précéda celle des dinosaures ( époque jurassique ).

Une ou deux conclusions s'imposent donc : ou bien la classification des roches en séquences successives reposant sur les fossiles est trompeuse, ou bien les anciennes formations ont été déplacées et replacées au-dessus des plus récentes. On a retenu cette dernière. Pourtant, si la thèse de Saussure des océans sur les Alpes a de quoi surprendre, celle du déplacement des montagnes peut sembler encore plus extraordinaire, surtout lorsqu'on ne connaît pas la cause : « *Le problème posé par la naissance des chaînes montagneuses est très épineux : la plupart sont composées de roches tangentiellement comprimées et superposées qui indiquent des contractions circulaires de plusieurs dizaines de kilomètres au sein de l'écorce terrestre. Une contraction radiale ne suffirait pas à produire la compression horizontale constatée. C'est le côté embarrassant de la question. Les géologues n'ont pas encore trouvé de solution satisfaisante pour sortir de ce dilemme* »[185]. Ainsi s'exprime F. K. Mather, de l'Université de Harvard.

Aujourd'hui ni la naissance des montagnes et encore moins leurs déplacements sont expliqués. Les Alpes ont été charriées sur 120 km vers le Nord. Le Chief Mountain du Montana a traversé les plaines, monté la pente d'une autre montagne et s'est fixé sur le sommet de cette dernière : « *Tout le National Park et tout le territoire des Rocheuses jusqu'au col Yellowhead ( Alberta ) ont parcouru de nombreux kilomètres* »[186].

Les monts de l'Ouest écossais ont quitté leurs places primitives. La ligne des montagnes norvégiennes a subi une poussée analogue. Qu'est-ce qui a entraîné ces masses granitiques pesant des milliards de tonnes sur

185 F. K. Mather, étude sur G. Gamow, *Biography of the Earth*, dans *Science* du 16 janvier 1942.

186 George McCready Price, *Common-sense Geology*, p. 120; « The Fossils as Age-makers in Geology », *Princeton Theological Review*, vol. XX, n° 4, octobre 1922.

d'aussi grandes distances ? Aucune force interne n'y aurait réussi ; seule une torsion a pu y parvenir et elle n'aurait guère eu de chances de se produire si la rotation et la révolution de notre planète n'avaient pas été dérangées.

On a découvert dans des grottes à haute altitude des Alpes des objets en pierre et des os sculptés, datant du pléistocène ( ère glaciaire ). Pendant la glaciation, les pentes et les vallées de ce massif ont dû être recouvertes de glace ; aujourd'hui, l'Europe Centrale ne connaît de grands glaciers que sur les Alpes. L'occupation de ces endroits par l'homme pendant le pléistocène ou le paléolithique a de quoi surprendre.

La grotte de Wildkirchli, près de la cime de l'Ebenalp, est à 1.500 mètres au-dessus du niveau de la mer et fut habitée à un certain moment pendant le pléistocène. Quant à celle de Drachenloch ( partie du massif Drachenberg au Sud de Ragaz ) avec ses 2.445 mètres d'altitude, elle est « *encore plus remarquable (...) Ces deux sites archéologiques sont en plein cœur du champ de glace alpin* »[187]. Un manteau glaciaire épais de centaines de mètres comblait toute la vallée comprise entre les Alpes et le Jura (là où se trouve aujourd'hui le lac de Genève), et ce jusqu'à la hauteur des blocs erratiques arrachés aux Alpes et déposés aux sommets du Jura. A la même époque géologique entre deux avances de la couche glaciaire, c'est-à-dire pendant une relative accalmie, des êtres humains ont vécu dans ces grottes à 2.445 mètres d'altitude, ce qui n'a jamais été expliqué de façon acceptable.

Les montages sont-elles nées à une époque où l'humanité existait déjà, et ont-elles aussi élevé les grottes servant d'abris à nos ancêtres ?

Ces dernières années, de nombreux témoignages sont venus montrer que les Alpes et d'autres montagnes ont atteint leur altitude actuelle et se sont déplacées sur de longues distances au cours des temps historiques : « *Des poussées montagneuses donnant des milliers de mètres d'altitude se sont produites pendant le pléistocène* (...) *Il en fut de*

187 G. G. MacCurdy, *Human Origin*, 1924, 1, p. 77.

*même pour les Cordillères américaines, le système Alpes-Caucase d'Asie centrale et beaucoup d'autres*[188]...

Les géologues demeurèrent perplexes en apprenant que les principaux sommets du monde se sont élevés à une époque récente. En effet, ce n'est pas après l'apparition de l'homme sur la Terre, mais bien pendant son existence que des montagnes ont grandi, que des vallées se sont disloquées et que des lacs accrochés à leurs pentes se sont vidés. Helmut Gams et Rolf Nordhagen ont rassemblé une documentation très complète sur la Bavière et le Tyrol des Alpes orientales. Nous y reviendrons au chapitre 11. « *L'extrême jeunesse de ces grandes montagnes est à peine croyable* »[189], écrit même l'explorateur Bailey Willis à propos des massifs asiatiques.

## ~ L'Himalaya

L'Himalaya, la plus haute chaîne du monde se dresse comme une muraille longue de 1.600 km au Nord de l'Inde, du Cachemire jusqu'au Bhoutan. Les pics de 6.000 mètres y sont courants et l'Everest atteint 8.882 mètres. Les sommets de ces géants recouverts de neiges éternelles connaissent un ciel où même les aigles n'osent voler. Mais les scientifiques du XIXe siècle étaient stupéfaits de voir que les roches de l'Himalaya contenaient des squelettes de poissons, de mollusques et d'autres animaux de la mer, preuves irréfutables que le massif entier avait pris naissance au-dessous du niveau de la mer. A une époque lointaine, les eaux bleues de l'océan avaient donc recouvert l'Everest. Les poissons et les crabes évoluaient au-dessus, admirant d'en haut ce que nous contemplons aujourd'hui d'en bas, dans un décor où l'homme a finalement posé le pied après tant d'essais malheureux.

Il y a encore peu de temps, personne ne doutait que l'Himalaya était sorti du fond de la mer avant d'atteindre son hauteur actuelle. Lorsque nous racontons aux enfants une histoire sur les géants ou les monstres, on la com-

188 Flint, *Glacial Geology and the Pleistocene Epoch*, p. 9-10.
189 B. Willis, *Research in Asia*, ii, p. 24.

mence en disant « *Il était une fois, voilà très, très longtemps...* » Les géants ne sont plus dangereux et on ne croit plus aux monstres. Selon l'actuel concept de l'évolution, les premières manifestations de la vie sont apparues sur la Terre voici un demi-milliard d'années pour prendre ensuite la forme de reptiles géants qui ont régné voici 200 millions d'années. Ceux-ci ont disparu il y a 70 millions d'années et ont laissé la place aux mammifères à l'ère tertiaire.

A la fin de cette ère qui nous a précédé d'un million d'années, ( toujours selon le même principe ) ont eu lieu les dernières poussées montagneuses. L'ère suivante (le quaternaire) est celle de l'homme; la période glaciaire y précède la période dite « récente » qui correspond aux cultures de l'Age de la Pierre polie (néolithique), de l'Age du Bronze et de l'Age du Fer [190]. Depuis l'apparition de l'homme ( au début de l'âge glaciaire ) il ne se serait produit aucun plissement d'importance. En d'autres termes, cela revient à dire que le modelage de la configuration terrestre avec ses montagnes et ses océans était déjà terminé avant la naissance de l'humanité.

Mais depuis quelque temps, les montagnes et les vallées nous ont révélé des indices qui font apparaître tout cela sous un autre jour. Au Cachemire, Helmut de Terra a découvert les dépôts sédimentaires d'un ancien fond marin qui s'est élevé jusqu'à plus de 1.500 mètres et s'est incliné sous un angle qui dépasse parfois 40°. Ce bassin a été hissé là par exhaussement des terres ; or, fait inattendu, « *ces dépôts contiennent des fossiles paléolithiques* »... Pour fantastiques que puissent paraître ce genre de bouleversements, il semble plausible selon le Suisse Arnold Heim que les cols de l'Himalaya se soient élevés d'au moins 1.000 mètres[191].

Ecrites par De Terra de l'Institut Carnegie en collaboration avec le Pr Paterson de Harvard, les *Studies on the Ice Age in India and Associated Human Cultures*[192] proposent

190 NdT: voir tableau des temps géologiques au chapitre 13.
191 Arnold Heim et August Gausser, *The Throne of the Gods, an Account of the First Swiss Expedition to the Himalayas*, 1939, p. 218.
192 NdT: *Etudes sur l'âge glaciaire en Inde et sur les civilisations humaines correspondantes.*

que l'Himalaya s'est élevé pendant l'âge glaciaire et n'a atteint son altitude actuelle qu'après, c'est-à-dire au cours de nos temps historiques. Leur présomption ne se limite pas à l'Himalaya. De Terra a classé les pentes du Cachemire au pléistocène ancien, moyen et récent [193] : « *Le paysage que cette région présentait au début du pléistocène devait être très très différent de celui que nous voyons aujourd'hui... La vallée du Cachemire était moins élevée et son rempart Sud, le Pir Pandjal, n'avait pas la majesté actuelle* ».

Puis divers groupes montagneux bougèrent « *à la fois horizontalement et verticalement, ce qui eut pour résultat de déplacer les stratifications les plus anciennes vers le Sud, au-dessus des sédiments de la plaine, et de favoriser l'exhaussement de la ceinture en mouvement. La masse principale de l'Himalaya subit de fortes poussées verticales à la suite desquelles les lits de plusieurs lacs du Cachemire furent comprimés et hissés sur la pente de la chaîne la plus mobile... L'élévation fut accompagnée d'un glissement du Pir Pandjal vers le Sud, en direction de la plaine de l'Inde nord-occidentale* »[194]. Ce massif, qui se rapprocha de l'Inde, mesure à présent 4.500 mètres d'altitude.

Au début de cette période, la faune se trouva très appauvrie ; mais si l'on en juge d'après ses vestiges, la région fut par la suite peuplée de grands félins, d'éléphants, de chevaux et d'hippopotames. Pendant le pléistocène moyen il y eut une « *poussée continue* ». « *Le matériel archéologique prouve que l'homme habita les plaines avoisinantes ... Il employait des outils de pierre en forme de feuille, ressemblant étrangement à ceux trouvés en Angleterre dans la forêt enfouie de Cromer. De Terra parle de l'abondance des sites paléolithiques* » .

Puis une fois encore, l'Himalaya a subi une poussée verticale. « *L'inclinaison des terrasses et des lits lacustres* » indique une « *poussée verticale ininterrompue, de toute la région himalayenne* » pendant les ultimes phases de l'âge glaciaire[195].

---

193 Le pléistocène ancien comprend la 1ère glaciation et des stades interglaciaires, le moyen la 2e grande glaciation et des stades interglaciaires, et le récent les 2 dernières grandes glaciations et des stades interglaciaires.
194 H. de Terra et T. T. Paterson, *Studies on the Ice Age in India and Associated Human Cultures*, 1939, p. 223 et 225.
195 Ibid., p. 222.

Tandis que les habitants des montagnes travaillaient la pierre, il est possible que ceux des vallées de cette époque en étaient déjà à l'Age du Bronze. Les spécialistes ont plusieurs fois admis que la fin de la glaciation a pu précéder de peu la naissance des grandes civilisations égyptienne, sumérienne tout comme l'indienne et la chinoise.

Certaines peuplades ont probablement connu l'âge de la pierre en même temps que d'autres connaissaient celui du bronze. Actuellement en Afrique, en Australie, et à l'extrémité Sud de l'Amérique en Terre de Feu, de nombreuses tribus vivent au néolithique et beaucoup d'autres régions du monde en seraient restées là si des pays plus avancés n'y avaient introduit le fer. Lorsque le navigateur Abel Tasman découvrit leur île en 1642, les Tasmaniens ne savaient pas polir la pierre pour fabriquer leurs outils, pour ne citer qu'eux. Ils en étaient alors au mésolithique le plus primitif et n'ont jamais beaucoup évolué ; leur race s'est éteinte avec la disparition du dernier aborigène de pure souche, mort en exil vers 1876.

C'est aussi avec l'homme moderne que se sont produites les plus récentes poussées de l'Himalaya. « *Les traces caractéristiques de terrasses postglaciaires permettent de supposer qu'il y a eu au moins une recrudescence importante de glace, après la glaciation* » ce qui indique un mouvement diastrophique pour De Terra et Paterson. « *Nous devons insister sur un point particulier : la relation existant entre la glaciation du pléistocène et l'aspect distordu qu'offrent certaines ceintures montagneuses instables. A notre avis, ce rapprochement n'a pas été suffisamment établi en d'autres régions soumises à la glaciation, telles que l'Asie Centrale et les Alpes, où l'on rencontre des caractéristiques analogues si ce n'est identiques* »[196].

On a toujours supposé que le *loess* ( variété de limon riche en calcaire ) était le produit d'une ère glaciaire. Toutefois, en ce qui concerne l'Himalaya, de Terra déclara y avoir trouvé un matériel néolithique en *loess* poli : « *Il est important pour nous de savoir que sa formation* ( du *loess* ) *ne s'est pas arrêtée avec la glaciation mais qu'elle a continué... au cours des temps postglaciaires* » .

---

196 Ibid., p. 223.

La présence de ces objets tant en Europe qu'en Chine a causé des revirements d'opinion. Selon le système admis, le néolithique aurait commencé à la fin de la période glaciaire et a persisté à une époque où les grandes civilisations connaissaient déjà l'usage du bronze.

Après avoir exploré le Nanga Parbat ( 8.131 mètres ) dans l'Ouest himalayen, A. Finsterwalder a estimé que sa glaciation remonte à la période postglaciaire ; en d'autres termes, l'expansion de ses glaciers s'est effectuée beaucoup plus récemment qu'on ne le pensait. De fortes poussées verticales s'y sont produites, en partie après la fin de l'ère glaciaire, c'est-à-dire il y a quelques millénaires seulement[197]. Heim a déduit de son étude sur le relief de la Chine occidentale que les chaînes adjacentes au Tibet et situées à l'Est de l'Himalaya s'étaient élevées depuis la période glaciaire[198]. L'Himalaya a atteint son altitude actuelle avec l'homme moderne : « *Les sommets les plus inaccessibles sont aussi les plus jeunes* »[199].

Du haut de leurs pics altiers, les montagnes dédaigneuses contredisent ceux qui prétendent que la date de leur naissance se perd dans la nuit des temps.

## ~ Les Monts Siwalik

Les monts Siwalik appartiennent aux contreforts himalayens ; ils s'étendent sur plusieurs centaines de kilomètres au nord de Delhi et culminent aux environs de 1.000 mètres. Au XIX^e^ siècle, l'attention des scientifiques fut attirée par l'extraordinaire richesse de leurs couches fossiles renfermant une abondance d'ossements d'animaux vivants et disparus. On a dit que la Nature s'était livrée là à des expériences meurtrières[200] et qu'elle avait rejeté ceux inaptes à la vie ; il s'y trouvait par exemple une carapace de tortue d'au moins 6 mètres de long ! « *Com-*

197 R. Finsterwalder, « Die Formen der Nanga Parbat-Gruppe », *Zeitschrift der Gesellschaft für Erdkunde zu Berlin*, 1936, p. 321 et suiv.
198 Lee, *The Geology of China*, p. 207.
199 Heim et Gausser, *The Throne of the Gods*, p. 220.
200 Note JdL: curieusement, Howard Bloom développe aussi cette idée de la « *Nature meurtrière* » dans son livre fameux *Le Principe de Lucifer, tome 1*, éd. Le jardin des Livres, 2002.

*ment pareille bête avait-elle pu circuler en terrain montagneux ?* » se demande D. N. Wadia[201]. Un éléphant ( dit *Elephas ganeça* ) avait des défenses longues de 4 mètres 30 avec un diamètre de 30 cm et un scientifique s'est même demandé : « *On ne comprend pas comment l'animal pouvait les porter étant donné leurs dimensions et leur énorme poids* »[202].

Il existe tant d'espèces dans ces fossiles de Siwalik qu'en comparaison, notre royaume animal actuel est très pauvre. D'ailleurs, ils semblent avoir envahi le globe simultanément : « *cette soudaine arrivée de toute une population d'herbivores, de carnivores, de rongeurs et de primates ( qui constituent l'ordre animal le plus élevé ) doit être considérée comme un exemple particulièrement remarquable de la rapide évolution des espèces* » écrit Wadia dans sa *Géologie de l'Inde*[203]. Les hippopotames, pourtant « *habitués à un climat très particulier* » constate De Terra, les porcs, les rhinocéros, les grands singes et les bovidés remplissent les collines de leurs os, au point de les faire éclater. A. R. Wallace[204] fut un des premiers à s'y intéresser et à attirer l'attention sur la disparition brutale d'autant d'espèces.

La presque totalité de la faune locale a disparu. Certains individus ont été épargnés et on retrouve en Inde quelques-uns de leurs descendants : sur presque 30 variétés d'éléphants retrouvées, une seule a survécu. Cette extinction soudaine et générale doit retenir la plus grande attention du géologue : « *Pas un seul des grands carnivores, aucune des diverses races d'éléphants appartenant à 25 ou 30 espèces, les grands ongulés*[205] *dont les nombreuses troupes avaient trouvé des habitats favorables dans les jungles des Siwalik au pléistocène, ne se rencontreront plus au cours de l'ère géologique suivante* »[206].

Les spécialistes admettaient que la période glaciaire les avaient décimés mais ils ont reconnu depuis que ces

201 D. N. Wadia, *Geology of India,* 2e éd., 1939, p. 268.
202 J. T. Wheeler, *The Zonal-Belt Hypothesis*, 1908, p. 68. Une paire de défenses de cette dimension est exposée au musée paléontologique de Princeton.
203 Wadia, *Geology of India*, p. 268.
204 Il partage avec Darwin l'honneur d'avoir été l'instigateur de l'idée de sélection naturelle,
205 Herbivores à sabots très particuliers.
206 Ibid., p. 279.

destructions massives se sont produites lorsque l'humanité était en pleine expansion. Les vieux géologues estimaient que les dépôts des Siwalik, de nature alluvionnaire, provenaient d'éléments apportés par les torrents himalayens ; mais on se rendit compte que cette explication « *ne semblait guère plausible étant donné la remarquable homogénéité des débris* », et la « *similitude de la composition lithique d'une multitude de bassins isolés, séparés les uns des autres par des distances considérables* »[207]. Il faut donc croire qu'un agent quelconque a charrié ces animaux, les a déposés au pied de l'Himalaya et a répété l'opération à la fin d'une autre période géologique ; en effet, les stratifications des Siwalik contiennent des fossiles de plusieurs époques et offrent des signes de plusieurs destructions. Le sol fut ébranlé : « *La partie rompue a été charriée par glissement sur un long parcours, poussant les anciennes couches pré-siwalikiennes des chaînes intérieures au-dessus des roches plus récentes, des chaînes extérieures* »[208].

Si la cause de ces bouleversements et de cet anéantissement n'a pas été locale, elle doit avoir produit de semblables effets à l'autre extrémité de l'Himalaya et même au-delà : à 2.100 km de là, au centre de la Birmanie, les dépôts creusés par l'Iraouaddi « *peuvent atteindre 3000 mètres* ». « *Dans cette série de strates apparaissent deux couches fossilifères séparées par environ 1200 mètres de sable. Le gisement supérieur, caractérisé par la présence du mastodonte, de l'hippopotame et du bœuf, ressemble à l'un de ceux des Siwalik* ». Les grandes quantités de bois fossile qui y sont mêlées rendent les sédiments remarquables. Des milliers de troncs d'arbres entiers et le nombre incalculable de « *grosses bûches prises dans les grès* » prouvent que d'immenses futaies « *d'une extrême densité* »[209] ont été détruites. Leurs hôtes furent exterminés par le déchaînement des forces naturelles qui, du Cachemire à l'Indochine, recouvrirent de sable faune et flore au cœur même de montagnes hautes de milliers de mètres.

207 Ibid., p. 270.
208 Ibid., p. 264.
209 Ibid., p. 274-275

## ~ Tihuanaco, ville morte des Andes

En pleine Cordillère, par 16° 22' de latitude Sud et à 3.800 mètres d'altitude, on a découvert une cité dans une région où le maïs ne mûrit pas ; Tihuanaco est située sur l'Altiplano, une plaine élevée des Andes sur la frontière bolivio-péruvienne, non loin du lac Titicaca. Le terme de « *mégalithique* » qualifiant cette ville morte ne tient compte que des grandes pierres de ses bâtiments, dont certaines sont aplanies et jointes avec une extrême précision : « *Le mystère qui entoure le plateau du Titicaca n'est pas encore éclairci. Ce qui rend sa solution difficile est surtout l'aspect actuel de la région dont la configuration ajoute à l'énigme. Si les berges du lac pouvaient parler, elles révéleraient une histoire du plus haut intérêt* [210]». Ainsi s'exprimait en 1910 Sir Clemens Markham : « *Cette contrée est tout au plus capable de nourrir une maigre population de rudes montagnards... L'existence de la grande cité sur la rive Sud du lac est mystérieuse. Ses bâtisseurs sont totalement inconnus. Elle couvrait une vaste étendue et avait été construite par de très habiles maçons qui utilisèrent des pierres énormes* »[211].

Lorsque Markham expliqua aux milieux scientifiques le problème posé par cette présence à une telle altitude, Leonard Darwin, alors président de la Royal Geographical Society, répondit que le socle sur lequel elle se trouvait avait dû s'élever de façon considérable après sa construction. Tout d'abord, Sir Markham estima que « *cette idée dépassait les bornes du possible* », mais supposant que les Andes avaient alors 600 ou 1.000 mètres de moins qu'aujourd'hui, il conclut : « *Le maïs devait mûrir dans le bassin du lac Titicaca, et les environs de Tihuanaco pouvaient fournir l'alimentation de la population qui l'habitait...* » Par conséquent, se dit-il, « *si les bâtisseurs de la ville ont vécu dans ces conditions, l'énigme est résolue ; si, au contraire c'est géologiquement impossible elle demeure entière* »[212]. Posnansky, une autre autorité en la matière, écrivait dans le même sens : « *Ce plateau andin est inhospitalier et presque stérile ; le climat qui règne ne lui aurait jamais permis d'abriter les grandes masses humaines du centre pré-*

---

210 Clemens Markham, *The Incas of Peru*, 1910, p. 21.
211 Ibid., p. 23.
212 Ibid.

*historique le plus important du monde* »[213]... « *L'interminable succession des terrasses agricoles* » dues au travail de la population qui y vivait à l'époque pré-inca est encore visible. « *Aujourd'hui, la zone bâtie occupe une place très au-dessus du niveau de la mer. Elle fut jadis beaucoup plus basse* »[214]. Les premières terrasses atteignent 4.600 mètres d'altitude surplombant ainsi Tihuanaco d'environ 800 mètres ; d'autres montent en s'échelonnant, jusqu'à 5.600 mètres, soit à la limite des neiges éternelles sur l'Illimani.

Il est de tradition chez les géologues et les évolutionnistes de dire que la transformation de la Terre s'effectue lentement, de façon continue, et qu'en conséquence les poussées verticales spontanées n'ont jamais pu se produire sur une grande échelle. En l'occurrence, le changement d'altitude est apparemment survenu après la construction de Tihuanaco et n'a pu résulter d'un lent processus – lequel aurait exigé des centaines de millénaires pour provoquer une altération notable.

Jadis, la ville était proche du niveau des océans et le Titicaca s'étendait à une trentaine de mètres plus haut, comme le montrent ses anciennes berges. Mais elles sont infléchies et se trouvent par endroits à plus de 110 mètres au-dessus du lac actuel ; la plupart des plages qui l'entourent sont surélevées. Un géologue a souligné avec insistance « *la fraîcheur de certains tracés littoraux et l'apparente jeunesse des fossiles rencontrés* »[215].

Les derniers relevés topographiques de cette partie des Andes, les récentes études sur la faune du Titicaca et des lacs voisins ainsi que l'analyse de leurs eaux ont établi qu'ils étaient situés à proximité de la mer, soit à 3.800 mètres plus bas qu'aujourd'hui : « *Le Titicaca, le Poopo, le Coipaga et ses bancs de sel, comme ceux d'Uyuni, ont une composition chimique semblable à celle de l'océan* »[216].

---

213 A. Posnansky, *Tiahuanacu, the Cradle of the American Man*, 1945, p. 15.

214 Ibid., p. 39.

215 H. P. Moon, « The geology and physiography of the Altiplano of Peru and Bolivia », *The Transactions of the Linnean Society of London*, 3e séries, vol. 1, 1939, p. 32.

216 Posnansky, *Tiahuanacu*, p. 23

Dès 1875, Alexandre Agassiz avait montré l'existence de crustacés marins dans le lac Titicaca[217]. A une altitude légèrement supérieure, le lit d'une immense lagune asséchée dont les eaux devaient être saumâtres « *est rempli de mollusques caractéristiques tels que le Paludestrina et l'Ancylus, ce qui indique, géologiquement parlant, une origine très récente* »[218]. A cette époque, tout l'Altiplano surgit du fond de l'océan apportant à l'air libre ses cuvettes sous-marines. Une ville y fut construite ; ses habitants accrochèrent des terrasses aux flancs des précipices qui l'entouraient. Enfin, lors d'un autre cataclysme, les montagnes, soumises à une nouvelle poussée interne, s'élevèrent davantage et les lieux devinrent inhabitables.

La barrière des Cordillères qui sépare l'Altiplano de la vallée fut renversée et des blocs gigantesques précipités dans le gouffre. Lyell, opposé aux concepts catastrophistes, supposa que ces éboulis avaient participé à la formation d'un important barrage qui, en se déversant dans la vallée, inspira aux indigènes le mythe d'un déluge universel[219].

Récemment, on a tenté d'expliquer le mystère du lac et des constructions environnantes à la lumière de la théorie de Horbiger selon lequel un corps céleste exerça une attraction sur les eaux océaniques en tournant très près autour de la Terre et les entraîna vers l'équateur ce qui eut pour résultat de les maintenir jour et nuit à l'altitude de la citadelle : « *Le niveau des mers dut alors se stabiliser à 3.500 mètres au moins* [220] ». Puis, le corps, retenu par l'effet de gravitation, se disloqua et l'océan reflua vers les pôles, conférant à l'île de Tihuanaco l'aspect d'une montagne émergée dont les assises constituent maintenant le continent américain tropical et subtropical. Ces événements eurent lieu des centaines de milliers d'années avant que la Lune devienne notre satellite...

---

217 *Proceedings of the American Academy of Arts and Sciences,* 1876.
218 Posnansk, *Tiahuanacu*, p. 23.
219 Lyell, *Principles of Geology*, i, p. 89; iii, p. 270.
220 H. S. Bellamy, *Built before the Flood: The Problem of the Tiahuanacu Ruins*, 1947, p. 14.

Les ruines de la cité mégalithique sont donc très anciennes, car elle a dû être bâtie bien « *avant le déluge* ». Cet idée est surprenante. L'étude géologique des terrains indique une élévation récente des Andes et l'époque de leur origine semble très proche de la nôtre. Les fouilles archéologiques et l'analyse au radiocarbone montrent que l'ancienneté de la civilisation andine et l'âge de la ville ne dépassent guère 4.000 ans[221]. Elles démontrent que la dernière élévation des Andes n'a pas eu lieu il y a 1 million d'années ; partant de là, la théorie qui fait remonter leur naissance aux temps antédiluviens s'écroule.

Jadis, l'Altiplano était au niveau de la mer, sinon audessous. Ses lacs faisaient alors partie des fosses sous-marines ; le dernier bouleversement se produisit au cours de l'époque historique récente, après la construction de la ville de Tiahuanaco ; les lacs furent surélevés, leurs anciens lits inclinés ; avec eux, toute la chaîne des Andes prit son altitude actuelle.

**Au Pérou, la forteresse antique d'Ollantaytambo est située au sommet d'un monticule ; les matériaux utilisés pour sa construction se résument à d'énormes blocs mesurant 3,70 mètres, voire 5,50 mètres de hauteur. Ces pierres cyclopéennes ont été extraites d'une carrière distante de 5.000 mètres : « *Le fait qu'elles soient arrivées là après avoir franchi tant d'obstacles et descendu la rivière, constitue une énigme que les géologues sont dans l'impossibilité de résoudre* »**[222].

Toujours au Pérou, dans la vallée d'Urubamba, au Nord-ouest du lac Titicaca, « *se dresse sur un étroit plateau, à environ 4.000 mètres au-dessus du niveau de la mer, au milieu d'une profusion de précipices, de failles et de gorges sinueuses. Elle est construite en blocs de porphyre rouge qui sont parvenus là de fort loin... en descendant des pentes abruptes, en traversant des torrents impétueux, en empruntant des rapides et en remontant des parois rocheuses très escarpées sur lesquelles il à peine possible de poser le pied* »[223].

221 F. C. Hibben, *Treasure in the Dust*, 1951, p. 56.
222 Don Ternel, dans *Travel*, avril 1945.
223 Bellamy, *Built before the Flood*, p. 63.

Le transport de ces blocs aurait pu être réalisable si la configuration des lieux avait été différente au moment de leur utilisation. On manque de preuves absolues, et les changements topographiques doivent être déduits des terrasses abandonnées, des mollusques fossiles extraits des lacs asséchés dont les berges sont infléchies, et d'autres indications du même genre.

Lors de ses voyages en Amérique du Sud, Charles Darwin fut intrigué par les plages surélevées de Valparaiso, ce port chilien au pied des Andes. Il remarqua avec étonnement que l'ancienne ligne littorale se trouvait à 400 mètres d'altitude et fut encore plus surpris de constater que les coquilles marines récoltées à cette hauteur n'avaient pas été détériorées, indiquant clairement que la région s'était élevée à une époque relativement récente d'autant au-dessus du Pacifique, « *et les coquilles jonchant les plages ou les rivages surélevés avaient pu résister aux intempéries sans se décomposer...* »[224]

Etant-donné que les tracés littoraux intermédiaires sont pour ainsi dire inexistants, il est impossible que l'exhaussement des terres se soit fait progressivement. Darwin avoua d'autre part que « *loin d'évoquer des cycles périodiques particulièrement violents, l'aspect tourmenté des strates andines n'en pose pas moins un problème insurmontable, sauf si l'on admet que les masses rocheuses intermédiaires préalablement liquéfiées ont été injectées à plusieurs reprises avec des intervalles suffisamment longs pour leurs refroidissements et leurs durcissements successifs* »[225].

Actuellement, l'opinion générale est que l'érection des Andes ne résulte pas tant de la compression de ses couches que de l'intrusion d'un magma en fusion qui les souleva. Les volcans y sont abondants et imposants. Les contreforts des Andes sont riches en villes mortes et en jardins suspendus, créations d'une civilisation disparue. Les terrasses qui s'échelonnent au-dessus de la limite des neiges éternelles et poursuivent leur ascension jusqu'à une altitude

---

224 Charles Darwin, *Geological Observations on the Volcanic Islands and parts of South America*, partie ii, chap. 15.
225 Ibid.

encore ignorée, prouvent que l'abandon de ces places fortes et de leurs dépendances n'est pas dû à une épidémie ni au décret d'un conquérant.

Pendant les années 1930, le gouvernement péruvien entreprit l'exploration aérienne systématique du pays : « *Le survol de la zone aride située à l'Ouest des Andes a révélé un nombre inattendu de ruines anciennes et une quantité presque incroyable de terrasses destinées à la culture* »[226].

Lorsque Darwin fit l'ascension de la chaîne d'Uspallata, il monta jusqu'à 2.140 mètres d'altitude et contempla la plaine argentine. On lit dans son journal :

> *Il n'était pas nécessaire de posséder de grandes connaissances géologiques pour interpréter l'extraordinaire spectacle qui m'était brusquement offert. Pourtant, j'avoue avoir eu de la peine à me rendre à l'évidence. J'avais devant moi les anciennes rives de l'Atlantique où jadis de beaux arbres étalaient leurs frondaisons, quand l'océan – qui a reculé depuis de 1.000 kilomètres – venait jusqu'au pied des Andes. Je compris qu'ils avaient poussé sur un sol volcanique accumulé au-dessus du niveau de la mer, et que plus tard, ces terrains fertiles avec leurs arbres encore debout s'étaient abîmés au fond de l'océan... où ils ont été progressivement recouverts par des couches de sédiments, comme elles-mêmes devaient l'être à leur tour, par d'énormes coulées de laves sous-marines – dont certaines atteignirent 300 mètres d'épaisseur. Ces déluges alternés de pierre en fusion et de dépôts sédimentaires se succédèrent 5 fois. Les fosses abyssales devaient être très profondes pour recevoir de telles masses puis de nouveau, les forces souterraines se remirent en mouvement et je voyais maintenant le lit de l'Océan, constituant une chaîne montagneuse haute de plus de 2.000 mètres... Pour extraordinaire et si difficilement compréhensibles que puissent paraître ces mouvements, ils se sont pourtant déroulés pendant une période récente, comparée à l'histoire de la Cordillère... et la Cordillère elle-même est tout à fait récente si nous la comparons à de nombreuses couches fossilifères d'Europe et d'Amérique* [227].

---

226 E. Huntington, « Climatic Pulsations », dans *Hylluingsskrift*, dédié à Sven Hedin, 1935, p. 578.
227 *Journal of researches... during the Voyage of H.M.S. Beagle*, 30-3-1835.

Mais il a fallu attendre les recherches effectuées ces toutes dernières années pour démontrer l'extrême jeunesse de la Cordillère des Andes.

**~ Le plateau de la Columbia**

De grandes quantités de laves « *se répandirent sur les territoires actuels des Etats de Washington, d'Oregon et d'Idaho ; plus de 500.000 km$^2$ en furent recouverts ; leur épaisseur se compte en milliers de mètres. La Snake River s'y enfonça à plus de 1.000 mètres en creusant le cañon des Seven Devis sans atteindre le socle sur lequel elles reposent* »[228]. Cette immense contrée qui comprend toutes les terres situées entre les Rocheuses et le Pacifique disparut sous des flots de roches et de minerais en fusion, jaillissant des fissures du sol crevassé. Le spectacle ne devait pas être comparable à celui d'une éruption volcanique ordinaire. Pour cette seule raison – à l'exclusion de toute autre – le principe d'uniformité s'avère particulièrement trompeur.

L'épaisseur de la lave sur l'immense plateau de la Columbia « *atteint et dépasse souvent 1500 mètres* »[229]. Même si l'on suppose qu'il a été formé par des épanchements produisant chaque fois une couche de 20 à 25 mètres, l'épaisseur reste considérable et le phénomène aurait dû se produire au moins 70 fois pendant le cénozoïque, l'époque des mammifères et de l'homme.

Enfin, « *tous les observateurs compétents ont remarqué la fraîcheur des laves de la Snake River ( Idaho )* »[230]. Cela est frappant surtout parce que nous sommes enclins à décréter le problème « *résolu* » alors que nous l'avons seulement renvoyé vers un lointain passé. Il y a quelques milliers d'années, la lave se répandit sur cette partie de l'Amérique, plus vaste que la France, la Suisse et la Belgique réunies. Elle coulait non comme un ruisseau, une rivière ou un fleuve en crue, mais comme une marée, inondant les terres les unes après les autres, comblant toutes les vallées, dévorant

228 Chamberlin, dans *The World and Man*, éd. Moulton, 85.
229 W. J. Miller, *An Introduction to Historical Geology*, 5e éd., 2e impression, 1946, p. 355.
230 Wright, *The Ice Age in North America*, p. 688.

les forêts et dévastant les lieux habités, évaporant de grands lacs comme si elle avait eu affaire à de petites flaques.

Ce magma bouillonnant, fait de roches en fusion et pesant des milliards de tonnes, passa au-dessus des montagnes, et les enfouit sous des centaines de mètres.

En 1889, lors du forage d'un puits artésien à Nampa ( Idaho ) sur le plateau de la Columbia, près de la Snake River, une figurine d'argile cuite fut ramenée à la surface d'une profondeur de 97 mètres, distance à laquelle on était parvenu après avoir traversé une couche de basalte épaisse de 5 mètres. Le compte rendu de G. F. Wright est très précis : « *Le puits était garni d'un fort tube de 15 cm de diamètre, de sorte qu'il ne pouvait y avoir d'erreur sur la profondeur à laquelle se trouvait la statuette ; à l'exception de ceux qui tiennent compte de l'extrême ancienneté des dépôts dont la datation est basée sur des idées préconçues, personne n'a contesté ce témoignage* »[231].

En d'autres termes, avant que la dernière couche de lave ne vienne s'y étaler, l'homme habitait déjà le plateau de la Columbia.

### ~ Un continent déchiré

« *L'Afrique était tiraillée lorsqu'elle a été déchirée par des fractures allant du nord au sud* [ qui ], *avec l'affaissement d'une bande de l'écorce terrestre, formèrent la plus longue vallée méridienne de la Terre (...) Depuis le Liban jusqu'au Cap, court une profonde vallée relativement étroite, bordée de parois presque verticales ; elle est occupée par la mer, par des steppes de sel, par d'anciens bassins lacustres et par une série de plus de 20 lacs, dont un seul communique avec la mer. C'est un fait absolument unique à la surface de la Terre* »[232]. J. W. Gregory, auteur de ces lignes et célèbre explorateur de la Rift Valley, finit par conclure qu'une cause commune et générale avait créé ce rift, depuis son extrémité nord jusqu'à son extrémité sud [233].

231 Wright, *The Ice Age in North America*, p. 701, 703.
232 J. W. Gregory, « Contributions to the Physical Geography of British East Africa », *Geographical Journal*, 1894, iv, p. 290.
233 Rift Valley: nom propre d'une région géographique africaine qui n'a pas d'équivalent en français. Cette région est une suite de fossés d'effondrement

Le rift commence en Syrie dans la vallée de l'Oronte (fleuve qui traverse ensuite le Liban), il longe la vallée du Litani (fleuve du Liban), passe par le lac Houlé et de Tibériade (son niveau est inférieur à celui de la Méditerranée) en empruntant le Jourdain, continue par la mer Morte (la plus basse du globe située entre les plateaux de Judée et de Moab), longe la vallée de l'Araba jusqu'au golfe d'Aqaba avant de traverser la mer Rouge pour rejoindre l'Afrique ; de là, il franchit une immense distance, à l'est du Nil, avec un crochet vers le golfe d'Aden : il bifurque en cours de route (d'un côté à l'ouest du lac Victoria pour emprunter une route de grands lacs, dont le Tanganyika, et de l'autre côté à l'est du lac Victoria, pour fusionner au lac Malawi) avant de retrouver la Sabi (rivière au nord de l'Afrique du Sud) et finalement le Transvaal (province de l'Afrique du Sud). Il passe ainsi d'environ 36° de latitude nord en Syrie à environ 28° de latitude sud en Afrique de l'Est, route certes sinueuse mais en fait le long d'un méridien, et égale au tiers de la distance entre les deux pôles!

On a admis que ce rift a été créé par une force horizontale, quelle que soit la nature de cette force. « *La première idée, et la plus simple qui vint à l'esprit était que l'Afrique avait été déchirée* »[234]. Une autre école de géologues s'est demandé s'il n'avait pas été formé par une pression horizontale qui aurait fait remonter ses bords et descendre son centre ( la vallée ). Après de longs débats, l'unanimité se fixa sur l'avis donné par Eduard Suess, éminent géologue du début du siècle :

> *Une telle ouverture de fissures ne peut s'expliquer que par l'intervention d'une tension dirigée perpendiculairement à la direction de la fente, tension qui se serait calmée au moment de la déchirure, c'est-à-dire, à l'ouverture de la fissure*[235].

(ou rift) dus à une fracture de l'écorce terrestre, qui ressemble à une sorte de longue vallée de plusieurs centaines de kilomètres. Sur les cartes de géographie, elle est souvent réduite à une petite portion (aux environs du lac Victoria), mais les sources écrites la situent sur une plus longue distance, du nord au sud de l'Afrique comme Gregory et Velikovsky. En anglais, « rift » signifie faille en géologie, ou sinon fissure, crevasse, cassure, scission etc.

234 B. Willis, *East African Plateaus and Rift Valleys*, 1936, p.1.

235 Ibid., p. 13. E. Krenkel, auteur allemand qui fait autorité, écrit dans *Die Bruchzonen Ostafricas*, 1922: « *La structure tectonique des zones de faille de l'Afrique de l'Est, considérées en détail ou en totalité, n'a qu'une seule*

Suess signalait aussi que des torrents de lave avaient jailli de la terre le long du rift, avec une activité volcanique des plus vigoureuses. C'est encore lui qui apporta à la géologie un nouveau concept aujourd'hui généralement admis : celui d'un vaste super-continent – le Gondwana, qui après avoir occupé la plus grande partie de l'océan Indien, a été détruit et submergé lors d'un affaissement relativement récent. Cet affaissement du Gondwana a pu créer une tension entre l'Ouest de l'Asie et l'Afrique, et la partie la moins résistante a dû céder, formant ainsi le grand rift.

Gregory écrivit : « *Du point de vue des dimensions, ce qui s'en rapproche le plus existe vraisemblablement sur la Lune, dont les petites fissures et les nervures sont sans doute de longues vallées abruptes, comme cette vallée de l'Afrique de l'Est qui offrirait la même apparence aux éventuels habitants de notre satellite. Parmi toutes les réponses aux questions soulevées par la dépression Afrique-Mer Rouge-Jourdain, la plus intéressante est celle qui pourrait expliquer la nature de ces fissures lunaires qui sont depuis longtemps un mystère pour les astronomes* »[236].

Si le rift a été créé par une tension, les vallées de la Lune ont pu l'être aussi. Gregory suivit Suess en établissant un lien entre la Rift Valley et « les *chaînes de montagnes dues à la dernière grande élévation de montagnes plissées* » d'Europe, d'Asie et des deux Amériques. Ainsi, si l'on arrivait à déterminer l'âge de la dernière élévation, on obtiendrait des précisions sur l'époque qui a vu naître le grand rift. Il est aussi probable que la Rift Valley soit née lors d'une grande tension et qu'elle se soit agrandie à la suivante. Gregory conclut : « *Ce système de vallée étendue n'est évidemment pas le résultat de quelques fractures locales. Sa longueur est environ le sixième de la circonférence terrestre. Il a fallu une cause à l'échelle mondiale, et le premier indice prometteur est la date de sa formation* »[237].

---

*explication: ce sont des zones de déchirement de l'écorce terrestre, produit par une tension directe... L'intervention de forces de compression ne sont reconnaissables nulle part.* » (D'après la traduction en anglais de B. Willis.)

236 Gregory, *Geographical Journal*, 1894. *The Great Rift Valley*, 1896, p. 6.

237 Gregory, « The African Rift Valleys », *Geographical Journal*, 1920, lvi, p. 31.

Gregory était persuadé que le rift remontait à une époque ancienne ( à cause des fossiles marins qu'on y avait trouvés ) mais il y constata néanmoins des indices d'un grand mouvement terrestre « *à une date récente* ». « *Certains escarpements de faille sont si dénudés et abrupts qu'ils doivent être très récents. Cette continuation de mouvements terrestres pendant la période humaine est l'un des traits les plus étonnants de cette région* » . Gregory s'étonna aussi sur le fait que les populations avaient conservé le souvenir du bouleversement : « ***Tout le long de la ligne de fracture, la tradition des indigènes fait mention de grands changements survenus dans la structure du pays*** »[238].

La Terre subissait une tension ( ou une traction ) et son écorce s'est craquelée le long d'un méridien sur presque toute la longueur de l'Afrique. Cela est peut-être dû à l'affaissement de l'océan Indien, à moins que cet affaissement et la tension africaine aient une cause commune. L'arête montagneuse au fond de l'océan Atlantique a peut-être été produite par la même cause ; et l'époque de la rupture et de la fracture a dû coïncider avec la période de formation des montagne d'Europe et d'Asie. Ces montagnes ont atteint leur altitude actuelle alors que l'homme existait déjà ; on estime aujourd'hui que le rift s'est créé en pleine époque de l'homme, vers la fin de la période glaciaire [239].

Quel genre de force a réussi à déchirer un continent ?

D'où venait la tension qui s'est calmée avec la rupture de la masse africaine ?

La glace n'a pu faire cela, ni le vent qui érode les cimes des montagnes, ni les ruisseaux qui entraînent les débris de roche vers la mer.

---

238 Gregory, *The Great Rift Valley*, p. 5 et 236.
239 Flint, *Glacial Geology*, p. 523: « *Une élévation montagneuse s'est produite vers la fin du pléistocène dans la région himalayenne et dans les Alpes, tandis qu'une faille à grande échelle s'ouvrait en Afrique de l'Est.* »

# ~ 7 ~
# Déserts et Océans

## ~ Le Sahara

Le Sahara qui s'étend du Nil à l'océan Atlantique sur plus de 9 millions de $km^2$ ( à peu de chose près la superficie de l'Europe ) est le plus grand désert du globe. Mais jadis, c'était un pays couvert de pâturages et de plaines fertiles. En 1850, Barth y découvrit des gravures rupestres représentant des troupeaux de bétail dessinées par ses anciens habitants. Les animaux représentés n'y existent plus et beaucoup d'espèces figurant sur les fresques du Hoggar, du Tassili et d'ailleurs ont disparu.

On assure que l'erg saharien[240] abritait alors d'importants groupes humains au cœur de vastes forêts et de riches prairies. Un outillage néolithique, des vases et des armes de pierre polie, fut découvert près des gravures. La population y était « *très dense* » nous dit Flint, et le bétail « *paissait sur des terres où s'étend aujourd'hui une quantité incommensurable de dunes* » .

On a avancé plusieurs hypothèses pour expliquer la prodigieuse accumulation de sable qui s'y trouve. « *La théorie de l'origine marine n'est plus soutenable* »[241]. En effet, on a constaté que ces sables sont de formation récente et l'on admet qu'au moment où les glaces recouvraient une grande partie de l'Europe, le Sahara se trouvait dans une zone tempérée, chaude et humide ; plus tard, le sol perdit son humidité, et ses roches à la merci du soleil et du vent se réduisirent en poudre.

A quelle époque les circonstances y furent-elles favorables à la vie humaine ?

---

240 Région désertique saharienne occupée par des dunes.
241 « Sahara » *Encyclopaedia Britannica*, 14e éd., Vol. XIX.

Movers, le célèbre orientaliste du XIX$^{e}$ siècle, auteur d'ouvrages traitant des civilisations sémites anciennes, déclare que les gravures rupestres sont l'œuvre des Phéniciens[242]. D'autres ont fait remarquer que sur les graffiti relevés par Barth, les bestiaux portent des disques entre leurs cornes comme ceux des bas-reliefs de l'Egypte pharaonique – le dieu Seth semble y être représenté[243] et l'on peut voir des peintures montrant des chars de guerre tirés par des chevaux « *dans une région où ces animaux ne pourraient pas vivre deux jours sans que ne soient prises d'extraordinaires précautions* »[244].

Les espèces éteintes sur ces fresques laissent supposer qu'elles furent gravées au cours de la période glaciaire, mais les motifs égyptiens qui y sont incorporés indiquent qu'elles datent des temps historiques. Les contradictions entre les témoignages historiques et paléontologiques seraient réglées en faisant intervenir une, ou plus précisément deux catastrophes.

L'ethnologue français André Berthelot écrivait en 1924 : « *Il est possible qu'à l'âge de pierre, l'homme ait assisté en Afrique à trois événements d'une ampleur considérable : l'écroulement partiel de la chaîne Bétique qui ouvrit le détroit de Gibraltar et fit communiquer la Méditerranée avec l'Atlantique ; l'effondrement qui a isolé les Canaries du continent africain ; l'ouverture du détroit de Babel-el-Mandeb séparant l'Arabie de l'Ethiopie...*[245]»

L'abbé Breuil devait confirmer les présomptions de Berthelot quant à la présence humaine à l'époque préhistorique grâce au matériel éolithique ( silex plus ou moins grossièrement taillés ) trouvé *in situ.* Mais il n'y a pas si longtemps, des populations plus évoluées, contemporaines de l'Egypte pharaonique et vivant en communautés, y faisaient paître leur bétail et employaient un outillage qu'elles laissèrent sur place. En fait, les bouleversements auxquels Berthelot faisait allusion, souvent mentionnés dans la littérature classique et dont parlent de nombreuses

242 L. Frobenius et Douglas C. Fox, *Prehistoric Rock Pictures in Europe and Africa,* Museum of Modern Art, 1937, p. 38.
243 Ibid., p. 39-40.
244 P. Lecler, *Sahara*, 1954, p. 46.
245 A. Berthelot, *L'Afrique saharienne et soudanaise*, 1927, p. 85.

traditions[246], se produisirent bien plus tard qu'il ne le pensait.

En basculant les contreforts de l'Atlas, le cataclysme en question vida de ses eaux l'immense mer intérieure qui occupait alors la majeure partie du sud algérien, le fameux « lac Triton » des Anciens. Les hippopotames et les crocodiles disparurent comme les éléphants et, avec eux, les chasseurs et les pasteurs. Le « *pays de prairies et de forêts* » devint ce désert de sable, vaste et inhospitalier qu'est le Sahara.

## ~ L'Arabie

Il est une « *certitude qui défie la tradition : lorsque la couche de glace de la dernière période glaciaire recouvrait une grande partie de l'hémisphère Nord, trois cours d'eau au moins traversaient d'Ouest en Est toute la largeur de la péninsule* »[247]. Tels sont les termes employés par Philby dans son livre *Arabia*. Il existait également en Arabie un lac très important qui disparut au cours d'une modification géologique ou climatique[248].

Actuellement, de Palmyre à La Mecque et au-delà, la péninsule arabique est un désert sans eau, parsemé de volcans éteints dont la dernière éruption remonte à 1253[249]. Ses nombreux geysers, jadis actifs, sont maintenant taris.

On trouve principalement dans sa moitié occidentale 28 étendues couvertes d'une telle densité de cailloux brisés et noircis qu'ils s'opposent à tout passage. On appelle ces jonchées des « *harras* » ou des « *regs* »[250]. Certaines s'étendent sur près de 200 km et occupent une superficie de 15 à 18.000 $km^2$ [251].

Aucune éruption volcanique ne serait capable de déposer autant de pierres sur des espaces aussi vastes, ni

246 Note JdL: de l'avis de tout ceux qui l'ont lu, *Mondes en Collision* est une extraordinaire psychanalyse des contes folkloriques et oeuvres littéraires.
247 H. St. J. B. Philby, *Arabia*, 1930, p. xv.
248 Décrit par Bertram Thomas. Cf. C. P. Grant, *The Syrian Desert*, 1937, p. 53.
249 B. Moritz, Arabien, *Studien zur Physikalischen und Historischen Geographie des Landes*, 1923.
250 Décrits par C. M. Doughty et par B. Moritz. L'ouvrage de Moritz contient une vue partielle, en gros plan, d'un harra.
251 NdT: comme le plateau du Tadémaït, dans le Sud algérien.

de les répartir aussi régulièrement. En outre, l'absence de lave ( chacune d'elles sont séparées les unes des autres ) exclut leur origine volcanique.

**Il s'avère qu'elles ont été calcinées en pénétrant dans l'atmosphère et rompues pendant leur chute, comme les bolides, ou au moment de leur impact avec le sol. Les quantités répandues sur un seul *harra* montrent que ces essaims de météorites étaient très denses et faisaient partie de noyaux cométaires.** En dépit de leur exposition successive à la chaleur solaire et au froid nocturne ainsi qu'à l'érosion éolienne, les arêtes sont restées coupantes, ce qui prouve qu'elles sont là depuis peu de temps[252].

Deux sortes de météorites atteignent la Terre : les premières sont constituées d'un mélange de fer à l'état natif et de nickel dont la cristallisation caractéristique permet de les reconnaître aisément. Les autres, beaucoup plus fréquentes, se distinguent difficilement des minéraux connus, sauf si l'on a constaté leur chute, ou si leur profusion, leur aspect brûlé et leurs cassures nettes plaident en faveur d'une origine extra-terrestre. Il existe d'ailleurs en Arabie des blocs plus gros que les pierres des *regs*. On a trouvé en plein désert, près de Wobar, un cratère météoritique entouré de débris de fer et de verre siliceux[253].

Les grands cours d'eau disparus, les nombreux volcans autrefois actifs maintenant éteints, les pierres noircies tombées assez abondamment pour couvrir des territoires cent fois plus vastes que ceux recouverts par une simple éruption volcanique, les particules de fer météoritique dispersées autour d'énormes cratères font partie des informations nous renseignant sur les grands bouleversements cosmiques qui se sont déroulés à des époques récentes comme à des époques antérieures et auxquels la péninsule arabique s'est trouvée plus d'une fois soumise.

---

252 Suivant le principe adopté pour ce livre, nous ne donnerons pas ici la bibliographie hébraïque et arabe traitant de ce sujet

253 R. Schwinner, *Physicalische Geologie*, 1936, p. 114, 163. L.-J. Spencer, « Meteoric Iron and Silicia Glass from the Craters of Henbury (Australie centrale) and Wobar (Arabie) », *Mineralogical Magazine*, 1933, xxiii, p. 387-404.

Des ruines anciennes, presque entièrement effacées par le temps et les éléments, ainsi que des vestiges de culture agricole sont les témoins des temps où la terre y était hospitalière et féconde ; elle était aussi généreusement irriguée et boisée que les régions de l'Inde sous la même latitude. Les vergers de l'Hadramaout et du Yémen étaient paradisiaques.

Pourtant cette contrée fertile qualifiée « *d'heureuse* » se transforma soudain en pays stérile. La partie nord-occidentale du désert, ou Arabie Pétrée, dont le sol est constitué de lave poussiéreuse, est traversée par le grand fossé tectonique du Ghor[254] au fond duquel s'étend la mer Morte ; le bitume affleure à la surface de ce lac intérieur, point de convergence du réseau hydrographique local, riche en eaux sulfureuses. D'autres zones désertiques ont été autrefois cultivées et habitées ; on a retrouvé sur celles de Gobi comme sur le plateau tibétain, les traces de civilisations prospères mais aujourd'hui perdues à jamais, et les ruines qui en témoignent.

Tous ces espaces arides donnent l'impression qu'à la suite d'un grand bouleversement, les eaux s'infiltrèrent très profondément et disparurent, les sources s'obstruèrent et les rivières se tarirent. Les modifications apportées aux nappes phréatiques ou à la structure du sol affectent aussi les nuages qui passent alors au-dessus des terres sans y décharger leur eau.

### ~ Les « *bays* » de la Caroline

Les dépressions connues sous l'appellation de « *bays* » sont abondantes sur la côte américaine de la Caroline, et un peu moins nombreuses sur la plaine littorale qui s'étend depuis le Sud du New Jersey jusqu'au Nord-Est de la Floride : selon la plus récente estimation, elles doivent atteindre le nombre de 500.000[255]. Des mesures faites entre Darling-

254 Prolongement du rift africain.
255 Douglas Johnson, *The Origin of the Carolina Bays*, 1942. W. F. Prouty, «Carolina Bays and their Origin », *Bulletin of the Geological Society of America*, 1952, LXIII, p. 167-224.

ton et l'océan montrent que la plupart font environ 650 mètres de long et que certaines dépassent 2500 mètres.

Chose remarquable, leurs grands axes sont dirigés du Nord-ouest au Sud-est et la précision de ce parallélisme est « frappante ». Elles ont des rebords de terre invariablement plus élevés à l'extrémité Sud-est. Ces cuvettes elliptiques se distinguent très bien sur les photographies aériennes. Toute théorie visant à expliquer leur origine doit tenir compte de leur forme, de leur ovalisation ( qui augmente avec leur taille ), de leur parallélisme et de la surélévation de leurs extrémités Sud-est.

En 1933, Melton et Schriever de l'université d'Oklahoma publièrent une thèse susceptible de résoudre le problème : les bays seraient les cicatrices laissées par une pluie d'aérolithes ou la « *traîne d'une comète* » [256]. Depuis, la majorité des auteurs traitant de la question s'est rangée à cet avis[257]. Les deux chercheurs poursuivent : « *Puisque l'origine des bays ne peut s'expliquer par un processus géologique connu, il faut admettre qu'elles résultent d'un fait extraordinaire : la forme elliptique, le parallélisme des axes et la disposition systématique des bords relevés l'exige* ».

La comète – ou la pluie de météorites – a dû suivre une trajectoire dirigée vers le Sud-est, « *des masses cosmiques provenant du Nord-ouest auraient alors donné aux grands axes des bays l'orientation constatée* ». On estime que le cataclysme eut lieu à un moment quelconque de l'ère glaciaire. Elles sont presque complètement remplies de vases et de sable déposés pendant que les plates-formes continentales créées par l'érosion marine du pléistocène étaient sous les eaux[258].

Il se peut que les aérolithes aient eu à traverser une couche d'eau peu profonde avant d'entrer en collision avec le fond ; néanmoins elles ont dû arriver en force pour envahir toute la région comprise entre la Floride et le New Jersey. Pourtant, certains critiques les font remonter à une époque plus récente[259]. Quoi qu'il en soit, ces cratères ont

---

256 F. A. Melton et W. Schriever, « The Carolina Bays – Are they Meteorite Scars? », *Journal of Geology*, xli, 1933.
257 Cf. Johnson, *The Origin of Carolina Bays*, p. 4.
258 Melton et Schriever, *Journal of Geology*, 1933, XLI, p. 56.
259 Johnson, *The Origin of Carolina Bays*, p. 93.

vraisemblablement été produits par des météorites qui ont atteint le sol de plein fouet ou par un corps céleste qui, en explosant à basse altitude aurait provoqué de nombreuses dépressions.

On a de bonnes raisons de croire que ces « *bays* » se prolongent assez loin vers le large. D'autre part, « *des multitudes de météorites ont été inventoriées au Sud des Appalaches, en Virginie, en Caroline du Nord et du Sud, en Georgie comme sur les territoires de l'Alabama, du Kentucky et du Tennessee* »[260].

## ~ Le fond de l'Atlantique

Le professeur Ewing de l'université de Columbia a publié le rapport d'une exploration sous-marine consacrée à l'étude de la ligne médiane atlantique, cette chaîne montagneuse à mi-chemin entre les deux Amériques et la masse continentale euro-africaine qui suit approximativement le dessin des côtes. Les parties du fond océanique à droite et à gauche de ce plissement révéla une série de faits[261] qui sont autant de « *nouvelles énigmes scientifiques* » : « *La découverte de sable remontant à la préhistoire, sable que nous avons extrait au cours de deux sondages assez distants l'un de l'autre, effectués à des profondeurs de 3.200 mètres et de 5.600 mètres, en des points fort éloignés de toutes les plages actuelles : l'un de ces dépôts se trouve à 2.000 kilomètres du rivage le plus proche* ».

Le sable est le résultat de la désagrégation des roches par l'érosion due à la mer, à la pluie, aux rivières, au vent et aux effets consécutifs des gels et des dégels. Les fosses abyssales jouissent d'une température constante, aucun courant ne s'y trouve ; seuls le silence et l'immobilité y règnent. En haute mer, les fonds sont recouverts d'une vase très fine dont les particules peuvent rester longtemps en suspension avant de former un dépôt sédimentaire. Cette boue contient des carapaces d'animaux très petits, les foraminifères qui pullulent en surface ; par conséquent et puisqu'il se forme aux abords des

260 Cf. C. P. Olivier, *Meteors*, 1925, p. 240.
261 M. Ewing, « New Discoveries on the Mid-Atlantic Ridge », *National geographic Magazine*, vol. XCVI, n° 5 (novembre 1949).

îles ou sur les socles continentaux, il ne devrait pas y avoir de sable loin des terres. Compte tenu de ce principe, le professeur Ewing se demanda, embarrassé : « *Le lit de l'océan s'est-il considérablement enfoncé à un moment donné ? ... Le niveau moyen de la mer se tenait-il autrefois entre 3.200 et 4.800 mètres plus bas qu'aujourd'hui, et dans ce cas, d'où provient le volume d'eau supplémentaire ? Ces deux éventualités ne sont guère plausibles* ».

En géologie on considère que la profondeur des mers n'a jamais varié, sauf quand les eaux ont envahi les légères dépressions continentales. Il n'était donc pas question d'admettre que le fond de l'océan ait jadis fait partie de la terre ferme. Mais une autre surprise attendait les membres de l'expédition qui se proposaient d'obtenir l'épaisseur des sédiments déposés dans les fosses océaniques grâce à un procédé acoustique bien au point : après avoir provoqué une explosion en surface, on enregistre la différence du temps écoulé entre deux échos consécutifs répercutés premièrement par la partie supérieure du dépôt et ensuite par le socle basaltique ( ou granitique ) sur lequel il repose : « *Nos instruments indiquaient nettement d'énormes couches sédimentaires sur les contreforts de la crête, mais, chose surprenante, celles des grands bassins plats situés de chaque côté du plissement semblaient avoir moins de 30 mètres* »...

En fait, les échos revenaient presque simultanément ; dans ces conditions, il était difficile d'évaluer l'épaisseur du sédiment à 30 mètres près car cette valeur correspond à la marge d'erreur normale : « *Nous avions toujours pensé qu'il devait être extrêmement épais sachant qu'il s'accumule depuis des temps immémoriaux... Mais sur les cuvettes qui flanquent la médiane atlantique, les signaux renvoyés par la surface de la vase et par son support rocheux se suivaient de trop près pour pouvoir mesurer le temps qui les séparaient... Cela prouve que le sédiment mesure là moins de 30 mètres d'épaisseur* ».

Cette étonnante constatation fait partie des « *nombreuses énigmes scientifiques rapportées par notre expédition* ». Elle tend à prouver que le fond de l'océan Atlantique, des deux côtés de la crête, est de formation récente. D'autre part, les couches sédimentaires sur ses contreforts ont par endroits « *des milliers de mètres d'épaisseur, comme nous nous y attendions.(...) Les sédiments des fonds océaniques que nous avons mesurés sont constitués de coquilles et de squelettes d'innombrables animaux marins, de cendres volcaniques et de poussières continentales, de cendres de météorites, et de poussières cosmiques qui se répandent constamment sur le globe* » .

La poussière de météorite est tellement rare de nos jours qu'on en trouve difficilement sur les neiges éternelles des plus hautes cimes. Alors **comment les cendres de météorites brûlées et les poussières cosmiques sont-elles arrivées à constituer une partie substantielle du sédiment océanique ?** Et pourquoi tous les autres matériaux, notamment les détritus charriés par les fleuves, n'ont-ils créé au cours des temps qu'une sédimentation d'une épaisseur si faible ? « *Des flancs et des sommets de la crête, nous remontâmes des roches de type igné ( ayant subi l'action du feu ) ce qui signifie que des volcans sous-marins en action ont libéré des flots de lave. Il est probable que toute la chaîne est très volcanique, sans doute formée de milliers de coulées de lave et de cônes actifs dispersés sur toute sa longueur* ».

Elle n'est pas unique en son genre : « *De nombreux pics d'origine volcanique sont dispersés sur toute l'étendue des fonds sous-marins atlantiques* ». Vers les Açores, l'expédition rencontra une montagne sous-marine non répertoriée sur les cartes, mesurant 2.500 mètres de hauteur et saupoudrée « *d'une profusion de cendres volcaniques* » ; et plus loin une grande fosse « *semblant creusée par l'explosion d'un volcan* », profonde de 3.310 mètres. Les laves s'épanchèrent sous l'océan et l'ont porté à ébullition ; des météorites, des cendres et des poussières cosmiques tombèrent du ciel ; la Terre disparut sous des kilomètres d'eau ; des plages s'enfoncèrent de près de 5.000 mètres.

Des abîmes, l'expédition remonta plusieurs rochers profondément entaillés : « *A 1.100 mètres de profondeur, nous trouvâmes des roches fort édifiantes quant à l'histoire de l'océan Atlantique... Du granit et des roches sédimentaires qui, autrefois devaient faire partie d'un continent. La plupart étaient arrondies et marquées de stries très prononcées* ». Ces stries sont généralement attribuées aux glaciers qui tenaient les rocs comme dans un étau et les faisaient racler contre des aspérités plus dures qu'eux... « *Mais nous remontâmes également quelques échantillons de boues agglomérées si molles et si peu consistantes qu'elles se seraient désagrégées sous l'étreinte rigoureuse d'un glacier. Comment sont-elles venues jusque-là ? C'est une énigme supplémentaire dont la solution nécessitera d'autres recherches* ».

On savait que l'embouchure du fleuve Hudson près du port de New York se prolongeait par un cañon qui pénètre dans l'océan sur environ 200 km ; mais on s'est aperçu qu'il a continué encore pendant plus de 160 km en eau profonde : « *Si, à l'origine, cette vallée a été creusée dans la terre ferme par le fleuve, comme cela semble probable, on peut en déduire soit que le fond de l'océan se trouvait à 3.200 mètres plus haut qu'actuellement – et qu'il s'est effondré depuis – soit que le niveau de la mer était au-dessous de celui qu'elle occupe à présent* »[262]. Chacune de ces deux éventualités laisse supposer une véritable révolution tectonique.

En résumé, les résultats démontrent sans conteste qu'à une époque relativement récente, il y avait de la terre ferme un peu partout et des plages qui sont aujourd'hui sous l'Atlantique ; et aussi qu'au cours de bouleversements gigantesques, le sol plongea à plusieurs kilomètres de profondeur. Si le responsable de l'expédition précédente n'emploie pas le mot « *bouleversement* » c'est pourtant bien celui-là qui s'impose naturellement. Pour ne pas être taxé d'hérésie, Ewing se limita à une déclaration anodine : « *Il n'y a pas lieu de croire que cette puissante masse montagneuse sous-marine ait le moindre rapport avec la légendaire Atlantide engloutie sous les vagues dont parle Platon* » .

## ~ Le fond des mers

En juillet 1947, un groupe de scientifiques quitta Göteborg à bord de l'Albatross pour un voyage de 15 mois autour du monde avec pour mission l'étude des fonds marins sur 27.000 km à l'aide d'un nouveau sondeur pneu-

---

262 Ibid.

matique. Dans les sédiments recouvrant les fonds rocheux, leur chef, H. Pettersson directeur de l'Institut géographique de Göteborg a relevé « *les traces des grands cataclysmes qui ont altéré le relief de la Terre* »[263]: « *Des catastrophes climatiques entassèrent des milliers de pieds de glace sur les hautes latitudes continentales ; simultanément, elles encombrèrent les basses latitudes océaniques d'icebergs et de banquises, refroidissant ainsi l'eau de surface jusqu'à l'équateur... Des catastrophes volcaniques répandirent sur la mer des pluies de cendres* ( les sédiments marins, nous l'avons vu, en conservent les preuves )... *Des catastrophes tectoniques abaissèrent ou soulevèrent les fonds océaniques de centaines voire de milliers de pieds, donnant naissance à de monstrueux raz de marée qui détruisirent la vie animale et végétale sur les terres* ».

Sur la côte suédoise par exemple comme ailleurs, il s'avéra que le fond de la mer était constitué par « *une couche de lave d'origine récente "géologiquement", recouverte d'un léger vernis sédimentaire... Les sédiments des océans Pacifique et Indien, qui contenaient souvent des particules de matières ignées montrèrent aussi l'importance du volcanisme sous-marin. Certains de nos prélèvements en Méditerranée attestent l'existence de couches à gros grains, faites en grande partie de cendres répandues à la suite de violentes explosions volcaniques. Ces couches représentent incontestablement la meilleure preuve de l'intense activité des volcans dans le passé* ».

Les plateaux océaniques portent les traces de plusieurs catastrophes au cours desquelles leurs socles rocheux s'élevèrent ou s'abaissèrent au point de former des gouffres insondables tandis que des vagues monstrueuses se jetaient à l'assaut des continents. Le fond des mers montre encore que notre Terre a reçu d'abondantes pluies de météorites : il est en effet fréquemment revêtu d'argile rouge. Les carottages effectués, entre autres, au centre du Pacifique révèlent un « *pourcentage étonnamment élevé de nickel* [264]».

---

263 En plus de son rapport officiel, Pettersson publia deux articles à trois ans d'intervalle sur des revues de vulgarisation scientifique. Ces lignes ont paru sous le titre « Exploring the Ocean Floor » dans *Scientific American*, en août 1950.

264 Petersson, « Chronology of the Deep Ocean Bed », *Tellus* (*Quarterly Journal of Geophysics*), 1, 1949.

Les échantillons prélevés renferment aussi du radium[265] et des composés ferrugineux qui leur donnent cet aspect pourpré. On sait que le fer météorique se distingue du fer terrestre par le nickel qu'il contient : cette caractéristique permet de savoir si certains outils métalliques ( datant par exemple des Pyramides ) ont été fondus à partir de carbonates, oxydes et sulfures provenant des mines antiques, ou s'il s'agit de débris météoriques forgés, et par conséquent de les comparer.

A l'exception des gisements de Nouvelle-Calédonie[266] « *le nickel est un élément rare dans la plupart des roches terrestres, comme dans les sédiments continentaux, et presque inexistant dans l'eau des océans. En revanche, c'est l'un des principaux composants des météorites* »[267]. On suppose donc que le nickel abyssal provient de la poussière de météorites ou de très fortes chutes de météores d'antan.

Le grand défaut de cette explication est d'exiger un taux d'accroissement de poussière de météorites bien plus important que celui qu'accepteraient les astronomes dont les décomptes sont uniquement basés sur des observations faites à l'œil nu, ou avec un télescope[268]. Mais, dans une publication ultérieure destinée à rappeler au grand public les résultats de son expédition, Pettersson a écrit : « ***Si l'on admet que cette poussière contient en moyenne 2% de nickel, on peut approximativement calculer le taux d'accroissement de cette poussière sur le globe terrestre. Il est extrêmement élevé : environ 10.000 tonnes par jour, soit plus de 1.000 fois celui obtenu en comptant les étoiles filantes et en appréciant leur masse*** »[269].

En d'autres termes, il y a eu à une certaine époque, une ou plusieurs chutes de poussières météoriques dont la masse totale a dû être 1.000 fois plus importante que celle déposée quotidiennement depuis le jour où les océans se

265 En moins forte proportion.
266 Note JdL: la Nouvelle-Calédonie possède le plus grand gisement de Nickel de la planète, et cette ressource naturelle a été l'objet de la visite officielle de Jacques Chirac en juillet 2003 car il a lancé la construction d'une gigantesque usine d'exploitation.
267 Petersson, *Westward Ho with the Albatross*, 1953, p. 149-150.
268 Petersson, *Scientific American*, août 1950.
269 Petersson, *Westward Ho With the Albatross*, p. 150.

sont formés. Les laves et les cendres accumulées sur les fonds océaniques témoignent que des événements catastrophiques se sont déroulés au cours du passé très proche. Le fer et le nickel laissent clairement penser que de véritables pluies de météorites se sont abattues sur la Terre et permettent d'entrevoir la cause des ruptures de l'écorce terrestre, de l'effondrement du fond des mers et des épanchements de magma sous la surface des eaux.

La preuve de ces grands bouleversements nous est donnée par :

- les îles de l'océan Arctique et les toundras sibériennes ;
- le sol de l'Alaska ;
- le Spitzberg et le Groenland ;
- les cavernes d'Angleterre, la forêt enfouie du Norfolk ;
- les fissures du Pays de Galles et des Cornouailles ;
- les roches de France, des Alpes, du Jura, de Gibraltar et de Sicile ;
- le Sahara et la Rift Valley ;
- l'Arabie et ses harras,
- les pentes du Cachemire et les pics de l'Himalaya ;
- les monts Siwalik ;
- l'Iraouadi en Birmanie ;
- les dépôts de Chou-Kou-tien et de T'ien-Tsin en Chine ;
- les Andes et l'Altiplano ;
- les fosses d'asphalte en Californie ;
- les montagnes rocheuses et le plateau de Columbia ;
- la grotte de Cumberland au Maryland et la carrière d'Agate Spring au Nebraska ;
- les collines du Michigan et du Vermont sur lesquelles on a trouvé des squelettes de baleines ;
- le littoral de la Caroline ;
- les côtes submergées et le fond de l'Atlantique avec sa crête médiane ;
- les couches de laves du Pacifique...

Dans les chapitres suivants, nous allons étudier en détail d'autres sites répartis sur le globe ; mais nous n'en finirons pas pour autant car il n'y a pas un endroit de la Terre qui ne porte pas les cicatrices de ces grands bouleversements répétés.

# ~ 8 ~
# Pôles déplacés

### ~ Cause de la glaciation

Les spectacles offerts par les bouleversements et les soulèvements se sont spontanément présentés aux explorateurs. L'ouverture de presque chaque grotte, l'examen de presque chaque mouvement orogénique, l'étude de presque chaque cañon sous-marin leur ont toujours montré les mêmes tableaux de violence et de carnage. Tous ces témoignages ont fortement influencé deux grandes doctrines du XIX$^{e}$ siècle, celle de l'uniformité et celle de l'évolution, la première édifiée sur la seconde.

Un autre enseignement fondamental – la théorie des périodes glaciaires – les a suivies de peu. De plus en plus, on a imputé des faits géologiques au phénomène de glaciation, mais son mécanisme n'en est pas moins discuté. Les différentes écoles ont recherché l'origine des périodes glaciaires « *sur la Terre comme au ciel...* »

Les thèses pour l'expliquer s'appuient sur l'astronomie, la géologie, la météorologie. Côté astronomie, certains ont dit que le Soleil émet plus ou moins de chaleur suivant un cycle indéterminé, concept qui a été repoussé même si de temps en temps il rallie de nouveaux adeptes. D'autres pensent que les périodes glaciaires commencent si l'un des deux hémisphères se trouve en hiver quand le globe est à l'extrémité de son ellipse. Dans ce cas, l'hiver serait un peu plus long et un peu plus froid, mais l'été, quoique plus court, serait plus chaud. Et si la Terre suivait toujours son parcours actuel, les variations de température envisagées ne produiraient pas de glaciation généralisée. On a également avancé que l'orbite terrestre tantôt s'allonge tantôt se raccourcit.

Quant aux géologues, certains ont supposé un changement d'activité des sources chaudes ; d'autres pensent que le cours du Gulf Stream[270] aurait pu changer, affirmant que si les deux Amériques étaient séparées et non reliées par l'isthme de Panama, une partie de ce courant s'écoulerait dans le Pacifique. L'inexactitude de ces deux hypothèses a été établie. D'ailleurs, l'examen paléontologique de la faune marine avoisinante montre que l'isthme existait bien avant le début de la première période glaciaire.

Une théorie géologique différente qui conserve quelques partisans, voit l'origine des périodes glaciaires dans la variation de l'altitude des continents, ce qui aurait influencé la direction des vents et des précipitations atmosphériques... Mais elle rencontre une nette opposition chez A. P. Coleman, professeur honoraire de géologie à l'Université de Toronto, qui fait autorité en la matière: « *Si l'on considère la répartition des couches de glace qui couvraient, au pléistocène, plus de 10 millions de km$^2$ en Amérique du Nord et 5 en Europe..., il devient évident que toutes les terres du monde n'ont pas s'élever simultanément... La théorie s'écroule d'elle-même* ».

Il est certain que « *leur élévation au-delà de la limite des neiges éternelles entraînerait une glaciation locale, mais rien ne prouve que de vastes calottes glaciaires puissent se former de cette façon, et il est manifestement impossible qu'un refroidissement universel comme celui du pléistocène se produise ainsi* »[271]. Parmi les conditions atmosphériques ayant pu le créer, on fit intervenir d'éventuelles fluctuations de gaz carbonique et de poussières météoriques dans l'atmosphère. La raréfaction de l'anhydride carbonique entraînerait une chute de température mais des calculs ont démontré qu'elle aurait été insuffisante pour produire une glaciation importante ;

270 Courant qui apporte dans l'océan Atlantique Nord l'eau chaude de la mer des Caraïbes.
271 A. P. Coleman, *Ice Ages Recent and Ancient*, 1926, p. 256.

cela aurait été possible si un nuage quelconque avait empêché les rayons solaires de réchauffer la Terre, mais encore faudrait-il expliquer la provenance d'un tel écran, son épaisseur et son étendue. « *On a avancé des dizaines de solutions pour résoudre le problème posé par les périodes glaciaires et il n'est sans doute pas de question aussi ardemment discutée, non seulement par les géologues mais encore par les météorologues et les zoologistes ; aucune de leurs propositions n'a cependant fait l'objet d'un accord unanime* »[272].

Pour être acceptable, la théorie qui essayerait de prouver l'origine des périodes glaciaires devrait préciser pourquoi le phénomène n'a pas eu lieu en Sibérie nord-orientale, région la plus froide du globe, alors qu'il s'est produit sous des latitudes tempérées, en Inde, à Madagascar, et au Brésil équatorial. Aucun des axiomes énoncés ne rend compte de ces étrangetés.

Les idées qui tablent sur l'existence de régions chaudes et de régions froides dans l'espace ou sur la variabilité de l'énergie solaire se prêtent particulièrement mal à expliquer l'extension de la glace au tertiaire. En définitive, le concept des ères glaciaires, considéré par la science comme un dogme irréfutable et qui a servi de base à l'évolutionnisme, n'a toujours pas reçu d'explication.

### ~ Déplacement des pôles

Les diverses théories pour expliquer la glaciation n'ayant pas été reconnues, il restait une hypothèse envisagée par quelques géologues dès le début de la controverse : le déplacement des pôles. S'ils avaient abandonné leur place initiale sous une impulsion quelconque, les *inlandsis* ( boréal et austral ) se seraient centrés sur un autre point du globe. Le manteau de glace de l'ère tertiaire aurait pu être la calotte polaire d'une époque antérieure. Cela explique non seulement son origine mais aussi le fait que sa position géographique ne coïncidait pas avec celle des cercles arctiques et antarctiques actuels.

---

272 Ibid., p. 246.

« *Pour comprendre aisément la raison des grands changements climatiques du passé et de la prédominance des températures élevées aux environs du pôle Nord, il faudrait admettre que l'axe de rotation de la Terre n'a pas toujours occupé la même position, mais qu'il peut en avoir changé à la suite de bouleversements géologiques, par exemple une redistribution générale des continents et des mers* »[273]. Pendant une grande partie du XIXe siècle, de nombreux scientifiques ont discuté de ce thème. Les astronomes et les mathématiciens demandèrent aux géologues ce qui aurait pu occasionner un déplacement des pôles. A leur avis, il ne pouvait s'agir que d'une nouvelle répartition des poids à la surface du globe. Pour résoudre la question, l'astronome anglais sir George B. Airy, imagina que la rotation de la Terre – sphéroïde parfaitement rigide – avait été dérangée par la soudaine érection d'une chaîne montagneuse sous des latitudes « *les plus favorables à la production d'un effet considérable* ».

L'axe de rotation ne coïncidant plus avec celui du globe, il y aurait eu basculement : « *Dans ces conditions..., l'axe dut vaciller à l'intérieur de la sphère terrestre, mais ne pouvait pas le faire indéfiniment* ». L'importance du phénomène eût été négligeable « *en supposant que l'accroissement d'altitude ait atteint le millième du renflement équatorial, ce qui me semble excessif, le déplacement du pôle n'aurait pas dépassé 3 à 5 km... et, n'en déplaise aux astronomes, cela n'aurait pas entraîné les changements de climat que l'on désire expliquer* [274].

Sir George Darwin, mathématicien et astrophysicien, le fils réputé, poussa ses recherches plus loin : il calcula que si un fond océanique situé à 4.600 mètres de profondeur s'élevait à 350 mètres au-dessus du niveau de la mer, se transformant ainsi en un continent d'une superficie égale à celle de l'Afrique, et que, simultanément, une masse identique s'enfonçait aux antipodes, il en résulterait un déplacement des pôles de l'ordre de 2°. Enfin, il estima que si la Terre était plastique, le déplacement serait plus important.

---

273 Julius Hann (météorologue autrichien, 1839-1921), cité par W. B. Wright dans *The Quarternary Ice Age*, p. 313.
274 *Athenaeum*, 22 septembre 1860, p. 384.

James Croll, climatologue écossais, écrivait : « *un bouleversement d'une telle ampleur ne s'est probablement jamais produit sur notre planète. Pour donner lieu à une déviation de 3° 17' – qui n'aurait guère d'effet sensible sur le climat, il ne faudrait pas moins qu'une élévation d'un dixième de la superficie terrestre à une altitude de 3.500 mètres. Si on élevait un continent dix fois plus grand que l'Europe d'autant, cela ne ferait guère qu'amener Londres à la latitude d'Edimbourg, ou Edimbourg à la latitude de Londres. Ceux qui veulent expliquer de cette façon la glaciation de notre pays ou l'absence de glace aux pôles dans le passé sont bien téméraires. Nous savons parfaitement que depuis l'époque glaciaire il ne s'est pas produit sur Terre de changements suffisants pour imposer aux pôles une déviation de 10 kilomètres et encore moins d'une douzaine de degrés* »[275].

Le géologue J. Evans suggéra aux astronomes d'envisager une autre éventualité et, supposant la Terre remplie de matières en fusion, il pensait qu'une modification de sa charge superficielle l'aurait forcée à changer de 20° sa position par rapport à l'axe initial [276]. Le physicien sir William Thomson, plus connu sous le nom de lord Kelvin, profita du débat pour répliquer que « *la Terre ne peut pas être une masse liquide simplement entourée d'une mince écorce de matière solide* »[277]... « *à sa surface et à des milliers de mètres au-dessous, la rigidité de la Terre est certainement bien moindre que celle du fer; mais à de grandes profondeurs, cette rigidité doit être infiniment plus importante. Quel que soit son âge, nous devons être assurés que l'intérieur est solide... et nous devons absolument rejeter toute hypothèse selon laquelle elle serait constituée d'une pellicule de 30, 100, 500 ou 1000 km d'épaisseur reposant sur un fluide* ». Il démontra que, si notre planète était une masse sans consistance enfermée dans une mince enveloppe « *celle-ci se déformerait si docilement sous l'attraction du Soleil et de la Lune, que l'eau des océans, épousant ses déformations, monterait ou descendrait avec elle et par conséquent, le phénomène de marée n'existerait pas* ».

275 J. Croll, *Discussions on Climate and Cosmology*, 1886, p. 5.
276 J. Evans, *Journal of the Geological Society of London*, xxxiv, p. 41.
277 Thomson, *British Association for the Advancement of Science, Report of the 46th Meeting, 1876, Notices and Abstracts*, 1877, p. 6-7.

En bref, le sujet se réduit à ceci : « *l'hypothèse d'une croûte parfaitement rigide contenant du liquide ne répond pas aux lois géophysiques et parce qu'elle suppose une matière absolument indéformable, elle est contraire à l'Astronomie dynamique* »[278]. Lord Kelvin admettait toutefois qu'un déplacement plus important des pôles serait possible si le globe possédait un noyau solide séparé de la croûte externe par un magma visqueux ; mais il considérait que c'était peu probable et dirigeait son argumentation contre l'hypothèse d'une Terre possédant un intérieur en fusion. George Darwin, partageant l'opinion de l'illustre physicien anglais, publia des calculs destinés à établir que la Terre ne pouvait pas avoir eu de noyau liquide et que sa rigidité devait égaler au moins celle de l'acier[279].

Les efforts pour expliquer l'origine du manteau glaciaire par le déplacement des pôles se réduisaient à néant devant les chiffres des mathématiciens. L'un d'eux exposa clairement sa façon de penser : « *Si les géologues ont l'impression que nous manifestons de l'entêtement en refusant d'admettre la possibilité du déplacement de l'axe terrestre, c'est qu'ils ne s'imaginent pas ce que cela implique... Ils semblent ne pas tenir compte du volume considérable de la Terre et de sa dynamique. Quand un solide tourne rapidement sur lui-même, la position de son axe ne peut varier que sous une contrainte extérieure. Toute nouvelle répartition de ses masses internes n'influence pas l'inclinaison mais seulement la vitesse du corps considéré. S'il se mettait à tourner autour d'un autre axe, toutes ses particules prendraient une direction différente... D'où viendrait l'impulsion susceptible d'opérer cette déviation et d'obliger la Terre à se mouvoir dans un nouveau sens ? Quelle en serait la cause ?* »[280]

En la recherchant au sein même du globe, les géologues ont bâti une théorie tenant compte des modifications du relief terrestre, changements qui, selon les calculs des astronomes, auraient pu déplacer les pôles mais de façon infime et en tout cas insuffisante pour expliquer la

278 Ibid.
279 George Darwin, « A Numerical Estimate of the Rigidity of the Earth », *Nature*, 1882, xxvii, p. 23.
280 *Geological Magazine*, 1878, p. 265.

formation de l'immense calotte glaciaire du tertiaire. L'hypothèse qui semblait la meilleure aux premiers fut rejetée par les seconds et par les physiciens qui ne pouvaient pas non plus présenter d'autres solutions satisfaisantes.

On constata par la suite que des mouvements de marée ( inconnus de lord Kelvin ) se produisent dans l'écorce terrestre. Si minimes qu'ils soient, ils n'en prouvent pas moins que la Terre n'est pas parfaitement rigide. On constata aussi qu'elle est aussi animée d'un insensible mouvement d'oscillation. L'astronome américain Chandler [281] démontra que cela indiquait une rupture d'équilibre.

Simon Newcomb, éminent astronome et mathématicien américain, écrit dans son article : « *Sur la variation périodique de latitude, la remarquable découverte de Chandler, selon laquelle l'apparente variation des latitudes terrestres peut s'expliquer par une révolution de l'axe de rotation autour de l'axe géographique... est en tel désaccord avec les idées admises que je crus tout d'abord devoir douter de son exactitude* ».

Un nouvel examen lui permit toutefois de la justifier sur le plan théorique : « *La théorie montre en effet que l'axe de rotation tourne autour de celui de la sphère au cours d'une période de 306 jours et en sens direct* »[282] ( ouest/est ). Dans son étude intitulée *De la rotation terrestre sous l'influence des actions géologiques* (1889), l'astronome italien Schiaparelli, démontra qu'en cas de déplacement, le pôle d'inertie ( ou de la sphère ) et le nouveau pôle de rotation décriraient des cercles l'un autour de l'autre et que la Terre serait en déséquilibre... « *Notre planète évolue à présent dans ces conditions et son pôle de rotation décrit en 304 jours un petit cercle appelé cercle d'Euler* »[283]. Ce phénomène oscillatoire indique que les pôles se sont déplacés. Il importe maintenant de découvrir les forces qui les y ont obligés.

Schiaparelli écrit : « *On ne peut encore établir de façon incontestable, à l'aide d'arguments astronomiques ou de mécanique céleste, la permanence des pôles géographiques en un point précis de*

---

281 1846-1913

282 Simon Newcomb, *Astronomical Journal*, 1891, xi. Cf. Newcomb, *Monthly Notices of the Royal Astronomical Society*, 1892, lii, n° 35.

283 Des observations ultérieures assignent au cercle d'Euler ou de Chandler, une période de 428 à 429 jours.

*la Terre. Aujourd'hui, leur stabilité semble indéniable, reste à prouver qu'il en a toujours été de même depuis le commencement des temps* »[284]. Il pensait que l'accumulation progressive des effets résultant d'une série de mouvements orogéniques, pouvait, à la longue, détruire l'équilibre de la Terre à condition que celle-ci ne soit pas absolument rigide. « *Le fait que les pôles aient pu changer de place constitue un élément important pour la paléontologie, comme en ce qui concerne la répartition et le classement chronologique de certains organismes préhistoriques. Si cette probabilité devenait certitude, elle ouvrirait de nouveaux horizons pour l'étude des grandes révolutions tectoniques que la Terre a jadis subies. Il est impensable, par exemple que l'équateur ait pu prendre la place d'un méridien sans que se soient manifestées dans certaines régions de fortes tensions horizontales qui auraient ouvert de longues crevasses et provoqué ailleurs, par contrecoup, ces compressions telles qu'on les imagine de nos jours pour expliquer les plissements des couches et la formation des montagnes* ».

Les contraintes exercées sur la sphéroïde terrestre à l'occasion d'un changement de position se manifesteraient selon Schiaparelli, par le dénivellement d'immenses superficies et l'extension des mers peu profondes telles que la Baltique ou la mer du Nord. Il conclut : « *Notre problème du côté astronomique et mathématique touche aux fondements de la géologie et de la paléontologie ; sa solution est liée aux événements les plus grandioses de l'histoire de la Terre* ». Ainsi, un éminent astronome se rangeait à l'avis des géologues après avoir étudié l'ensemble de la question.

Néanmoins, il tenait un raisonnement circulaire : selon lui, les modifications géologiques obligeraient les pôles terrestres à changer de position et l'abandon de leur place respective entraînerait des modifications géologiques et climatiques. Un déplacement lent et graduel des pôles ou une oscillation de l'axe expliqueraient la position géographique de l'ancien manteau glaciaire, mais non les autres phénomènes observés, tels que son étendue et la soudaineté avec laquelle il envahit la majeure partie de la Terre.

---

284 G. V. Schiaparelli, *De la rotation terrestre*, p. 31.

Agassiz ne le niait pas et, pour appuyer l'idée selon laquelle la glaciation s'était produite subitement, il cita Cuvier[285]. Celui-ci mourut avant la théorie des périodes glaciaires, mais il avait compris que seul un brusque changement de climat avait pu anéantir, puis congeler aussitôt après leur mort les grands quadrupèdes sibériens, préservés de toute putréfaction depuis lors... « *C'est pourquoi* », écrivit-il en anticipant de façon prophétique sur la controverse engagée voici plus d'un siècle et qui dure encore, « *toutes les hypothèses tenant compte d'un refroidissement graduel de la Terre ou d'une variation lente, soit de l'inclinaison, soit de la position de l'axe du globe, sont inadéquates* »[286].

**~ La dérive des continents**

Les transformations du relief et les nouvelles répartitions des eaux étant incapables d'expliquer le déplacement des pôles, le problème retombe une fois de plus dans le domaine de l'astronomie. Cependant, avant de chercher à savoir ce qui a pu déplacer l'axe terrestre dans le système solaire, il est nécessaire d'aborder une thèse qui préoccupa pendant plus de 30 ans les géologues, les climatologues et les évolutionnistes.

Selon Alfred Wegener, ce ne sont pas les pôles qui se déplacent, mais les continents puisqu'ils flottent et passent tour à tour par les régions polaires. En août 1950, l'Association britannique pour l'avancement de la science consacra son congrès annuel à l'hypothèse de Wegener. Elle rassembla autant de partisans que d'adversaires ; l'assemblée passa au vote et il y eut ballottage. La décision appartenait au président. Il s'abstint. C'est donc grâce à son impartialité – ou à sa perplexité – que le principe de la dérive continentale près d'être rejeté, ne l'a pas été.

Débattu depuis des années, il eut comme point de départ, « *la parfaite ressemblance des côtes brésiliennes et africaines* »[287]. Cette similitude (ou plutôt cette complémentarité), ainsi que certains traits communs aux flores et aux faunes

285 Agassiz, *Etudes sur les glaciers*, p. 311.
286 Cuvier, *Recherches sur les ossements fossiles*, 2e éd., 1, p. 202.
287 A. Wegener, *The Origin of Continents and Oceans*, 1924, p. 1.

de l'Amérique du Sud et de l'Afrique, suggérèrent au météorologue allemand l'idée qu'à une époque très ancienne, les deux pays étaient juxtaposés. Mais comme d'autres conformités animales et végétales se rencontrent fréquemment ailleurs sur le globe, il supposa que toutes les terres formaient jadis un seul bloc, scindé par la suite en parcelles de tailles différentes qui se seraient séparées les unes des autres. Les géophysiciens ne partageant pas ce point de vue continuent à expliquer les affinités existant entre les plantes et les animaux d'habitats éloignés, par des « ponts terrestres » qui faisaient jadis communiquer les continents ou les reliaient aux îles.

Pour expliquer leur glissement, on admit que la croûte terrestre continentale devait être radicalement différente de celle des fonds océaniques. Cette notion est fondée sur la doctrine vérifiée de l'« isostasie », c'est-à-dire du flottement de l'écorce terrestre sur un magma plastique. On fit appel à une nouvelle terminologie : les masses terrestres de la croûte extérieure furent appelées « sial » (abréviation de silicium et aluminium, éléments qui prédominent dans le sol), et les roches du fond de l'océan « sima » ( de silicium et magnésium ) car il y a de « *bonnes raisons de croire que les roches formant le fond de l'océan, plus basique, contiennent une forte proportion de magnésie* (oxyde de magnésium) »[288]. On pense également que le *sima* supporte des continents et qu'il leur permet de glisser, grâce à sa plasticité.

La théorie de la dérive des continents ne se limite pas à donner raison à la correspondance entre l'Amérique du Sud et l'Afrique, ou à certaines analogies entre les règnes animal et végétal : elle prétend expliquer en outre plusieurs phénomènes géologiques qui le méritent :

1 ) la cause des périodes glaciaires
2 ) la répartition des gisements de charbon
3 ) la formation des montagnes.

D'après Wegener, les sommets se sont élevés à l'aplomb du front des continents flottants, entraînés par la rotation terrestre ; en rencontrant une résistance dans

288 John W. Evans, président de la Geological Society, dans sa préface pour *The Origin of Continents and Oceans* de Wegener.

son glissement sur le *sima* élastique, le *sial* aurait produit des bourrelets plus ou moins importants ; par exemple, lorsque l'Amérique du Sud se sépara de l'Afrique, une élévation se serait formée sur le côté tourné vers le Pacifique, créant ainsi les Andes.

S'il n'y a d'abord eu qu'un seul continent, il n'a pu y avoir qu'un seul océan. Toujours d'après Wegener, c'était le Pacifique. Le fond de l'Atlantique, de formation plus récente, n'est vraisemblablement pas constitué de *sima* comme celui du Pacifique, mais de *sial* en tension ; disons qu'on manque encore de preuves suffisantes pour différencier la composition de leur fond.

La présence de la calotte gelée qui recouvrit pendant une période glaciaire des terres maintenant tropicales s'explique si l'on suppose qu'elles firent jadis partie de l'Antarctique. Cependant leur superficie est telle qu'en les regroupant toutes autour du pôle Sud, beaucoup d'entre elles, qui montrent des signes de glaciation seraient encore trop éloignées des régions arctiques. La théorie exige que ces pays aient occupé successivement la position actuelle de l'Antarctique, chacun subissant à tour de rôle une période glaciaire. Les signes de glaciation en Afrique, en Inde, en Australie et en Amérique du Sud seraient dus au passage de ces continents près du cercle polaire austral.

Idem pour la glaciation qui a régné sur l'hémisphère boréal à une période beaucoup plus récente et qui aurait résulté de la dérive des masses continentales nord-américaines et européennes jusqu'au voisinage du pôle Nord. En effet, celui-ci figure dans le Pacifique, dans l'archipel canadien arctique, au Groenland, au Spitzberg et sur les cartes montrant les répartitions des terres pendant le pléistocène, ou âge glaciaire récent.

Wegener fait remonter la formation des gisements houillers nordiques de l'Alaska et du Spitzberg à l'époque où ces pays, provenant de l'hémisphère sud, occupaient encore des zones tropicales. Si une théorie était en mesure d'expliquer l'origine des montagnes, la cause des périodes glaciaires, les bassins houillers en question et certaines caractéristiques communes aux faunes et aux flores de continents séparés par des océans, on pourrait dire que la complémentarité apparente du contour des côtes brésiliennes et africaines constitue un élément valable pour résoudre d'importants problèmes géologiques et climatologiques. Pourtant, bien des points s'y opposent fortement.

La faible différence existant entre les diverses tensions subies par la croûte terrestre, constituerait selon Wegener, la force provoquant la dérive des continents. Mais l'astrophysicien Harold Jeffreys a calculé que sa puissance est cent milliards de fois trop faible pour le résultat escompté. « *Il n'y a donc pas la moindre raison de penser que le glissement des continents sur la lithosphère soit possible* »[289]. En admettant que cette force ait été suffisante, pourquoi certaines parties de l'Europe, de la Sibérie et de l'Amérique du Nord se sont-elles détachées de la masse commune pour aller vers l'équateur et pourquoi s'en retirèrent-elles ensuite ?

Cherchant une réponse, un scientifique sud-africain proposa une variante à la théorie de Wegener, en imaginant « *une Terre dans laquelle l'amollissement périodique et variable des couches intermédiaires du manteau ( dû à l'effet calorifique de la radioactivité ) permettrait à l'écorce de se déplacer sur le noyau avec d'inévitables plissements* »[290]. Quant aux montagnes, elles ne sont pas toutes disposées en longues chaînes parallèles aux littoraux. Aucune preuve absolue n'est venue confirmer les prétendues successions de périodes glaciaires. En outre, comment expliquer les indices de glaciation dans le sud (on en a relevé en Patagonie, en Nouvelle-Zélande et ailleurs )? Il est donc certain qu'une baisse brutale de température a touché toutes les parties du globe.

Le charbon ne se rencontre pas seulement dans les régions arctiques mais aussi aux antipodes : le continent antarctique a-t-il rejoint la place qu'il occupe en partant

---

289 H. Jeffreys, *The Earth, its Origin, History and Physical constitution*, 2^e^ éd., 1929, p. 304.
290 A. L. Du Toit, *Our Wandering Continents*, 1937, p. 3.

des tropiques ? Dans l'affirmative, quelle force l'y aurait poussé ?

Si la théorie est exacte, le mouvement des continents devrait être actuellement mesurable. Pourtant, lorsque Wegener prétendit que le Groenland se déplaçait encore de nos jours, ni les observations ni les triangulations répétées n'ont appuyé ses dires [291]. Il périt au cours d'une expédition au Groenland en 1930.

Le principe selon lequel les structures des fonds océaniques et des continents sont totalement différentes est en contradiction avec un grand nombre de constatations, bien que la surface des terres ait été mieux explorée que les profondeurs marines. Cette différenciation chimique entre les roches des fonds océaniques ne résiste pas à l'examen de leurs fossiles.

En sondant le fond des mers, les océanographes n'ont pas trouvé les épaisses couches sédimentaires qui devraient les tapisser, si effectivement les eaux les recouvraient depuis l'aube des temps. D'autre part, sur certains continents on a rencontré des sédiments épais de centaines et même de milliers de mètres. En Amérique du Nord, en Europe et en Asie, non seulement de vastes étendues ont été submergées à plusieurs reprises ( des sites particulièrement étudiés, comme le prouvent les gisements de gypse du Bassin Parisien ) mais aussi les chaînes montagneuses les plus élevées et les plus imposantes comme les Alpes, les Andes, l'Himalaya.

Puisque l'océan a jadis recouvert des superficies aussi importantes, à présent il peut aussi bien tenir la place précédemment occupée par des terres. Aujourd'hui, les masses continentales ne changent pas de latitude ; la force physique pour les y obliger serait tout à fait insuffisante. Les gisements houillers de l'Antarctique et la glaciation récente des régions tempérées de l'hémisphère austral s'unissent pour infirmer la théorie de la dérive des continents.

---

291 Note JdL: il va de soi que ces lignes ont été écrites avant la confirmation de la théorie de Wegener. D'ailleurs à cette époque, tous les scientifiques s'opposèrent à sa théorie.

## ~ Modification de l'orbite terrestre

Nous avons montré que cette idée reposait sur des bases fragiles ; il reste à examiner sur le plan théorique trois changements de position du globe ou de son écorce par rapport au Soleil, susceptibles de produire d'importantes variations climatiques ; ils intéressent la forme du trajet suivi par la Terre autour du Soleil, la direction astronomique de l'axe, la position de la croûte terrestre par rapport au noyau central et celle des pôles ( dans l'hypothèse du glissement de l'écorce ).

Actuellement, la forme elliptique ne se modifie que très faiblement. Ce pourrait être une des séquelles de la perturbation subie par la Terre. Mais selon les lois édictées sur la stabilité du système planétaire par Laplace et Lagrange, le parcours orbital est en principe immuable, c'est pourquoi sa légère variation est considérée comme une oscillation ayant une période de très longue durée.

L'obliquité de l'écliptique ( angle formé par le plan de l'équateur avec celui de l'orbite terrestre, 23° 30' ) détermine la succession des saisons ; elle change actuellement de 0° 47' par an « *mais les limites de sa variation sont difficiles à évaluer* [292]»... et diffèrent d'ailleurs selon les mathématiciens : Drayson situait ces variations entre 11 et 35° ; Laplace les estimait tout au plus à 7°, avec une période dont le dernier maximum remonte à 2107 av. J.C., tandis que les calculs de Stockwell donnent moins de 3° [293]. Quelle que soit sa valeur numérique, cette variation pourrait résulter du dérèglement de la course terrestre, mais sa cause étant inconnue, on la considère comme une oscillation régulière.

La Terre est soumise à la précession des équinoxes, due au mouvement conique de son axe. Cette précession entraîne le déplacement des saisons par rapport à la périhélie ( point de l'orbite le plus rapproché du Soleil ). Elle atteint 50° 2 ' par an ; le prolongement de l'axe terrestre décrit un cercle complet en 25.765 ans. Bien que ce phé-

292 Brooks, *Climate Through the Ages*, 2e éd., 1949, p. 102.
293 Ibid.

nomène ait été remarqué en 128 av. J.C. par Hipparque, l'imperfection des instruments avant le XVIe siècle n'avait pas permis de faire des observations assez exactes pour en déterminer la valeur précise. Newton a montré qu'il est produit par l'attraction du Soleil et de la Lune sur le renflement équatorial, mais cela ne dit pas pourquoi le plan de l'équateur s'est incliné par rapport à celui de la révolution terrestre pour atteindre l'angle de l'écliptique.

Le mouvement conique effectué par l'axe du globe ( évoquant celui d'une toupie bousculée après son lancement ) pourrait provenir de la perturbation que la course terrestre a subie dans le passé. Enfin, nous avons déjà mentionné le phénomène du vacillement de l'axe terrestre ( autrement dit le petit cercle qu'il décrit autour du pôle géographique ) ou, mieux encore, le déplacement du pôle qui entraîne de faibles variations de latitude.

En 1864, James Croll formula une théorie vite acceptée par Charles Darwin et d'autres scientifiques qui faisait appel aux modifications orbitales et à la précession des équinoxes pour expliquer les variations climatiques. On y a renoncé depuis car elle exige l'alternance des périodes glaciaires sur les hémisphères nord et sud, et que les faits s'y opposent. Plus récemment, M. Milankovitch a fait intervenir un troisième paramètre – l'obliquité de l'écliptique – pour remédier à certaines imperfections de l'hypothèse proposée par Croll. Toutefois, à en croire les critiques, sa représentation graphique ne concorde absolument pas avec les dates géologiques, et ses variables n'offrent pas de raisons suffisamment valables pour expliquer les violents changements climatiques. En outre, il assigne une longueur arbitraire à l'oscillation de l'obliquité. Aussi peut-on se demander pourquoi il n'y a pas eu de glaciation pendant de longues périodes si le processus se répète à des intervalles calculables.

Une fois encore le débat s'orientait vers un changement plus radical : le déplacement de la croûte terrestre par rapport à son noyau.

## ~ Rotation de l'écorce terrestre

L'idée que l'écorce terrestre flotterait sur un magma en fusion[294] fut exprimée la première fois vers 1850, quand Pratt constata que l'Himalaya n'exerce aucune attraction par gravité que l'on est en droit d'attendre : il ne fait pas dévier un fil à plomb.

Cela surprit l'astronome Airy à un tel point que de prime abord, il ne voulut pas y croire. Puis, il soutint que la croûte (plus légère que le magma dessous) ne devait faire qu'une centaine de kilomètres d'épaisseur, et qu'il devait y avoir dessous des montagnes à l'envers immergées dans le magma plus lourd qu'elles, ce qui expliquerait l'absence d'attraction par gravité[295]. Ceci devait donner naissance à la théorie de l'isostasie.

Le géophysicien hollandais Vening Meinesz contribua largement à sa diffusion comme à l'étude de ses anomalies ( il est curieux par exemple que la gravité s'exerce plus intensément au-dessus des mers profondes ) et constata dans la structure même de la croûte terrestre des indices de violentes catastrophes à l'échelle de la planète. Ce n'est donc pas pour les besoins de la climatologie que la dislocation des continents est acceptée à titre de postulat.

En 1943, Meinesz évalua « *les tensions créées par un changement de position de la croûte solide de la Terre par rapport à son axe de rotation* ». Pour cela, il supposa qu'elle avait partout la même épaisseur et « *devait se comporter comme un corps élastique* ». En la faisant tourner, dit-il, de plus de 66° dans le sens des aiguille d'une montre, l'effet obtenu montre :

> *une corrélation remarquable avec la topographie générale du globe et aussi avec ses principales lignes de cisaillement, comme celles de l'Atlantique, de l'océan Indien, du golfe d'Aden, de l'Afrique et du Pacifique.*
>
> *Si ce résultat n'est pas fortuit ( et ce ne semble pas probable ), nous pouvons admettre que l'écorce terrestre s'est, à un moment quelconque de son histoire, déplacée par rap-*

294 NdT : ou asténosphère.

295 J. H. Pratt: « On the Attraction of the Himalaya Mountains... upon the Plumbline in India », *Philosophical Transactions of the Royal Society of London*, vol. CXLV, Londres, 1855. G. B. Airy, « On the Computation of the Effect of the Attraction of Mountains-Masses », ibid.

*port aux pôles puis fractionnée en plusieurs blocs, dont les délimitations correspondent entre elles* [296].

Or, selon le principe de l'isostasie, la croûte n'a pas partout une épaisseur égale, ses protubérances sont noyées dans un magma très dense et très visqueux ; même si son épaisseur n'est que de 100 km, son déplacement exigerait une force supérieure à celles que l'on peut attendre du système solaire ou de la Terre.

L'idée d'une écorce terrestre changeant de position par rapport à l'axe du globe admet la validité de l'isostasie mais, bien que généralement acceptée, elle ne se prête guère à expliquer la propagation des ondes sismiques autour de la planète[297]. Si la croûte terrestre a, non pas 100 km d'épaisseur, mais trente fois plus[298], comme le pensent certains spécialistes, son glissement nécessiterait une énergie presque aussi grande que pour déplacer le globe entier, en inclinant son axe vers un nouveau point de la voûte céleste. « *Nous sommes fondés à conclure que la lithosphère s'est déplacée pendant les périodes glaciaires et que ces mouvements ont été les causes directes des modifications subies par les climats au cours de ces périodes* »[299]. Pauly, l'auteur de ces lignes, est un ardent propagateur de la thèse soutenue par l'astronome Eddington, dont il s'est servi pour son article intitulé « *The Borderland of Geology and Astronomy* [300] ». Pour lui, les périodes glaciaires ont été produites par le glissement de l'écorce terrestre sur ses bases, glissement qui aurait résulté de la friction des marées ou de l'inégalité de l'attraction lunaire sur les différentes couches terrestres. Cette théorie renonce à chercher dans le tréfonds de la Terre la force capable de déplacer l'écorce tout entière par rapport à son axe qui, en principe, ne devrait pas

---

296 F. A. Vening Meinesz, « Spanningen in de aarrost tengevolge van poolverschuinvingen », dans *Nederlandsche Akademie van Wetenschappen Verslagen*, 1943, vol. LII, n° 5.
297 W. Bowie, « Isostasy », dans *Physics of the Earth*, éd, B. Gutenberg, 1939, ii, p. 104.
298 Ce qui, étant donné le volume du magma, correspond à l'épaisseur de la coquille par rapport au contenu d'un œuf.
299 K. A. Pauly, « The Cause of the Great Ice Ages », *Scientific Monthly*, août 1952.
300 « *La frontière entre la géologie et l'astronomie* ».

dévier. Pour entraîner la lithosphère (écorce) par-dessus le noyau, il faudrait une force moindre que celle requise pour incliner l'axe du globe dans une nouvelle direction, car l'écorce n'est qu'une portion de la masse totale dont dépend le moment cinétique.

Pour déplacer l'axe du noyau, il faudrait donc qu'aucune résistance n'intervienne. Or le renflement équatorial lui imposerait par endroits d'énormes tensions et la puissance énergétique nécessaire ne semble pas exister dans les marées engendrées par la Lune ; de plus, l'effet de friction qu'elles occasionnent agit sur la surface de la Terre d'Est en Ouest : son changement de direction ne dérangerait pas la position des latitudes par rapport au pôle et ne peut avoir provoqué la glaciation.

Eddington considéra le glissement de l'écorce vers le Nord et le Sud comme un fait établi. Pour l'expliquer, il affirma qu'elle avait dévié au cours de son lent déplacement Est-ouest, en rencontrant un surcroît de frottement mais, comme nous venons de le voir, la friction des marées due à la Lune pourrait difficilement permettre à l'écorce de franchir le renflement équatorial. Cette théorie n'est quantitativement pas plus valable que celle de la dérive des continents. Une force motrice plus puissante que la friction des marées ( Eddington ), que les différences de gravité à diverses latitudes ( Wegener ), ou qu'une radioactivité intermittente de la Terre ( Du Toit ) aurait été nécessaire au déplacement de continents ou de toute la lithosphère. Ces idées s'écroulent comme celle de la dérive des pôles basée sur une nouvelle répartition des terres et des mers.

Enfin, la thèse qui tente d'expliquer le déplacement de l'écorce par une augmentation asymétrique des calottes glaciaires est indéfendable : elle fait appel au même phénomène, à la fois comme cause et comme effet des périodes glaciaires.

Nous avons entrepris ici ce rapide survol des idées, inadéquates dans l'ensemble, mais fondées sur le principe rationnel d'un changement de latitude ou de déviation de l'axe, afin de montrer qu'elles ont été rejetées par des géologues, climatologues et astronomes, parce qu'elles n'auraient pas résolu le problème de la répartition géographique des glaces polaires d'antan, un problème dont presque tous les spécialistes semblent étrangement se désintéresser.

Selon le météorologue Wright du Service Géologique de Grande-Bretagne, la seule façon d'expliquer les ères glaciaires est de supposer que « *l'axe de rotation terrestre n'a pas toujours été à la même place* » et... « *puisqu'il est maintenant évident que la Terre a connu de grands changements dans la répartition de ses zones climatiques et que l'un des plus importants, celui du permocarbonifère* [301] *notamment, est dû au déplacement de la position initialement occupée par le pôle, il serait utile de poursuivre les recherches pour savoir si la glaciation quaternaire n'a pas eu une cause semblable* »[302]. Il regrettait que les enquêtes antérieures n'aient pas permis d'expliquer la raison pour laquelle les différentes périodes glaciaires successives se sont reproduites suivant un rythme acyclique. C'est ce qui lui a fait dire : « *De toutes les hypothèses qui ont été avancées sur le sujet, aucune ne traite les faits de façon à inspirer confiance* »[303].

Non seulement l'agent « responsable » a vraisemblablement été plus puissant que toutes les causes évoquées, mais en plus il s'est violemment manifesté plusieurs fois à des intervalles très irréguliers en développant une énergie titanesque. Et c'est ce que nous allons voir des prochains chapitres.

---

301 Epoque ayant précédé l'apparition des grands reptiles.
302 Wright, *The Quarternary Ice Age*, p. 313.
303 Ibid., p. 463.

# ~ 9 ~
# Déviation de l'axe terrestre

## ~ La Terre dans un étau

Le déplacement de l'écorce terrestre exigerait des forces qui n'existent pas au sein du globe et une variation de la direction de son axe en nécessiterait de plus puissantes encore. Mais il va de soi que l'un n'empêche pas l'autre ; les deux entraîneraient un bouleversement des climats. Si l'écorce bougeait, les latitudes suivraient aussi ; les pôles et l'équateur iraient jusqu'à échanger leurs positions réciproques. Si l'axe s'inclinait vers un autre zénith, les saison modifieraient leur ordre et leur intensité ; pendant une partie de l'année, l'une des régions polaires pourrait devenir le lieu le plus chaud de la Terre, puisqu'elle serait soumise jour et nuit aux rayons directs du soleil, comme c'est le cas actuellement pour Uranus.

Dans son ouvrage sur la Terre, Harold Jeffreys demande : « *L'inclinaison de l'axe terrestre sur le plan de l'orbite a-t-il jamais varié ?* » et il ajoute : « *la réponse à la question est un "oui" sans équivoque. La théorie de la friction des marées exige que l'équateur et le plan des orbites terrestres et lunaires coïncident... Or, ils ne coïncident pas* »[304].

On pense que notre satellite a été extirpé de la région équatoriale terrestre par arrachement ; en conséquence, il devrait accomplir sa révolution dans le plan de notre équateur ; mais comme ce n'est pas le cas, il faut qu'il y ait eu un déplacement, soit de l'axe terrestre soit de

---

304 Jeffreys, *The Earth*, p. 303.

la Lune ; la place de celle-ci près du plan de l'écliptique donne à penser que c'est lui qui l'a subi. De même, si dès le début il y avait eu une différence entre les directions des axes de rotation terrestre et de révolution lunaire, l'effet de marée aurait eu pour résultat de la faire disparaître. Jeffreys appréciait à leur juste valeur les travaux de George Darwin qui tentait d'expliquer les positions observées en recourant à plusieurs frictions additionnelles d'un autre ordre ; à son avis, cette hypothèse présentait un défaut et il déclara : « *Le moment angulaire de l'axe terrestre ne peut changer de direction que sous l'influence de couples agissant hors de la Terre* ». Par conséquent, toutes les modifications internes seraient « sans importance » et n'auraient aucun rapport avec les variations de l'axe observées.

Les arguments des astronomes contre celles des géologues étaient acceptables uniquement parce qu'ils démontraient l'incapacité des agents terrestres à y parvenir ; or le fait même du déplacement s'appuie désormais sur des considérations astronomiques de Jeffreys. Quel agent a pu jouer le rôle d'un étau ou d'un frein externe ? Et, encore une fois, est-ce l'effet d'une évolution graduelle ou d'un brusque déplacement ?

## ~ Evaporation des océans

Sachant que la superficie recouverte par la glace pendant la période glaciaire était beaucoup plus vaste que celle des zones arctiques ou antarctiques, à lui seul le déplacement des pôles ne peut expliquer l'origine de la calotte dont on connaît assez bien les différents stades d'expansion ; son épaisseur se situait entre 2 et 4 km, chiffres qui permettent d'obtenir son volume. Le niveau des mers qui ont dû fournir l'eau nécessaire à sa production baissa alors d'au moins 90 mètres. Certains doublent ce chiffre, le triplent, le quadruplent et même le multiplient par sept. Mais pour que tous les océans se soient évaporés dans de telles proportions, transformant le plateau continental en un désert de sable et de coquilles, il a fallu une phénoménale élévation de température.

John Tyndal, physicien britannique du siècle dernier, écrit : « *D'éminentes personnalités ont pensé ( quelques-unes pensent encore ) que la réduction de la température pendant la période glaciaire était due à une diminution temporaire de la radiation solaire. D'autres ont estimé que dans son mouvement à travers l'espace, notre système est passé par des zones extrêmement froides et que beaucoup de glaciers anciens se sont ainsi transformés... Toutes semblent avoir négligé le fait que leur formidable extension démontre avec autant de rigueur l'action de la chaleur que celle du froid... qui, seul, n'aurait pu les produire* »[305].

Cherchant à évaluer l'énergie thermique nécessaire au transport d'eau sous forme de neige jusqu'aux régions polaires, il calcula qu'il fallait en dépenser autant pour chaque livre de vapeur produite, que pour amener cinq livres de fonte au point de fusion. Autrement dit, il aurait fallu une chaleur capable d'élever à plus de 1200° une masse de fonte cinq fois plus grande que celle de glace. Tyndal incitait les géologues à substituer mentalement la fonte à la glace pour qu'ils aient une idée de la température élevée qui a précédé la glaciation et participé à la formation de la calotte. S'il en fut ainsi, aucune des théories sur la période glaciaire ne parvient à son but. Même si le soleil disparaissait, obligeant la Terre à dissiper sa chaleur dans l'espace, toutes les eaux salées et douces gèleraient ; mais il ne se formerait pas de glace sur les terrains émergés. L'importance de la chaleur fut mieux mise en relief par l'astronome Manzel de l'observatoire d'Harvard : « *Si la variabilité solaire est vraiment responsable des périodes glaciaires, je préfère penser qu'elles ont été produites par une augmentation de chaleur et qu'un refroidissement en arrêta le développement* »[306].

Qu'est-ce qui a pu porter tous les océans à ébullition, jusqu'à en évaporer une grande partie et à faire baisser leur niveau, non pas d'un mètre mais de plus de cent ? Cela aurait-il résulté de la décomposition des matières organiques contenues dans les sédiments ? Il va sans dire que cela n'aurait jamais suffi. Or un échauffement extraordinaire dut précéder la formation de la couverture glaciaire et,

305 John Tyndal, *Heat considered as a Mode of Motion*, 1883, p. 191-192.
306 D. Menzel, *Our Sun*, 1950, p. 248.

comme il est généralement admis qu'il y eut vers la fin du tertiaire et le début du quaternaire au moins quatre glaciations pendant lesquelles la glace se forma et se retira à l'occasion de chaque période interglaciaire, il faut que le globe ait connu à une époque géologique récente une élévation de température telle que la part reçue par l'océan aurait suffi à porter au blanc et à faire fondre une énorme masse de fonte ( équivalente à cinq fois celle de la calotte glaciaire ).

Les circonstances au cours desquelles la Terre aurait connu un pareil échauffement sont-elles décelables ? D'après ce que nous venons de voir, il faut admettre que le globe et ses mers ont été chauffés comme dans un haut fourneau lorsque l'homme était déjà sur Terre puisque les temps glaciaires et la période suivante ( dite « récente » ) ont assisté à la naissance et à l'épanouissement de l'humanité. Les laves ont dû bouillonner au fond des océans. Mais alors, quel est l'agent responsable de cette activité thermique souterraine qui s'est manifestée simultanément sur d'aussi vastes surfaces ?

Nous ne pouvons en imaginer aucun qui ne soit extérieur à la Terre. Seul un agent étranger a pu déplacer les pôles ou dévier l'axe. En conséquence, c'est dans l'univers que les partisans des périodes glaciaires doivent chercher les causes d'au moins quatre rencontres avec un champ de force ou un corps céleste. La terre et son atmosphère auraient pu s'échauffer soit à leur approche, soit en rencontrant un amas globulaire ou une nuée de météorites.

Sous cet impact, un déplacement des pôles ou un dérangement de la rotation axiale auraient aussi produit de la chaleur sur tous les points du globe, par conversion d'une partie de son énergie motrice. C'est théoriquement acceptable, mais ce n'est pas la seule possibilité : en pénétrant dans un nuage de poussière électromagnétique, la Terre aurait été le siège de courants électriques superficiels entraînant un effet thermique proportionnel à la charge du champ traversé. Préférant les terrains très conducteurs, ces courants auraient suivi des couches métallifères occupant peut-être les zones relativement profondes de l'écorce, épargnant ainsi la vie en certaines régions et en la détruisant ailleurs. L'élévation de température envisagée aurait pu évaporer une partie des océans, introduire des roches ignées dans des roches sédimentaires, faire jaillir le magma des fissures et rendre actifs tous les volcans.

Le globe est lui-même un gigantesque aimant. Un nuage de poussières ou de gaz chargé électriquement serait comparable à un électro-aimant. Un champ électromagnétique extérieur créerait à la surface de la Terre un phénomène calorifique, déplacerait son axe et ferait aussi varier sa vitesse de rotation. A leur tour, ces modifications renforceraient l'effet thermique amorcé puisque l'énergie cinétique serait convertie en chaleur et réapparaîtrait probablement sous d'autres formes – électrique, magnétique, chimique ainsi que nucléaire – car la radioactivité qui en résulterait aurait également un effet thermique.

Un freinage extérieur, mécanique ou électromagnétique, occasionnerait le déplacement astronomique ou géographique de l'axe et le réchauffement du globe : deux conditions nécessaires et préalables à toute glaciation. Il serait donc logique que les adversaires du catastrophisme s'opposent aussi aux théories des périodes glaciaires.

## ~ Condensation

Dans les pages précédentes, nous avons préalablement établi que la formation de la calotte polaire à l'époque glaciaire résultait d'une importante évaporation des océans ; mais celle-ci n'aurait pas suffi si elle n'avait pas été suivie d'une condensation rapide et totale des vapeurs produites : « *Il a fallu un condensateur extrêmement puissant pour les refroidir au point de les empêcher de retomber en pluie sur terre* »[307].

Une suite d'événements extraordinaires fut donc nécessaire : d'abord la volatilisation partielle des mers, puis une nouvelle liquéfaction, arrêt de la surfusion, enfin accumulation de neige vite glacée sur des zones jusqu'alors tempérées. Ce processus ne s'est certainement pas éternisé. Agissant comme des écrans, les particules en suspension

307 Tyndal, *Heat Considered as a Mode of Motion*, p. 188

auraient entraîné une brusque chute de température et une condensation rapide des vapeurs.

Une poussière d'origine volcanique ou météorique a pu empêcher la lumière et la chaleur solaire de parvenir jusqu'à la basse atmosphère. On a observé que les substances éjectées pendant les éruptions volcaniques stagnent dans l'atmosphère durant plusieurs mois. Après l'explosion du Perbuatan de l'île de Krakatoa[308] le 25 août 1885 par exemple, des particules suspendues à plus de 20.000 mètres de hauteur continuèrent pendant toute l'année qui suivit à entourer le globe d'un voile rendant les couchers de soleil extrêmement colorés[309].

La poussière produite par de nombreux volcans pourrait former un écran capable de s'opposer à la lumière solaire. En fait, l'obscurcissement de la Terre par des nuages volcaniques constitue l'une des théories relatives à l'origine du manteau glacé de certaines époques géologiques. Toutefois, le froid seul, de même que la chaleur seule, n'aurait pas suffi à produire les calottes glaciaires continentales.

Créée par le heurt des fronts froids et chauds, la neige tomberait sur diverses contrées et de véritables déluges se déverseraient ailleurs. Les scientifiques ayant minutieusement prospecté plusieurs pays situés au-delà de l'ancienne calotte ont conclu qu'ils avaient connu d'interminables pluies torrentielles, tandis que d'autres subissaient une glaciation. En étudiant le continent africain, Gregory se rendit compte que l'action de l'eau s'y est manifestée de façon intense au moment où d'autres régions étaient menacées par l'avance de la glace[310].

Il subsiste en plein Sahara des lits de rivières « *inoccupés actuellement* » et qui visiblement ont servi à l'écoulement de grands volumes d'eau. « *On estime qu'ils ont été creusés pendant une ou plusieurs périodes pluviales* » ( Flint ). A cette époque, la hauteur des eaux du lac Victoria dépassait

---

308 Entre Java et Sumatra.
309 Cf. G. J. Symons éd., *The Eruption of Krakatoa: Report of the Krakatoa Committee of the Royal Society*, 1888, p. 40 et suivantes.
310 British Association for the Advancement of Science, *Report of the 98th Meeting, 1930*, 1931, p. 371.

de plus de 90 mètres le niveau actuel ; depuis, le système hydrographique de cette partie de l'Afrique a été complètement modifié[311]. Le niveau du lac salé de Shor Kul dans le Sinkiang s'est abaissé de 107 mètres. Celui du lac Bonneville qui occupait une partie de l'Utah, du Nevada et de l'Idaho et recueillait les eaux pluviales ainsi que celles provenant de la fonte des glaciers montagneux « *se trouvait à plus de 300 mètres au-dessus du Grand Lac salé actuel* ».

Pour des raisons théoriques, certains spécialistes préfèrent affirmer que le monde jouissait d'un climat sec lorsque d'énormes quantités d'eau furent concentrées dans les calottes glaciaires ; mais la météorologie appliquée montre qu'il en fut tout autrement : la neige tomba en abondance et, simultanément, des cascades de pluie descendirent du ciel.

## ~ Une hypothèse de travail

Supposons à titre d'hypothèse de travail que pour une raison inconnue, ou sous l'influence d'un agent quelconque, l'axe terrestre se soit déplacé ou ait été dévié. Que se serait-il passé ? Une intense vibration aurait secoué le globe. L'air et l'eau auraient continué à se mouvoir par inertie ; des ouragans auraient balayé toute la Terre, les mers auraient envahi les continents en y déposant des graviers, du sable et des animaux marins. La chaleur augmentant, les roches auraient fondu, les volcans seraient entrés en éruption, les laves auraient jailli des fissures creusées dans le sol et elles auraient recouvert la plupart des terres.

Les montagnes auraient surgi des plaines et chevauché d'autres montagnes en créant des failles et des déchirures. Les lacs, basculés, se seraient vidés ; les rivières auraient modifié leurs lits ; d'immenses étendues auraient disparu sous les eaux avec leurs habitants, les forêts auraient brûlé ; les ouragans et les mers en furie auraient arraché les arbres et les auraient empilés en énormes amas de branches et racines mêlées.

---

311 L. S. B. Leakey: « Changes in the Physical Geography of East Africa in Human Times », *The Geographical Journal of the Royal Geographical Society*, 1934.

Les mers, abandonnées par leurs eaux, seraient devenues des déserts. D'autre part, si un ralentissement de la vitesse de rotation habituelle avait accompagné le déplacement de l'axe, l'eau des océans, jusqu'alors retenue à la hauteur des zones équatoriales par la force centrifuge, se serait retirée aux pôles ; de grandes marées et des ouragans seraient partis de l'équateur à l'assaut des crêtes himalayennes, auraient pénétré jusqu'au cœur des jungles africaines, emportant rennes et phoques vers les tropiques et les lions du désert en Antarctique. Des blocs de rochers provenant des montagnes éboulées se seraient éparpillés sur de grandes distances ; des troupeaux d'animaux auraient été enlevés par le flot aux plaines sibériennes. Le déplacement de l'axe changerait aussi les climats, faisant pousser des coraux à Terre-Neuve, des figuiers dans le nord du Groenland, des forêts luxuriantes en Antarctique. Si un déplacement brutal de l'axe se produisait, de nombreuses espèces et de nombreux genres d'animaux terrestres et marins seraient détruits ; les civilisations, à supposer qu'il y en ait, se verraient réduites à néant, ou presque.

L'eau océanique évaporée s'élèverait alors en nuages pour retomber en pluies torrentielles et en neige. Les poussières éjectées par l'ensemble des volcans et soulevées par les tempêtes – ou d'origine extraterrestre si une traîne de comète avait causé ce bouleversement – empêcherait les rayons solaires d'atteindre la Terre. La température baisserait au dessous des nuages ; mais près du sol, elle serait supérieure à la normale car le globe surchauffé disperserait cette chaleur dans l'atmosphère par convection.

Abandonnant les cercles arctiques et antarctiques, la glace fondue formerait de grands fleuves. Les glaciers de montagne se liquéfieraient pour inonder les vallées. Sous les hautes latitudes comme dans les zones tempérées, la neige se transformerait en eau, puis, avant d'atteindre le sol, ou immédiatement après, en vapeur. Pendant des mois, voire des années, elle continuerait à fondre en touchant la terre et retournerait à la mer en formant d'imposants cours d'eau qui creuseraient des lits nouveaux et charrieraient d'immenses quantités de débris. Tombant sans cesse sur un monde privé de soleil, la neige, protégée des rayons solaires par l'épaisseur des nuages, finirait par geler et ne se transformerait plus en eau mais en glace. Tout d'abord, elle n'adhérerait pas fermement aux terrains lui servant de support ; les pentes la feraient glisser par divers cheminements vers la mer ; celle-ci se verrait remplie d'icebergs errants qui se heurteraient et libéreraient des pierres et des matières détritiques. D'autres, flottant au-dessus des vallées inondées, s'y débarrasseraient de leurs charges.

Au cours des années, l'incessante action de la neige refroidirait tellement le sol des hautes latitudes qu'il se formerait un manteau glaciaire permanent. La Terre continuerait à tressaillir pendant des siècles, pour se calmer peu à peu ; et les volcans s'éteindraient les uns après les autres.

Ce déplacement catastrophique de l'axe, répété ou non, est une hypothèse de travail. Mais en définitive, tous les effets qu'on pouvait en attendre se sont réellement produits. Si cette hypothèse n'était pas exacte, il faudrait trouver une explication particulière pour chacun des phénomènes mystérieux qui accompagnèrent la fin des périodes géologiques : les montagnes ont jailli du fond des mers... elles ont subi des plissements et des failles :

> *D'où proviennent les forces colossales qui ont courbé, brisé, écrasé les roches des montagnes ? Pourquoi les fonds marins des époques lointaines sont-ils devenus les hauts sommets d'aujourd'hui ? Ces questions attendent toujours des réponses satisfaisantes*[312].

Le climat changea et la couche glaciaire continentale prit naissance :

> *La cause de l'extraordinaire couche de glace qui a recouvert les terres est un mystère déconcertant ; elle restera une question de première importance pour ceux qui auront à résoudre les énigmes de notre planète* [313].

312 C. R. Longwell, A. Knopf et R. F. Flint, *A Textbook of Geology*, 1939, p. 405.
313 Daly, *The Changing World of the Ice Age*, p. 16.

La quasi-totalité de la faune fut détruite : « *Le biologiste est désespéré quand il constate la disparition de tant d'espèces et de genres à la fin du pléistocène* [ période glaciaire ] »[314].

Enfin pourquoi des forêts tropicales ont-elles poussé dans les régions polaires ? Pourquoi une grande activité volcanique s'est-elle manifestée autrefois et pourquoi des flots de lave se sont-ils répandus sur les continents et sur les fonds océaniques ?

Pourquoi les tremblements de terre furent-ils si nombreux et si violents ?

Nous ne pouvons répondre à ces questions qu'en éprouvant de la perplexité, de la crainte et de l'humilité. Si l'on en croit la pensée uniformiste et évolutionniste, les constatations faites en matière de géologie prouveraient que depuis des temps immémoriaux ( et même depuis l'instant où s'est formée notre planète ) les infimes modifications occasionnées par le souffle du vent sur les roches ou les grains de sable roulant vers la mer, ont participé à l'évolution de la nature.

Mais cela ne peut expliquer les grands bouleversements tectoniques et n'inspire aux spécialistes, chacun dans son domaine particulier, que de vaines réflexions.

## ~ La glace et les marées

Sachant que seules des catastrophes à l'échelle planétaire ont pu entraîner la formation et l'expansion de la calotte glaciaire, nous allons maintenant démontrer que la plupart des effets attribués à la glace sont dus à l'assaut des eaux. La simplicité avec laquelle les cataclysmes cosmiques se prêtent pour expliquer l'origine de la couverture glaciaire ne doit pas abuser notre sens critique. Ce sont les mêmes catastrophes qui ont lancé des marées d'une puissance inouïe à l'attaque des continents. Les deux phénomènes, ondes de translation et manteau glaciaire, vont de pair.

D'énormes vagues, dues à l'inertie engendrée par le dérèglement de la rotation terrestre, traversèrent les continents. L'eau océanique se retira de l'équateur lorsque la

314 L. C. Eiseley, « The Fire-Drive and the Extinction of the Terminal Pleistocene Fauna », *American Anthropologist*, 1946.

Terre se stabilisa. Ces tsunamis, auxquels s'ajoutèrent les raz de marée dus aux champs de force extérieurs, ainsi que des déferlements dus aux séismes sous-marins et aux ouragans, furent les principaux agents qui dispersèrent les blocs erratiques, distribuèrent les sédiments marins sur les terres et recouvrirent le sol de détritus charriés.

Invasions des terres par la mer, pluies torrentielles, prodigieuses chutes de neige, inondations causées par la fonte des glaces, icebergs monstrueux à la dérive, tous ces phénomènes contribuèrent à rectifier le relief bouleversé en déplaçant les roches désagrégées, les poussières volcaniques et les cendres météoriques. Les contrées arctiques furent dénudées, leur couverture rapportée disparut. L'aride et immense dalle de pierre du Bouclier Canadien, dont le terreau balayé se déposa ailleurs sous forme d'alluvions, en est le meilleur exemple.

Les terrains erratiques, le creusement des lacs, l'ouverture de certaines vallées et leur engorgement par de l'argile, des rocs et du sable, ont été imputés à la glace. Les adversaires de la théorie glaciaire ont signalé l'effet produit par la couverture actuelle de l'Antarctique : elle y joue un rôle protecteur et non destructif en préservant le sol du pouvoir érosif des éléments, en particulier des vents violents qui y sévissent pendant la majeure partie de l'année.

Pourtant, si elle se déplaçait rapidement, elle pourrait strier la surface rocheuse, ronger et tailler en auge les pentes des vallées grâce aux pierres accrochées à ses flancs ; mais il est douteux que son poids suffise à creuser des cuvettes dans une terre froide et résistante : il sortit du sol chauffé à outrance des flots de magma incandescent, les formations géologiques primitives perdirent leur consistance et les océans, déversant l'eau et les pierres sur la roche et la lave, les marquèrent profondément.

Aussitôt après la constitution de la calotte glaciaire haute comme des montagnes, un nouveau spasme de la Terre fit jaillir la lave sous la glace, qui, ayant fondu, se condensa à nouveau et pesa lourdement sur le sol amolli.

C'est aussi de cette façon qu'elle réussit à le défoncer aux emplacements des futurs lacs et à marquer profondément les terres qu'elle avait précédemment recouvertes.

Avant que soit conçue la théorie des périodes glaciaires, les dépôts dérivés et les blocs erratiques étaient imputés à l'action de vagues gigantesques mais, dès sa divulgation, leur rôle fut contesté. « *On pensait* », écrit J. Geikie, « *que de puissants raz de marée s'étaient rués sur les continents, avaient franchi irrésistiblement les montagnes comme les vallées, en entraînant d'énormes quantités de roches, de pierres et de débris* »[315]. Cette thèse supposait cependant « *l'existence préalable d'un agent que les conditions naturelles ne semblent guère indiquer* ». Un adversaire récent de la théorie, sir Henry H. Howorth, cherchait l'origine de ces raz de marée dans la brusque érection de massifs montagneux ou dans un séisme consécutif à l'effondrement des fonds océaniques[316].

Comme nous l'avons vu, une perturbation de la rotation du globe a pu provoquer les transgressions marines et concourir à la formation de la couverture glaciaire sur les continents ; elle a dû remodeler le profil de l'écorce terrestre en la surélevant çà et là et en nivelant les montagnes. Cela donna souvent lieu à d'extraordinaires résultats.

A titre d'exemple, citons la description – ancienne mais non périmée – du territoire comprenant le Maine, le Michigan et le New Jersey, donnée par Whitney, professeur de géologie à Harvard. Dans son ouvrage sur les changements climatiques des époques récentes, il disait en parlant de cette région : « *les phénomènes de glaciation y montrent le plus haut degré de complexité. Nous sommes très embarrassés quand il s'agit de résoudre le problème posé par la dérive vers le Nord du Nord-est des Etats-Unis...*

*Extrême variété du sens des striations ; preuve de l'existence d'une ancienne mer sur une grande partie de ces terres et de marais lacustres sur d'autres étendues non moins considérables ; énormes accumulations de matériel détritique incontestablement déposé par l'eau ; curieuse présence en divers lieux de blocs erratiques dont le*

315 J. Geikie, *The Great Ice Age and its Relation to the Antiquity of Man*, 1894, p. 25-26.
316 H. L. Howorth, *The Glacial Nightmare and the Flood*, 1893, p. xx.

*transport ne saurait être assimilé à ce que la glace accomplit aujourd'hui sous nos yeux ; dépôts de graviers, de sables et de pierres alignées d'une manière qui rappelle de près celle des moraines scandinaves (ou Osar) ; preuves de la prédominance de conditions climatiques rigoureuses pendant la période glaciaire dans les zones où l'on constate les apports de matières dérivées tandis que dans d'autres régnait un climat plus chaud que celui dont nous jouissons actuellement; telles sont quelques-unes des difficultés que doivent affronter ceux qui entreprennent d'étudier la dérive vers le Nord du Nord-est américain* »[317].

Ces phénomènes énigmatiques s'expliqueraient à la rigueur par la succession de périodes chaudes intermédiaires, par la déformation de l'écorce et aussi par la submersion des terres qui a suivi la fonte du manteau glaciaire, mais ce n'est pas toujours possible. Par exemple, à Holderness, dans le Yorkshire, on trouve des os de phoques et de morses avec des mollusques d'eau douce originaires de climats chauds « *malgré l'anomalie de ces éléments, le dépôt est classé comme interglaciaire* »[318]. On rencontre aussi dans des couches similaires, sur le territoire de ce même comté, des restes d'hippopotames.

Des déductions sur la couverture glaciaire sont issues de l'observation des glaciers alpins. Cependant, ils obligent les pierres à descendre le long des pentes et ne leur font pas prendre le chemin inverse ; aussi, cette question vient-elle à l'esprit : « *La glace pourrait-elle hisser des matériaux jusqu'en haut des montagnes ?* »[319] On rencontre très souvent des blocs erratiques en des lieux où, de toute évidence, elle ne les a pas transportés.

Au cours de ses voyages, Charles Darwin apprit qu'il y en avait aux Açores, îles très distantes de la calotte glaciaire. Cummings en a signalé près du principal sommet de l'île de Man, en mer d'Irlande ; seules des vagues ont pu les y apporter[320]. Au Labrador, on voit des blocs enfoncés dans le flanc des falaises : seul un raz de marée a pu les y placer. Nous avons déjà dit qu'en Inde, à une époque gla-

317 J. D. Whitney, *The Climatic Change of Later Geological Times*, 1882, p. 391.
318 Flint, *Glacial Geology*, p. 342.
319 G. F. Wright, *The Ice Age in North America*, p. 634.
320 J. G. Cummings, *Isle of Man*, p. 176-178.

ciaire plus ancienne, des débris et des blocs avaient été transportés non pas depuis la terre en direction de la mer, mais au contraire vers l'intérieur du pays, jusque sur l'Himalaya ; et, à partir des basses latitudes, mais pas en sens inverse, ce qui eût été plus normal. Les baleines fichées sur les hauteurs du Vermont et du Québec y ont été drossées par une irruption de l'Océan.

La profusion des blocs erratiques répandus autour du globe – couvrant parfois d'immenses superficies – pose le problème de leur origine. Qu'ils aient été déplacés par la glace ou par les marées, ils ont dû être arrachés en grand nombre aux montagnes à une époque où ces deux éléments entrèrent en action. Secoués par les tremblements de terre, les massifs montagneux ont dû s'échauffer et se fendre ; sans doute furent-ils aussi bousculés, tordus et déchiquetés lorsque les mers débordèrent et précipitèrent leurs vagues sur les sommets rougis par le feu.

### ~ Inversion des pôles magnétiques

Lorsque la roche est liquéfiée, elle n'a aucune susceptibilité magnétique ; mais refroidie à environ 580° – point de Curie – elle acquiert un magnétisme ( dont le sens dépend du champ terrestre ) qu'elle conserve une fois refroidie. Elle le retiendrait, même si elle était déplacée ou si l'orientation magnétique de la Terre était modifiée.

Il y a sur tout le globe des formations rocheuses présentant un renversement de polarité[321]. « *Nous avons maintenant assez d'expérience pour donner la seule explication plausible à cette magnétisation inverse : le sens du champ magnétique terrestre était déjà contraire à l'époque où les roches ont été formées* »[322]. Par ailleurs, on admit qu' « *aucun effet local connu, mécanique ou électromagnétique ne peut causer une telle inversion sur une aussi grande échelle* »[323].

---

321 A. McNish, « On Causes of the Earth's Magnetism and its Changes » dans *Terrestrial Magnetism and Electricity*, éd. J. A. Fleming, 1939, p. 326.
322 H. Manley, « Paleomagnetism », *Science News*, juillet 1949, p. 44.
323 Ibid., p. 56-57.

Plus étonnant encore, les roches dont la polarité est inversée sont bien plus fortement magnétisées que ne peut le faire le champ terrestre. Lorsqu'elles atteignent 580° au cours de leur refroidissement, les laves ou les roches ignées soumises à un flux d'induction conservent une charge plus forte que celle qu'elles acquerraient dans le même champ magnétique à la température ordinaire ; mais la valeur de cette différence ne dépasse pas le double[324]. « *Or le magnétisme rémanent de ces roches est 10, voire 100 fois supérieur à celui que le champ terrestre aurait pu leur communiquer. C'est l'un des plus étonnants problèmes posés par le paléomagnétisme, non encore résolu bien que les faits soient établis* »[325].

Nous nous trouvons donc devant une énigme de plus en plus dense. La cause de l'inversion du champ magnétique dans les roches est inconnue et le phénomène contredit toutes les théories cosmologiques. De plus, le magnétisme rémanent des roches à polarité inversée est extraordinaire. Ensuite, il faut savoir qu'une déviation éventuelle de l'axe sous l'influence d'un champ magnétique extérieur aurait pour conséquence de générer à la surface de la Terre des courants dits « *de Foucault* » qui produiraient à leur tour un champ magnétique opposé.

La force du champ créé par ces contre-courants dépendrait de la valeur du champ extérieur et de la vitesse de rotation du globe. Les couches, soumises à l'effet joule résultant, se liquéfieraient. Le phénomène s'accompagnerait d'une recrudescence de l'activité volcanique et de l'intrusion de matières ignées dans les sédiments superficiels. Les roches fondues acquerraient leur état magnétique définitif en atteignant le point de Curie, puis, redescendues au-dessous de cette température, elles conserveraient l'orientation du champ magnétique prédominant. Il est évident qu'un champ extérieur, capable de déplacer l'axe terrestre en peu de temps, devrait être extrêmement puissant.

Nous avons donc les trois conséquences escomptées : il y eut des écoulements de laves et les roches ignées

324 L'intensité de l'état magnétique acquis dépend de la vitesse de refroidissement de la lave, et de la forme, de la grosseur et de la composition de ses particules.
325 H. Manley, « Paleomagnetism », *Science News*, juillet 1949, p. 59.

formèrent entre autres des dykes [326] ; les roches chauffées acquirent une orientation magnétique inversée ; enfin l'intensité de leur magnétisation est plus forte que celle qui pourrait être produite par le champ terrestre. Ces constatations recoupent les idées formulées dans les sections précédentes et prouvent qu'elles n'étaient pas dénuées de fondement.

Dans un récent article de S. K. Runcorn ( Université de Cambridge ), on peut lire que « *Les pôles géomagnétiques Nord et Sud ont inversé leurs positions plusieurs fois... Le champ s'interrompait soudainement et se reformait avec une polarité opposée* »[327]. Les faits prouvent de plus en plus que la Terre a fréquemment inversé son champ : « *Les changements notables de sa vitesse de rotation deviennent alors plus explicables* ». On estime que les courants induits (électriques) parcourant la surface du noyau donnent naissance au magnétisme terrestre : « *Quel que soit le mécanisme qui le régit, il est, sans aucun doute, lié d'une certaine façon à la révolution du globe, fait qui conduit inévitablement à une remarquable constatation sur le mouvement de la Terre autour de son axe* ». Selon Runcorn, cette « *remarquable constatation* » est que « *l'axe de rotation terrestre a également changé – ce qui revient à dire qu'en vacillant, la planète a déplacé ses pôles géographiques* » ( Runcorn est l'un de ceux qui ont relevé les différentes positions occupées par le pôle nord géographique ).

Le problème suivant consistait à situer dans le temps, le moment où le champ magnétique terrestre s'est inversé pour la dernière fois. Une étonnante découverte a permis d'apprendre que cet événement s'est produit au cours du premier millénaire avant notre ère et, plus exactement, vers – 800. Cela fut possible grâce aux mesures effectuées sur des poteries étrusques et grecques cuites au four. On sait, en effet, que les Anciens les maintenaient en position verticale pendant leur cuisson ; l'inclinaison magnétique des particules de fer contenues dans les coulées de vernis indique quel était alors le pôle magnétique le plus proche.

---

326 NdT: filon de roche ignée qui remplit les crevasses.
327 S. K. Runcorn, « The Earth's Magnetism », *Scientific American*, septembre 1955.

Dès 1896, Giuseppe Folgheraiter entreprit une série de recherches sur les vases attiques et étrusques en commençant par ceux du VII^e^ siècle av. JC. Il en déduisit qu'à cette époque le champ magnétique terrestre s'était inversé en Italie et en Grèce[328]: ces deux pays se trouvaient plus près du pôle magnétique Sud que de celui Nord.

En analysant une collection bavaroise de pots remontant à la période dite de « Halstatt » ( vers 1.000 av. JC ), ainsi que d'autres appartenant à l'âge de bronze occidental trouvés dans les grottes voisines du lac de Neuchâtel, le Genevois Mercanton s'aperçut qu'aux environs du X^e^ siècle avant notre ère, la direction du champ magnétique différait très peu de la norme actuelle ; pourtant, les poteries qu'il venait d'étudier étaient antérieures aux vases grecs et étrusques sur lesquels avait travaillé Folgheraiter, mais ayant vérifié la méthode et les résultats de celui-ci, Mercanton les trouva parfaits.

Forel découvrit à Boiron-de-Morges sur le lac de Genève un vase brisé dont les fragments avaient été dispersés. Quand on les rassembla, ils montrèrent tous la même orientation magnétique, ce qui prouve encore que le champ terrestre n'a pas pu changer celle acquise par l'argile lors de sa cuisson et de son refroidissement[329]. Ces recherches poussées ont fait l'objet d'une série d'articles publiés à Lausanne par le professeur Mercanton, du Service Météorologique Universitaire Suisse ; ils démontrent que le champ magnétique terrestre, qui était très peu différent de ce qu'il est aujourd'hui[330], fut perturbé pendant le VIII^e^ siècle av. JC ou immédiatement après, au point d'être complètement inversé[331].

---

328 G. Folgheraiter, dans *Rendi Conti dei Licei*, 1896, 1899. *Archives des sciences physiques et naturelles* (Genève), 1899. *Journal de physique*, 1899. P. L. Mercanton, « La Méthode de Folgheraiter et son rôle en géophysique », *Archives des sciences physiques et naturelles*, 1907.
329 *Bulletin de la Société vaudoise des sciences naturelles, séance du 15 décembre 1909.*
330 NdT: en valeur absolue.
331 Manley dit que « *la possibilité d'inversion du champ magnétique terrestre au cours des temps historiques, il y a 2.500 ans, est à vérifier par des recherches supplémentaires* ». Toutefois, la date la plus exacte, selon les travaux de Folgheraiter et de Mercanton serait le VIII^e^ siècle avant notre ère, ou peu après.

Ces époques ont donc connu les grands bouleversements cosmiques décrits dans *Mondes en Collision*[332]. Pendant l'un de ces cataclysmes, le parcours solaire sembla s'inverser et donna l'impression qu'un dérangement du mouvement terrestre venait de se produire.

## ~ Volcans, tremblements de terre, comètes

L'océan Pacifique est littéralement ceinturé d'une longue chaîne de volcans. Faisons un rapide tour de piste dans le sens contraire des aiguilles d'une montre en commençant côté Amérique du Sud : les Andes, qui s'étendent sur toute la côte Ouest de ce continent, sont semées de nombreux sommets volcaniques parmi les plus hauts du monde ; le Cotopaxi culmine à quelques 5900 mètres. Les Andes n'ont atteint leur altitude actuelle que depuis l'époque de l'homme moderne. Du magma s'est introduit sous les roches et les a surélevées ; puis, partout où il a réussi à se frayer un passage vers la surface, il a jailli par les fentes du sol et a formé des cratères maintenant éteints. L'Amérique Centrale est truffée de volcans éteints ou inactifs ; le plus élevé, au Mexique s'est manifesté il y a trois siècles. Il sont rares aux Etats-Unis mais n'ont cessé toute activité que depuis peu – géologiquement parlant. Côté Nord, le Pacifique est entouré d'un arc de cercle volcanique qui part de l'Alaska et passe par la péninsule du Kamtchatka, les îles Kouriles et les Aléoutiennes. Côté asiatique, l'archipel du Japon en contient des dizaines, la plupart se sont éteints récemment. Fin du tour de piste: ils pullulent sur les îles Volcano bien nommées ( sud-est du Japon ), à Taiwan, aux Philippines, sur les îles de la Sonde ( sud-ouest de Indonésie ) et sur les Moluques ( archipel dans l'est de l'Indonésie ). Beaucoup y étaient encore actifs il y a peu de temps.

Enfin, cerise sur le gâteau, au beau milieu de l'océan Pacifique, les îles Sandwich ou Hawaii : elles en comptent 15, tous éteints ou en sommeil, sauf Mauna Loa et Kilauea, deux des plus grands volcans sur Terre. « *Comment ce cône de 4.000 mètres a-t-il surgi du fond de la mer profonde ?* »[333]

332 Ed. Le Jardin des Livres, 2003.
333 Daly, *Our Mobile Earth*, p. 91.

Lors de l'éruption du Mauna Loa en 1855, la lave, plus rapide qu'un cheval au galop coula sur le sol à la vitesse de 65 km/h. Lorsqu'en 1883 explosa l'île de Krakatoa ( détroit de la Sonde ), il en jaillit une colonne de pierre ponce et de cendres haute de 27 km ; des vagues hautes de 30 mètres transportèrent des bateaux à vapeur à plusieurs kilomètres à l'intérieur des terres. Les effets sur la marée se firent sentir sur la côte Est de l'Afrique et la côte Ouest de l'Amérique, jusqu'à l'Alaska ; le bruit de la détonation s'entendit à Ceylan, aux Philippines et même au Japon, pourtant éloigné de 5.000 km, ce qui équivaut à une explosion produite à Londres et perçue à New York. Et l'éruption d'une des quatre cimes du Bandai au Japon en 1888 dispersa près de trois milliards de tonnes de matières. Mais ces manifestations tardives ne sont que des jeux d'enfants en comparaison des forces qui, dans le passé, contribuèrent à l'érection des Andes, creusèrent les 650.000 km$^2$ de l'immense région du Dekkan ( la péninsule de Inde ) pour la faire ensuite disparaître sous des centaines de mètres de lave, dressèrent les dykes de lave à travers l'Afrique du Sud, en étalèrent sur le plateau de Columbia aux Etats-Unis et en tapissèrent le fond du Pacifique.

L'océan Indien n'est pas en reste : de Java, île pleine de volcans de tous ordres, jusqu'au Kilimandjaro, volcan éteint mais qui domine l'Afrique de l'Ouest avec ses 5.800 mètres, l'océan Indien est entouré de volcans, son fond constitué de lave, son centre parsemé d'îles volcaniques. Une chaîne de cratères inactifs longe le littoral arabique de la mer Rouge ; leurs dernières éruptions remontent à quelques centaines d'années, celle de Killis ( Syrie du Nord ) à 1222, celle d'Aden, à 1253[334].

Dans la région méditerranéenne, Théra ( Santorin ) est encore actif ou en sommeil: il y eut une éruption d'une force inhabituelle vers 1500 av. JC. L'Etna en Sicile, le Stromboli et le Vulcano aux îles Eoliennes sont en activité. En revanche, le continent européen ne compte plus qu'un seul volcan actif, le Vésuve. Dans le passé, la France et les îles Britanniques ont connu une activité volcanique intense

334 Moritz, *Arabien, Studien zur physicalischen und historischen Geographie des Landes*, p. 12.

et, bien que généralement datées à l'époque tertiaire, certaines coulées de laves, cônes et cratères d'Auvergne « *présentent un tel état de fraîcheur, que leurs dernières éruptions semblent remonter à quelques générations seulement* », nous dit sir Archibald Geikie[335].

Dans l'Atlantique Nord, l'Islande ne compte pas moins de 107 volcans principaux et... des milliers de cratères, petits et grands ; aucun n'est vraiment très ancien mais la plupart sont éteints. L'île est aussi couverte de lave coagulée et de fissures. Et aussi bizarre que cela puisse paraître, c'est une des rares régions où l'on a pu voir pendant les temps modernes la lave sortir du sol, justement par ces fissures, sans qu'il y ait formation de cratères.

En descendant vers le Sud, on rencontre les îles volcaniques que sont les Açores, les Canaries, l'archipel du Cap-Vert, Ascension et Sainte-Hélène dont certaines ont jailli du fond de l'océan ; elles se sont assagies, comme la plupart des nombreux volcans connus du fond de l'Atlantique. En Patagonie, les coulées de lave étaient assez fréquentes encore récemment ; la plus grande partie des terres comprises entre les Andes et l'Atlantique en est couverte.

En tout sur Terre, le nombre des volcans actifs ou en sommeil est évalué à environ 400-500, contre une foule d'autres éteints. Pourtant, il y a cinq ou six siècles, beaucoup étaient en effervescence, ce qui permet d'imaginer l'importance de leur activité à une époque séparée de la nôtre par quelques millénaires seulement. Compte tenu des taux d'extinction observés par l'homme moderne, ceux qui ne sont pas encore éteints le seront d'ici quelques siècles.

On suppose que les mouvements et les fractures de l'écorce externe terrestre favorisent les éruptions volcaniques mais on ne connaît pas « *le processus qui a produit ces mouvements, problème qui est loin d'être résolu* ». Cependant on peut noter une certaine coïncidence de lieu et de temps entre les plissements des montagnes et les formations des volcans, facteur important pour expliquer l'origine de ces derniers.

335 A. Geikie, *The Ancient Volcanoes of Great Britain*, 1897, p. viii.

Toute la surface de la lune est couverte de mers de lave et de cratères. « *Quiconque l'a observée ne serait-ce qu'avec un télescope peu puissant n'est pas prêt d'oublier cette vision d'une immense catastrophe : un flot de lave en fusion qui a englouti et effacé sur son passage les cratères et... les cimes de ses montagnes* »[336]. Que ces cicatrices – ces cratères dont certains ont plus de 240 km de diamètre – résultent de l'impact d'énormes météorites, ou qu'elles soient les bouches de ses volcans éteints, ou encore, comme je l'ai écrit dans *Mondes en Collision*, qu'elles soient le résultat d'une activité bouillonnante de la surface lunaire en fusion, la face visible de la lune prouve sans conteste possible qu'elle a participé à des événements catastrophiques de dimensions planétaires. La théorie de l'uniformité ne peut s'enseigner que par des nuits sans lune.

De même, si l'on en juge par leurs effets, les secousses sismiques d'autrefois ont dû revêtir une importance considérable. « *Les tremblements de terre actuels* » écrit Eduard Suess dans *Das Antlitz der Erde* ( La Surface de la Terre ) « *ne sont à vrai dire que les timides imitations des mouvements telluriques révélés par la structure de presque toutes les grandes chaînes de montagnes* (...) *structure qui indique des cataclysmes épisodiques d'une violence si indescriptible et irrésistible que l'imagination refuse de suivre la raison* »[337].

Suess estimait que la formation des montagnes avait déjà pris fin quand l'homme est apparu, mais nous savons aujourd'hui qu'elle s'est prolongée jusqu'à une époque récente, par conséquent l'homme a dû certainement assister aux grands séismes qui ont ébranlé notre planète.

Quand les Andes s'élevèrent en Amérique du Sud, d'après ce qu'en dit R. T. Chamberlin, « *des centaines ou même des milliers de km de la masse terrestre, presque instantanément projetés vers le ciel produisirent un violent tremblement de terre qui se répercuta... dans le monde entier. Parmi les séismes qui ébranlèrent notre planète, beaucoup ont dû être des sous-produits de l'élévation de ces Sierras* »[338].

---

336 O. Struve, notes sur *The Planets, Their Origin and Development*, par H. Urey, dans *Scientific American*, août 1952.
337 E. Suess, *The Face of the Earth*, 1904, 1, p. 17-18.
338 Chamberlin, dans *The World and Man*, éd. Moulton, p. 87.

C'est, rappelons-le, à l'époque de l'homme qu'elles ont atteint leur hauteur actuelle.

Si l'on accorde crédit aux chroniques de l'ancien Orient et à celles de la période classique concernant l'historique des tremblements de terre, leur nombre a de quoi surprendre. Pour ne citer qu'elles, les tablettes babyloniennes conservées à la bibliothèque de Ninive, où les découvrit sir Henry Layard, comme certaines annales romaines, sont édifiantes : en une seule année (217 av. JC), elles en signalent 57 à Rome même, au moment des guerres puniques.[339]

Tout cela montre bien que la force et la fréquence de l'activité sismique a brusquement diminué ; mais cela indique aussi qu'une ou des *tensions* ont eu lieu récemment : les tremblements de terre ne sont en fait que des réajustements de la strate terrestre, ils atténuent la *tension* qui s'exerce sur cette couche géologique.

Une théorie ( celle d'Alexis Perrey ) largement divulguée par les manuels scolaires rattache les séismes actuels à la position du corps céleste le plus proche de nous, c'est-à-dire la lune. Ils sont plus fréquents quand elle est pleine, quand elle est nouvelle, quand elle croise le méridien d'une localité, et quand elle passe au plus près de la Terre. Hormis le dernier cas, les éphémérides du siècle dernier semblent corroborer cette théorie. Si elle est exacte, c'est dans la sphère céleste qu'il faut chercher les tensions que les séismes atténuent, et plus nous sommes éloignés ( dans le temps ) des tensions, moins nombreux et violents sont les séismes.

Enfin, la courbe statistique d'un troisième phénomène naturel tend à décroître. Le nombre des comètes répertoriées depuis la Renaissance ne représente qu'une infime partie de celles qui furent observées pendant un laps de temps comparable. Alors que de nos jours on n'en décèle guère plus de trois par siècle dans l'hémisphère Nord sans recourir à l'emploi d'un télescope, il est certain que sous la Rome antique, voilà 1.900 ans, ces corps céles-

339 Pline, *Histoire naturelle*, p. 86 du texte anglais de Bostock et Riley.

tes étaient si courants qu'on les associait aux faits politiques tels que l'avènement d'un empereur, à ses victoires ou à sa mort.

On en voyait souvent plus d'une à la fois ; certaines étaient spectaculaires et brillaient même en plein jour. Quand elle s'approche du Soleil, une comète émet une traîne de gaz et de poussières : on pense que toute cette matière ne devrait pas retourner vers la tête. Celle de Halley réapparaît tous les 66 ans ; elle aurait par conséquent formé et perdu sa queue environ 40 millions de fois en fonction de l'âge du système solaire ( l'âge qui lui est ordinairement attribué ); une perte aussi souvent répétée aurait depuis longtemps réduit son corps à néant.

Dans les temps modernes, plusieurs comètes de courte période ( voire qui reviennent plus souvent que Halley ) ne se sont pas présentées au rendez-vous prévu et ont disparu. Le nombre de celles appartenant au système solaire décroît de plus en plus.

Selon une hypothèse formulée par Swine et citée par H. Pettersson, « *les météorites doivent être des phénomènes célestes relativement récents, cantonnés aux 25.000 dernières années, absents pendant les millions d'années précédentes* »[340].

La diminution rapide de la luminosité des comètes périodiques indique que le ciel a connu une activité inhabituelle au cours du passé géologique récent. D'après les estimations prudentes de l'astronome russe S. K. Vsehviatsky[341] ( 1953 ), cette activité eut lieu il y a seulement quelques millénaires.

On considère généralement que l'activité volcanique est liée aux secousses sismiques, que les secousses sismiques sont une réaction à une tension et qu'à son tour, la tension est due à des forces extérieures à la Terre. Or, ces trois phénomènes naturels sont en régression.

340 Pettersson, *Tellus* (*Quarterly Journal of Geophysics*), i, 1949, p. 4
341 Voir dans le supplément la référence aux travaux de Vsehsviatsky.

# ~ 10 ~
# Il y a 3500 ans

## ~ Une horloge jamais révisée

Nous pouvons déterminer le temps qu'ont pris les lacs pour recueillir les boues charriées par la fonte des glaciers ; les fleuves pour former leurs deltas ; les cascades pour creuser leurs lits dans les roches ; les nappes d'eau stagnantes pour accumuler leurs sels. Nous savons d'après l'état de leurs coquillages, combien de temps s'est écoulé depuis que certaines plages se sont surélevées et nous calculons, grâce à leur taux d'érosion, l'âge des roches volcaniques. En comptant les couches d'argile et de vase, nous obtenons le nombre d'années nécessaires à la formation des dépôts. En examinant les anneaux annuels de vieux troncs d'arbres, nous savons quand ont eu lieu les changements climatiques qui se sont reflétés dans leur croissance. Les restes d'espèces animales disparues ou existant encore ( leur apparence, leur place sur l'échelle de l'évolution, leur état de fossilisation ) nous aident à les situer dans une période géologique ; le radiocarbone des matières organiques nous permet de savoir à quand remonte la mort d'un végétal ou d'un animal, et le fluor des os nous donne l'époque de son enfouissement ; enfin, en étudiant les objets façonnés et les couches archéologiques, nous pouvons dater les restes d'humains et d'animaux ; et même la comparaison des pollens mêlés aux ossements et aux outils de pierre polie, nous permet de dresser une chronologie des variations climatiques.

Ce ne sont pas les seules façons de compter le temps; on peut mesurer la quantité des sédiments sur les fonds océaniques, déterminer le taux de salinité des océans et le comparer avec l'apport de sel continental ; ou encore analyser la composition des roches pour connaître la proportion de plomb ( plomb qui résulte de la décomposition de leurs éléments radioactifs ).

Mais ces moyens, notamment les deux derniers, sont utilisés pour compter le temps en millions d'années, ils ne permettent pas de compter en dizaines de millénaires, et encore moins en millénaires.

Parmi les méthodes employées pour déterminer le temps de fonte de la couverture glaciaire, on a jugé que celle de G. de Geer était suffisamment précise. Elle consiste à compter les couches annuelles de vase et d'argile ( ou varves ), grossières en été et fines en hiver, qui pendant la période glaciaire se sont déposées au fond des cours d'eau et des lacs gelés en surface de la côte suédoise. De Geer calcula qu'il a fallu environ 5.000 années pour que fonde la calotte glacière située entre Schonen ( à l'extrême sud de la Suède ) et les montagnes du nord, où subsistent encore des glaciers. On ne trouve nulle part 5.000 couches de ce genre, mais de Geer chercha des séries de varves similaires ( présentant le même dessin ), persuadé que les séries situées à un étage élevé dans un lac au sud se répéterait à un étage plus bas dans un lac plus au nord. Il procéda ainsi, de lac en lac, à près de 1.500 examens.

Mais pour dater la fin de l'époque glaciaire de Geer dut recourir à des hypothèses. Il avança le chiffre de 4.000 années au sujet du temps de fonte de la glace entre Leipzig et le sud de la Suède ( zone où on ne trouve pas de varves ). Ce qui nous fait déjà 9.000 années de « fonte ». Qui plus est, il supposa que c'est au début du néolithique – qu'il situait en 3000 av. JC – que la calotte glaciaire avait définitivement disparu. Il aboutit ainsi à ce résultat : la glace avait commencé à fondre en 12.000 av. JC. La région de Stockholm serait donc totalement libérée des glaces depuis environ 10.000 ans. D'autres scientifiques interprétèrent à leur façon les relevés effectués par de Geer ; pour eux, ils indiquaient que la couverture glaciaire avait commencé à fondre il y a 25.000 ou même 40.000 ans[342]. La méthode fut appliquée à l'Amérique du Nord et donna les chiffres que les explorateurs attendaient, à savoir entre 35.000 et 40.000 ; d'immenses étendues sans la moindre varve furent délibérément comprises dans cette évaluation.

De Geer étendit ses calculs, basés sur le synchronisme des varves, à des pays aussi éloignés de la Suède que les uns des autres ( en Asie centrale et Amérique du Sud). On lui objecta qu'une phase de sécheresse en Scandinavie n'avait pas forcément coïncidé avec une période sèche dans l'Himalaya ou les Andes et que, par conséquent sa « téléchronologie » était basée sur une hypothèse erronée. Malgré cela elle fut utilisée en Europe du Nord et en Amérique du Nord, et considérée comme une horloge des temps géologiques très fiable. Résumer le décompte des varves d'un lac desséché à un autre lac est une opération délicate, où les opinions subjectives remplacent souvent les méthodes objectives. Quand aux estimations au sujet des espaces sans varves, elles sont particulièrement arbitraires[343].

En 1947, un procédé des plus ingénieux pour savoir depuis quand un organisme est mort, fut mis au point par W. F. Libby de l'Université de Chicago. Cette nouvelle méthode de datation repose sur le fait que les rayons cosmiques traversant l'atmosphère séparent les atomes d'azote en hydrogène (H) et en radiocarbone (C 14) ou carbone comportant deux électrons supplémentaires, donc instables ou radioactifs.

Le radiocarbone entre dans la composition de l'air ; il est absorbé par les plantes sous forme de gaz carbonique ; de fait, il pénètre ainsi dans l'organisme des animaux végé-

342 Chamberlin, dans *The World and Man*, éd. Moulton, p. 93. Daly, *Our Mobile Earth*, p. 189-190. Schuchard,: *Vorgeschichte von Deutschland*, 1943, p. 3.

343 E. Antevs, « Telecorrelation of Varves curves », *Geologisma Förhandlingar*, 1935, p. 47. A. Wagner, *Klimaänderungen und Klimaschwankugen*, 1940, p. 110.

tariens, et en fin de course, dans celui des carnivores. Toutes les cellules animales et végétales vivantes en contiennent à peu près la même quantité ; une fois mortes, elles n'en assimilent plus et le radiocarbone qui subsiste se décompose comme toute substance radioactive : au bout de 5.568 années, il a diminué de moitié ; passé à nouveau 5.568 années, il a encore diminué de moitié et il n'en reste que le quart de la quantité initiale. On brûle l'échantillon à analyser ( morceau de bois ou de peau ), la teneur en radiocarbone des gaz de sa combustion est mesurée avec un compteur Geiger. Le résultat est paraît-il exact pour les matières organiques âgées de 1.000 à 20.000 ans ; les os et les coquillages ne s'y prêtent pas parce que le carbone organique disparaît facilement au cours de leur fossilisation et qu'il est remplacé par celui des eaux de ruissellement et par des sels minéraux.

Grâce à cette technique, le premier résultat obtenu en matière de chronologie glaciaire, fut que la fin de la période glaciaire s'est trouvée fortement décalée : loin de se retirer il y a quelques 30.000 ans, la glace aurait continué à avancer et se serait arrêtée il y a 10.000 ou 11.000 ans[344]...

Ce résultat est en nette contradiction avec les chiffres obtenus par la méthode des varves en Amérique du Nord[345], mais cette forte réduction n'est pas définitive.

Selon le professeur Frederick Johnson, président de la commission de sélection des échantillons à étudier[346], l'analyse au radiocarbone révèle des « *exceptions difficiles à éclaircir* ». Dans de nombreux cas, la réduction des temps escomptés était si grande que, comme seul recours, Libby envisagea la possibilité d'une « *contamination* » par le radiocarbone ; mais dans beaucoup d'autres cas, « *la raison de ces différences ne peut pas être expliquée* ». D'une façon générale, les mesures indiquent que « *le déroulement des événements géologi-*

---

344 F. Johnson, dans *Radiocarbon Dating* de Libby, 1952, p. 105.
345 Antevs, « Geochronology of the Glacial and Neothermal Ages », *Journal of Geology*, 1953, LXI, p. 195-230. Cf. aussi *Geografiska Annaler*, 1926, H4, où G. de Geer sit.ue le retrait de la calotte glaciaire dans la région de Toronto à il y a environ 9750 ans. [NdT:autour de 7.820 av. JC]
346 Commission pour le Carbone 14 de l'American Anthropological Association et de la Geological Society of America.

*ques a été plus rapide qu'on ne l'avait antérieurement supposé* »[347]. Suess, du service géologique des Etats-Unis, a récemment signalé que du bois ( qui était à la base d'une interstratification de marne bleue, de tourbe et de détritus charriés ) ayant été daté de la dernière glaciation du Wisconsin, n'avait en fait que de 3.300 années ( d'après l'analyse au radiocarbone ), avec une erreur possible de 200 ans en plus ou en moins, c'est-à-dire qu'il remontait seulement au milieu du 2e millénaire avant notre ère[348]. Plus récemment encore « *on a constaté qu'une avance glaciaire s'est produite dans les montagnes de l'ouest des Etats-Unis il y a environ 3000 ans* »[349].

En fait, il existe déjà toute une accumulation de résultats analogues et qui ne cadrent pas avec la thèse admise, et cela même en considérant que la période glaciaire a pris fin il y a 10.000 ans. Le professeur Johnson déclare : « *Pour le moment, nous ne sommes pas en mesure de prouver si les dates valides, les "non valides" ou les « 'idées présentes" sont dans l'erreur* »[350]. Il ajoute : « *Tant que le nombre des mesures opérées ne suffira à expliquer les contradictions soulevées par d'autres enseignements apparemment dignes de foi, il faudra continuer à rassembler toutes les données disponibles avant d'émettre des jugements de validité* ».

Dans le même esprit, je présente plus loin un examen des résultats obtenus par d'autres procédés, particulièrement en ce qui concerne la datation de la dernière glaciation.

Libby reconnaît que l'exactitude de sa méthode dépend de deux suppositions :

> 1 ) pour les derniers 20 000 ou 30 000 ans, la quantité des radiations cosmiques traversant notre atmosphère a été constante.
>
> 2 ) pendant la même période, le volume d'eau des océans n'a pas changé.

---

347 Johnson cité par Libby dans *Radiocarbon Dating*, p. 97, 99, 105.
348 NdT: entre 1850 et 1450 av. JC.
349 *Science*, 24 septembre 1954 et 8 avril 1955.
350 Johnson, dans *Radiocarbon Dating* de Libby, p. 106.

En fait, une petite partie seulement du radiocarbone créé par ces radiations est assimilé par les plantes et les animaux, c'est-à-dire par ce que l'on appelle la biosphère ; une quantité infime entre dans la composition de l'air ; l'eau des océans absorbe tout le reste.

Libby insiste sur l'importance de ces facteurs. Il s'ensuit que, si des catastrophes se sont produites autrefois dans l'espace intersidéral, les rayonnements cosmiques ont pu atteindre la Terre avec une intensité variable. J'ai l'intention de montrer dans un prochain ouvrage que le niveau des océans et leur teneur en sel ont notablement augmenté au cours d'un âge géologique récent.

Compte tenu de ces réserves j'attends avec confiance que, dans le domaine de la géologie, le nombre croissant des résultats par radiocarbone « *difficiles à éclaircir* » mène à une totale révision des dates des périodes glaciaires[351].

## ~ Le lac glaciaire Agassiz

Le plus grand lac glaciaire de l'Amérique du Nord, Agassiz, couvrait autrefois la région maintenant occupée par les lacs Winnipeg et Manitoba, par des lacs du Canada et par des parties des états centraux du nord des U.S.A. Il était à lui seul plus grand que les cinq Grands Lacs tributaires du Saint-Laurent ; l'étude de ses sédiments montre qu'il a existé pendant à peine 1.000 ans – laps de temps extrêmement court. Elle indique aussi que la couverture glaciaire (qui lui avait donné naissance) avait disparu au cours d'événements catastrophiques. Le glaciologue américain Warren Upham avoue que « *la brièveté de l'existence des lacs (formés par la fonte de la couverture glaciaire) prouve la soudaineté de la fonte, soudaineté géologique dont il est presque aussi difficile de déterminer les causes et les conditions climatiques que d'expliquer les changements qui avaient conduit de conditions douces et chaudes à une condition prolongée de froid et où la glace s'accumulait* »[352].

351 Dans le domaine de l'archéologie, les analyses au radiocarbone 14 confirmeront je pense, que la période de la XVIII^e dynastie égyptienne doit être réduite de 500 à 600 ans et que celles des XIX^e et XX^e doivent l'être d'au moins 700 ans, comme je le soutiens avec *Ages in Chaos* (Note JdL: paru sous le titre *Le Désordre des siècles*, éd. Le jardin des Livres, juin 2005).
352 W. Upham, *The Glacial Lake Agassiz*, 1895, p. 240.

Non seulement ce lac n'a « vécu » que quelques centaines d'années ; non seulement la fonte de la couverture glaciaire a été rapide ; mais cette fonte a dû se produire récemment : en effet, l'érosion de ses rives montre qu'il existait encore il n'y a pas très longtemps.

Upham a également reconnu que son littoral n'est pas horizontal et donc que son basculement s'est produit, lui aussi, à une époque récente. Bien que l'étude d'Upham remonte à 1895, ses conclusions n'ont jamais été infirmées. Il écrivait aussi : « *Un autre indice prouve que très peu de temps nous sépare de la fonte finale de la couche glaciaire en Amérique britannique : c'est le merveilleux et parfait état de conservation de la striation glaciaire et du poli des roches les plus dures.* (...) *Il semble impossible que les roches soumises au climat rigoureux de ces régions nordiques aient aussi bien résisté à l'érosion plus de quelques milliers d'années*[353] »... Il insista sur « *ces durées étonnamment brèves comparées à la véritable histoire humaine, ou au long passé géologique* ».

Comment s'est formé le lac Agassiz? Comment a-t-il disparu? Tout ce qui le concerne est énigmatique mais il est clair qu'il y a quelques milliers d'années à peine, des conditions catastrophiques présidèrent à sa naissance et à sa fin.

### ~ Les chutes du Niagara

Lorsque Lyell visita les chutes du Niagara pendant son voyage aux Etats-Unis, un des riverains lui dit qu'elles reculaient de 90 cm chaque année. Et il estima ceci en se disant que les gens exagéraient toujours un peu : depuis que les chutes ont commencé leur travail d'érosion ( donc depuis l'époque où la région a été libérée de sa couverture glaciaire ), il a fallu plus de 35.000 ans pour creuser leur gorge ( en l'occurrence comprise entre Kingston et le lieu des chutes au moment de son voyage ).

Et voilà, ces 35.000 ans ont été souvent repris dans les manuels comme représentant le temps écoulé depuis la fin de la période glaciaire. Et on ne modifia pas d'un pouce cette évaluation quand une étude des archives et registres anciens fit savoir que depuis 1764, les chutes avaient reculé

353 Ibid., p. 239.

de 1,5 mètre par an et que de ce fait, 7.000 ans auraient suffi pour creuser la gorge ( avec un processus d'usure de la roche constant ). Mais c'était ne pas prendre en compte un autre phénomène : dès l'instant où le manteau glaciaire a commencé de fondre, un torrent s'est mis à charrier des détritus abrasifs, et l'érosion a dû être bien plus rapide au début. Il avait sans doute fallu moins de 7.000 ans.

Selon G. F. Wright, le chiffre de 5.000 ans serait une évaluation plus réaliste[354]. L'érosion et les sédiments des bords du lac Michigan montrent aussi qu'il s'est écoulé quelques millénaires et non pas des dizaines depuis le début du processus[355].

En 1920, lors de forages pratiqués pour la construction d'un pont de chemin de fer, on s'aperçut que la partie médiane de la gorge[356] contenait un dépôt spécial ( couche épaisse d'argile à blocaux ), indiquant qu'elle avait été creusée une fois, puis comblée par divers débris, et, au cours du quaternaire, à nouveau creusée mais partiellement et par les chutes[357]. Cette constatation ne nous aide absolument pas à fixer la durée d'érosion des chutes, elle nous complique plutôt le travail, mais elle prouve néanmoins ceci : la période postglaciaire fut bien plus courte qu'on ne le pense généralement, même en considérant que l'effritement de la roche est de moins de 1,22 mètre par an, d'après les toutes dernières observations.

En effet, R. F. Flint de Yale, écrit : « *Nous avons été obligés de remonter vers la partie la plus en amont du défilé (la Grande Gorge supérieure), dont l'origine glaciaire ne fait aucun doute. De nouvelles mesures faites par W. H. Boyd ont montré que le recul est actuellement, pour la chute du Fer à cheval, non pas de 1,5 mètre, mais plutôt de 1,16 mètre par an. C'est pourquoi l'ancienneté de la Grande Gorge supérieure est évaluée à un peu plus de*

354 G. F. Wright, « The date of the Glacial Period », *The Ice Age in North America and its Bearings upon the Antiquity of Man*.
355 E. Andrews, *Transactions of the Chicago Academy of Sciences*, vol. II.
356 NdT : la Whirlpool Rapids Gorge of Niagara Falls, qu'on pourrait traduire par « Gorge des rapides Whirpool » des chutes du Niagara.
357 W. A. Jonston, « The Age of the Upper Great Gorge of Niagara River » *Transactions of the Royal Academy of Canada*, série 3, vol. 22, section 4, p. 13-29. F. B. Taylor, *New Facts on the Niagara Gorge*, Michigan Academy of Science, 1929, XII, p. 251-265.

*4.000 ans – et encore, pour obtenir ce* [ petit ] *chiffre il a fallu supposer que la vitesse de recul n'ait pas changé, bien que nous sachions que le débit a dû considérablement varier pendant les temps postglaciaires* »[358].

En tenant compte, comme il se doit, de ce dernier facteur, l'âge de la Grande Gorge supérieure du Niagara se situerait entre 2.500 et 3.500 ans. La glace s'est donc retirée pendant l'époque historique, à une date comprise entre 1500 et 500 avant notre ère.

### ~ Le glacier du Rhône

On détermine l'âge d'un glacier en mesurant les débris de roche qu'il abandonne en fondant. Le géologue suisse Albert Heim estime à 16.000 ans celui de la Muota, rivière glaciaire qui se jette dans le lac des Quatre-Cantons ( à côté de la ville suisse de Lucerne ).

Un de ses compatriotes, géologue aussi, F. A. Forel, entreprit d'évaluer le volume de boue et de débris de roche déversé par le glacier du Rhône au fond du lac Léman[359]. Il aboutit au chiffre approximatif de 12.000 ans, temps nécessaire au déversement dans le lac et temps qui nous sépare du plus fort de la dernière glaciation. En fait, ces estimations étaient très inférieures à ce qu'on attendait. Le résultat de ses recherches montre la courte durée de la période postglaciaire, et même la courte durée de la période glaciaire si l'origine du lac Léman est plus ancienne ( 1ère période glaciaire ).

L'éminent géologue français A. Cochon de Lapparent, contemporain de Heim et de Forel, est parvenu à une conclusion encore plus étonnante. Ayant pris comme base la progression moyenne de certains grands glaciers actuels ( la mer de Glace, pour ne citer qu'elle, avance de 50 cm

---

358 Flint, *Glacial Geology and the Pleistocene Epoch*, p. 382. C. W. Wolfe, professeur de géologie à l'université de Boston, écrit dans *This Earth of Ours, Past and Present*, 1949, p. 176: « *Une estimation assez précise du recul qui se produit dans la partie du Fer à cheval indique que les chutes se déplacent vers l'amont à la vitesse surprenante de 5 pieds par an » (1,50 mètre).*

359 Ce glacier alimente aussi le Rhône.

par 24 heures ) il calcula que le glacier du Rhône aurait mis 2.475 ans pour aller du Valais jusqu'à Lyon, limites qu'il avait atteint « au plus haut de sa forme ». Puis, en comparant ses moraines frontales ( pierres et débris de roche ) à celles de glaciers actuels, il parvint à nouveau à une estimation de 2.400 ans. Il finit par conclure que toute la période glaciaire avait été très courte, ce à quoi s'opposa Albert Penck, un autre géologue en renom[360].

Celui-ci ne se fondait pas sur un refus de ces chiffres, mais recourait aux changement évolutifs qui avaient eu lieu pendant les intervalles entre les différentes périodes de glaciation. La divergence entre les opinions des deux scientifiques fut si grande que les centaines de millénaires ( thèse de Penck ) furent ramenés à quelques milliers d'années seulement par les calculs de Lapparent!

Penck estimait que la période glaciaire ( avec 4 périodes de glaciation et 3 périodes intermédiaires ) avait duré un million d'années : chaque période devaient avoir pris au moins 100.000 ans. Il se fondait sur ces réflexions : combien de temps a-t-il fallu pour produire des changements dans la nature si nulle catastrophe ne s'est produite? Et combien en faudrait-il pour produire des changements chez les animaux avec un processus qui, de nos jours, agit si lentement qu'il est quasiment imperceptible ? Carl Schuchardt, dans son livre sur l'Europe ancienne, *Alteuropa*, conseille à ses pairs de ne pas rester sourds à certains travaux, comme ceux de Lapparent. Il leur dit : prenons par exemple la couche de tuf calcaire d'Erhingsdorf, près de Weimar, dans laquelle du calcium s'est déposé pendant toute la période interglaciaire. Et supposons ensemble que les processus géologiques aient toujours été ce qu'ils sont aujourd'hui ( à savoir lents ). Et supposons « *même que, pour toutes sortes de raisons imaginables, le dépôt de calcium ait été ralenti au point d'être 10 fois plus lent qu'aujourd'hui, nous obtiendrions encore un chiffre de 3.000 ans et non de 100.000* ! »[361]

---

360 A. Penk, « Das alter des Menschengeschlechts », *Zeitschrift fûr Ethnologie*, 1908, XL, p. 390 et suiv.
361 *Alteuropa*, 1929, p. 16. Idem, *Vorgeschichte von Deutschland*, 1943, p. 3.

Si l'on applique le principe d'analyse quantitative et si l'on admet que le chiffre de Lapparent est à peu de chose près exact, l'avancée maximum du glacier du Rhône remonte à une date indubitablement comprise dans l'histoire humaine.

Une récente investigation scientifique « sur le terrain » a révélé que de nombreux glaciers des Alpes n'ont pas plus de 4.000 ans. Cette étonnante découverte a rendu nécessaire la déclaration suivante : « *La plupart des glaciers alpins actuels ne sont pas des survivants de la dernière glaciation, comme tout le monde le croyait jusqu'à présent – mais ils se sont créés aux environs des 4.000 dernières années* »[362].

## ~ Le Mississippi

Le Mississippi charrie plusieurs milliards de tonnes de débris de roche par an, dont une grande partie se dépose dans son delta. Dès 1861, Humphreys et Abbott calculèrent son âge grâce aux mesures des débris et des sédiments du delta. Ils obtinrent le chiffre peu élevé de 5.000 ans pour le delta et datèrent la formation du Missis-sipi à environ 3.000 av. JC.[363]. Cependant, à la toute fin de l'âge glaciaire, les eaux de fonte de la calotte dans le Nord ont dû charrier via les torrents d'énormes quantités de débris de roche dans le Mississipi et dans son affluent, le Missouri ; il convient donc de réduire nettement ce chiffre ( on admet que, quand la glace continentale a commencé à fondre, elle a fait déborder les Grands Lacs, et l'eau est passée par le Mississippi pour se déverser dans le golfe du Mexique car le Saint-Laurent était encore gelé ).

Les chutes de Saint-Anthony, situées sur le Mississipi et près de Minneapolis, ont creusé une longue gorge dans le sol rocheux. Entre 1870 et 1880, elles donnèrent lieu à une étude des cartes topographiques qui portaient sur 200 ans. N. H. Winchell déduisit que les chutes avaient reculé de 74 cm. Si leur vitesse de recul avait été constante, elles

362 Flint, *Glacial Geology*, p. 491. Cf. R. von Klebelsberg, *Geology von Tirol*, 1935, p. 573.
363 Humphreys et Abbot: *Report on the Mississippi River*, 1861, publication de l'armée américaine.

auraient pris naissance il y a 8.000 ans environ[364]. Mais là encore, la violence du courant a dû entraîner de nombreux débris abrasifs...

Après avoir parcouru les Etats du nord-est et étudié le lac Champlain, J. D. Dana se rallia à l'idée selon laquelle des inondations prodigieuses, d'une ampleur inimaginable avaient accompagné la fonte de la couverture glaciaire : sur tout le cours inférieur du Connecticut, le niveau dépassait de 60 mètres la marque actuelle des hautes eaux[365]; et s'il en fut ainsi pour cette vallée, rien ne s'oppose à ce qu'il en ait été de même pour celle du Mississippi. Par conséquent la gorge formée par les chutes de Saint-Anthony est vraisemblablement plus récente que l'indique le calcul de Winchell, même si son chiffre a déjà été considéré comme trop bas.

Le long débat sur les résultats des chutes du Niagara et de Saint-Anthony montra la nécessité de poursuivre l'enquête ailleurs : de préférence à l'embouchure d'un cours d'eau alimenté par un glacier existant et facilement observable, ce qui était le cas de la Bear River ( torrent se jetant dans le canal de Portland, à la frontière de l'Alaska et de la Colombie britannique ). En 1934, G. Hanson, se basant sur trois études faites entre 1909 et 1927, calcula très précisément l'apport annuel de sédiments dans le delta et conclut que le delta était « *âgé de 3.600 ans seulement* »[366].

Le glacier qui alimente la Bear River s'était formé et avait commencé à fondre vers 1.600 av. JC.

### ~ Les fossiles de Floride

Sur le littoral atlantique de la Floride, à Vero, on a trouvé en 1915 et 1916 des restes humains mêlés à des ossements d'animaux de l'ère glaciaire ( pléistocène ); la plupart de ces animaux avait disparu, rayés de la planète comme le smilodon ( tigre à dents de sabre ) ou effacés de l'Amérique, comme le chameau.

---

364 *Minnesota Geologic and Natural History Survey for 1876*, 1877, p. 175-189.

365 G. F. Wright, *The Ice Age in North America*, p. 635.

366 G. Hanson, « The Bear River Delta, British Columbia, and its Significance regarding Pleistocene and Recent Glaciation », *Royal Society of Canada, transactions*, série 3, vol. 28, section 4, p. 179-185. Voir aussi Flint, *Glacial Geology*, p. 495.

La découverte suscita immédiatement un vif intérêt chez les géologues et... les anthropologues : il y avait là aussi un matériel archéologique des plus importants, comme des poteries, des outils en os etc. Alès Hrdlicka, du Smithsonian Institute de Washington et anthropologue réputé ( qui, d'une façon générale, n'admettait pas l'existence de l'homme en Amérique à l'époque glaciaire ), écrivit que « *l'état culturel avancé, prouvé par la poterie, l'outillage en os et les pierres travaillées apportés de très loin, implique la présence d'une population nombreuse, répartie sur de vastes étendues, familiarisée avec l'usage du feu, la cuisson des aliments et toutes les techniques primitives ordinaires* » ; les restes humains et les objets ne pouvaient pas être « *d'un âge comparable à celui des restes fossilisés auxquels ils sont associés* »[367].

Seulement Alès Hrdlicka publia également les conclusions, signées de W. H. Holmes[368] qui avait expertisé les poteries rapportées de Vero; c'étaient des bols « *semblables à ceux dont les tribus indiennes de Floride se servaient couramment* » ; les récipients de Vero, un fois comparés de plus près à ceux de Floride ( qu'on avait trouvés dans des tumulus ) ne présentaient « *aucune différence notable de matière, d'épaisseur des parois, de fini des bords et des surfaces, de couleur, d'état de conservation, de dimension et de forme* » : ils « *sont identiques* ». Il semble qu'il n'y ait pas « *la moindre raison de penser que les poteries de Vero appartiennent à d'autres peuplades que les tribus indiennes constructrices de tumulus en Floride, à l'époque précolombienne* ».

Restait la question des ossements humains ( avec leur ustensiles ) trouvés parmi les restes d'espèces animales disparues. L'homme qui avait fait cette découverte extraordinaire, E. H. Sellards, géologue de Floride et paléontologue compétent, écrivit lors du débat qui a suivi : « *Les ossements humains sont des fossiles qu'il est normal de rencontrer dans cette couche. Ces ossements humains sont contemporains des vertébrés trouvés à côté et cela se détermine par* [ 4 facteurs ] : *leur place dans*

367 « Preliminary Report on Finds of Supposedly Ancient Human Remains at Vero, Florida », *Journal of Geology*, 1917, XXV. NdT: autrement dit, ces hommes n'ont pas vécu au milieu des chameaux et des smilodons, ils sont venus après, mais ils étaient « enterrés » ensemble !

368 Conservateur en chef du département d'anthropologie au National Museum des Etats-Unis.

*la formation en question ; la façon dont ils se présentent ; leur promiscuité avec les ossements des animaux ; leur degré de minéralisation (...) égal à celui des os des animaux* ». Il est clair pour lui que c'est « *la preuve que l'homme a atteint très tôt l'Amérique, et qu'il était présent sur ce continent en association avec la faune du pléistocène* [ période glaciaire ] »[369]. Mais les partisans de Hrdlicka ne partagèrent pas ce point de vue ; ils prétendaient que l'homme était arrivé très tard sur le continent américain et la présence des poteries prouvait à leurs yeux que les ossements humains étaient récents. Les crânes, bien que fossilisés, ne différaient pas de ceux des Indiens d'Amérique actuels.

Un peu plus tard entre 1923 et 1929, et toujours en Floride, on trouva d'autres restes d'humains et d'animaux : « *un mélange, remarquablement riche, d'os d'animaux, dont beaucoup représentent des espèces qui se sont éteintes à la fin du pléistocène ou peu après* »[370]. L'auteur de cette découverte, J. W. Gidley, du National Museum, établit sans équivoque possible qu'à Melbourne comme à Vero, les ossements humains appartenaient à la même couche et étaient dans le même état de fossilisation que ceux des espèces animales disparues.

Là encore on avait trouvé des objets façonnés : « *les pointes de flèches, les alènes*[371] *et les épingles* » de Melbourne et Vero étaient de la même technique que celles des sites indiens anciens[372].

La somme de toutes ces considérations et les autres d'ordre anthropologique et géologique prouvent selon Rouse, qui a récemment examiné ces fossiles de Floride, que « *l'homme de Vero et de Melbourne a dû vivre environ entre*

369 « On the Association of Human Remains and Extinct Vertebrates at Vero, Florida », *Journal of Geology*, 1917, XXV. NdT: c'est bien le terme « association » qui est utilisé ici et que nous aurions pu également traduire par « fréquentation ». Mais la fréquentation des tigres à dents de sabre nous posait quelques soucis... Sellards a sans doute choisi le terme « association » pour signifier: 1) que les hommes vivaient en même temps que cette faune ; 2) que leur vie était liée à celles des animaux, au sens où ils en tirait profit puisqu'il est fait mention d'outillage en os.

370 J. W. Gidley, « Ancient man in Florida », *Bulletin of the Geological Society*, vol. XL, p. 491-502. J. W. Gidley et F. B. Loomis, « Fossil Man in Florida », *American Journal of Science*, 5e série, vol. 12, p. 254-265.

371 NdT: poinçon servant à percer les cuirs.

372 On compte 2000 sites dans la région.

*2.000 et 1500 av. JC* [373]»... Mais cela ne résout pas le problème de la coexistence d'animaux disparus et d'hommes antérieure à 2.000 av. JC.

Les géologues ont raison : les restes humains et les objets façonnés de Vero et de Melbourne ont le même âge que les fossiles des espèces animales éteintes.

Les anthropologues ont tout autant raison ; les restes humains et les objets façonnés datent du 2e ou du 1er millénaire avant notre ère.

La seule façon de sortir de ce dilemme est d'admettre que certaines espèces animales aujourd'hui disparues vivaient encore parmi les hommes dans un passé récent, entre 2.000 et 4.000 av. JC, qu'une catastrophe, véritable paroxysme de la nature, s'est abattue sur tous, les a littéralement entassés et a annihilé de nombreuses espèces animales, et enfin que cette catastrophe s'est produite au cours du 2e ou du 1er millénaire avant notre ère.

## ~ Les lacs du Grand Bassin et la fin de l'époque glaciaire

La chaîne de la Sierra Nevada ( du nord au sud de la Californie ) s'élève entre le Grand Bassin ( plateau situé plus à l'est au Nevada ) et l'océan Pacifique et elle s'oppose ainsi au drainage des eaux du Grand Bassin vers l'océan. Les lacs Albert et Summer ( en Oregon, au nord de la Californie ) n'ont aucun débouché ; ils sont les restes d'un immense lac glaciaire, le Chewaucan. Les eaux salines de ces deux lacs ont été étudiées par W. Van Winkle du Service géologique des Etats-Unis, qui écrit : « *En se fondant sur leur concentration et leur superficie, sur la composition des eaux qui s'y déversent, sur le taux d'évaporation, une estimation prudente donne* [ à ces deux lacs ] *4.000 ans d'âge* »[374].

Si cette conclusion est exacte, la période postglaciaire ne remonte pas à plus de 4.000 ans ( ce qui signifie que la période glaciaire s'est terminée vers 2.000 av. JC ! ).

373 I. Rouse, « Vero and Melbourne Man », *Transactions of the New York Academy of Science*, série II, vol. 12, 1950, p. 224 et suiv.

374 Walton Van Winikle: « Quality of the Surface Waters of Oregon », U.S. Geological Survey, Water Supply Paper 363, Washington, 1914.

Etonné des résultats qu'il avait lui-même obtenus, il se perdit en conjectures et finit par penser que les dépôts salins du Chewaucan pouvaient être cachés par les sédiments des lacs Albert et Summer...

Le lac Owens, lui, est situé à l'est du mont Whitney ( point culminant de la Sierra Nevada ). Il est alimenté par la rivière Owen et n'a pas non plus de débouché. A une époque lointaine, un plus grand apport d'eau le fit déborder. Après avoir analysé ses eaux et celles de la rivière, H. S. Gale conclut qu'il avait fallu 4.200 ans à la rivière pour lui apporter le chlore et 3.500 ans pour l'approvisionner en sodium. Ellsworth Huntington, de Yale, trouva ces chiffres trop élevés parce qu'ils ne tenaient pas compte, entre autre, de la possibilité de fortes pluies dans le passé ( dilution ) ; en conséquence, il ramena l'âge du lac à 2.500 ans[375].

Le Lahontan, autre grand lac d'autrefois, couvrait 22.000 $km^2$ ; situé dans le Grand Bassin, il n'avait pas de débouché sur la mer. Quand son niveau a baissé, il s'est divisé en plusieurs lacs séparés par des terrains désertiques ; l'étude entreprise par Russell du US Geological Survey démontra qu'il ne s'était jamais complètement asséché et que les lacs actuels Pyramid, Winnemucca et Walker étaient tout ce qui avait subsisté du Lahontan[376]. Selon lui, ce lac avait existé pendant l'ère glaciaire et connu les différents stades de glaciation. Il trouva aussi dans ses sédiments des os d'animaux de cette époque.

Plus récemment, le Lahontan et ses lacs « survivants » furent à nouveau explorés par J. Claude Jones et l'Institut Carnegie de Washington publia les résultats de ses recherches sous le titre de *Geological History of Lahontan Lake*[377]; en étudiant la salinité des lacs Pyramid et Winnemucca, et de la rivière Truckee qui les alimente, il s'aperçut que cette dernière pouvait avoir apporté tout le chlore aux deux lacs en 3.881 ans; un « *calcul analogue, basé sur la proportion de sodium* (...) *donna 2.447 ans* ». Son étude minutieuse

375 *Quarternary Climates*, monographies par J. Claude Jones, Ernst Antevs et Ellsworth Huntington (Carnegie Institution of Washington), 1925, p. 200.
376 I. Russell, « Geologic History of Lake Lahontan », U.S. Geographical Survey, Monographie 11 , 1886.
377 Jones, Antevs et Huntington, *Quarternary Climates*.

l'incita à partager l'opinion de Russell, à savoir que le Lahontan ne s'est jamais complètement asséché.

Mais d'après les conclusions de Russel et les chiffres de Jones, il faudrait bien évidemment que les animaux trouvés dans les dépôts du Lahontan ( des mammifères de la période glaciaire vivant sur la terre ferme ) ne soient pas plus vieux que le lac (rempli vers 1970 av. JC d'après l'analyse du chlore ou vers 530 av. JC d'après l'analyse du sodium [378] ); autrement dit que la période post-glaciaire ait débuté juste après l'une ou l'autre de ces deux dates, ce qui signifie, vous l'aurez compris, que la période glaciaire se serait seulement terminée, pour être large, dans cet intervalle compris entre 1970 av. JC et 530 av. JC ![379]

Jones vérifia ses chiffres, les compara à des résultats obtenus grâce à d'autres méthodes depuis l'analyse de Russell qui datait de 31 ans. Chaque fois il parvenait à la même conclusion : toute l'histoire des lacs Pyramid et Winnemucca « *s'est déroulée au cours des 3.000 dernières années* »[380].

On a trouvé dans les sédiments du Lahontan des os de chevaux, d'éléphants et de chameaux, espèces disparues sur tout le continent américain, ainsi qu'une pointe de javelot travaillée par l'homme[381]. Pendant des travaux de construction d'une voie ferrée à travers Astor Pass, on tomba sur une grande fosse de graviers de l'âge du lac Lahontan. J. C. Merriam, de l'Université de Californie, y découvrit des ossements, ceux du *Felix atrox* ( une espèce de lion ), ainsi

378 NdT: pour que ce paragraphe soit plus compréhensible, nous avons déduit ces « deux datations » des données de Jones (« *il y a 3881 et 2447 ans* »),. Comme aucune date de publication ou de recherche n'était donnée pour Jones, nous avons pris comme base de calcul 1911-1917: en effet, les travaux de Jones sont postérieurs à ceux de Russel (1880-1886) de 31 ans. La datation que nous vous proposons est arrondie à la dizaine d'années la plus proche pour tomber sur un chiffre rond.

379 NdT: Velikovsky écrivait: « *ce qui signifie que la période glacière ne prit fin qu'il y a de 25 à 39 siècles* », chiffres peu évocateurs reprenant ceux de Jones (« *il y a 3881 et 2447 ans* »). Dans un souci de clarté, nous aurions pu déduire des datations en partant de l'année 1955 (date de la 1ère publication du livre de Velikovsky) et de ses chiffres en siècles ce qui donnait exactement 545 av. JC et 1945 av. JC. Mais voilà, Velikovsky avait arrondi un chiffre un peu plus qu'un autre, et qui plus est il se basait sur des chiffres que Jones avait donné quelques années avant lui. Nous avons donc choisi ici de donner le créneau le plus large (celui de Jones) et qui cadre avec celui de Velikovsky à quelques 25 ans près...

380 Jones, dans *Quarternary Climates*, p. 4.

381 Russell, U.S. Geological Survey, Monographie 11, p. 143.

que ceux d'une espèce de cheval et d'un chameau, animaux déjà rencontrés dans la fosse de Rancho la Brea[382]. « *Toutes ces variétés sont maintenant éteintes, et aucun chameau ni lion ne font partie de la faune actuelle de ce continent* [383]». La similitude des animaux découverts à La Brea et dans les dépôts du lac Lahontan amena Merriam à déclarer qu'ils étaient contemporains. De son côté, fort de ses travaux, Jones fit savoir que ces représentants d'espèces disparues avaient vécu en Amérique du Nord pendant les temps historiques. La déclaration était inattendue ; on lui objecta immédiatement que son interprétation était « *manifestement fausse puisqu'elle l'amenait à conclure que le mastodonte et le chameau avaient survécu en Amérique du Nord dans des temps historiques*[384]»... C'est là un argument de principe qui est loin de s'appuyer sur des découvertes en matière de géologie.

Ou bien les animaux de la période glaciaire ont survécu, ou bien quelques vicissitudes de la période glaciaire ont eu lieu dans des temps historiques.

---

382 J. C. Merriam, *California University Bulletin*, Department of Geology, 1915, VIII, p. 377-384.
383 Jones, dans *Quarternary Climates*, p. 49-50.
384 Brooks, *Climate through the Ages*, 2e éd., 1949, p. 346.

# ~ 11 ~
# Klimasturz[385]

## ~ Brusques changements de climat

Il n'y a pas très longtemps « *on pensait que les variations de climat avaient pris fin avec l'époque glaciaire du quaternaire, époque que l'on faisait d'ailleurs remonter à des centaines de milliers d'années* »[386]. Dans l'histoire du climat et en géologie, on considérait ( comme fait établi ) que la Terre n'avait pas connu de changement climatique sensible, notable, durant la période dite « *récente* », après la dernière glaciation.

Or, en 1910, au Congrès Géologique International de Stockholm, les scientifiques durent faire face à des faits qui montraient que d'importants changements et des « fluctuations » catastrophiques avaient eu lieu au cours des derniers millénaires. Et depuis cette conférence, nous avons assisté à, pourrait-on dire, un notable revirement de situation : nombre d'ouvrages furent publiés au sujet des *récents* changements climatiques et géologiques...

A quoi se résumait l'histoire? Dans beaucoup d'endroits, les terres actuelles étaient immergées et d'autres s'étendaient là ou se trouve aujourd'hui les mers. On a par exemple constaté des changements dans la population des mollusques marins et dans celle des forêts ( submergées ), ce qui prouve que la mer du Nord et la Baltique avaient pris leur place respective pendant la période récente. Grâce à des explorations dans divers pays et à des recoupements, on a pu démontrer que « *la période glaciaire n'était pas si loin-*

---

385 NdT: effondrement du climat.

386 Brooks, *Climate through the Ages*, 2e éd., p. 281.

*taine qu'on le disait et qu'en fait, la "géologie" postglaciaire de l'Europe avait partiellement coïncidé avec "l'histoire" de l'Egypte ancienne* »[387].

Deux changements radicaux de climat ( des *Klimastürze* ) ont eu lieu pendant la période récente : on situe le premier, particulièrement brutal, au cours d'une subdivision appelée le sub-boréal ; ce *Klimasturz* est assigné au milieu du second millénaire avant notre ère ( 1500 av. JC ). La seconde catastrophe climatique a pris place pendant le VIIIe siècle ( après 800 av. JC ), date on ne peut mieux comprise dans les temps historiques. « *Le début de la "période de climat inchangé" a été de plus en plus avancé* [ vers l'an 0 ] *à cause des attaques des géologues et aujourd'hui, pour la plupart des auteurs qui se consacrent au sujet, il ne se situe plus qu'à quelques siècles avant Jésus-Christ.* »[388]

Cette nouvelle façon de voir était due à Axel Blytt, scientifique norvégien dont les travaux commencèrent vers 1870 et furent poursuivis par deux autres scientifiques scandinaves, Gunnar Anderson et Rutger Sernander. Cela explique pourquoi la Scandinavie et les mers environnantes ont été les premières à être étudiées.

Dans cette péninsule, le second *Klimasturz* a marqué la fin de l'Age du Bronze. Les siècles suivants ont offert un tableau de misère et de désolation dues au changement de climat ; une « *extraordinaire pauvreté* » a remplacé une « *opulente abondance* »[389]. L'évolution de la flore ( observée dans les pollens des végétaux des anciens marais ) évoque aussi l'image d'une soudaine tragédie climatique. « *La détérioration du climat dut avoir un caractère catastrophique* », écrivit Sernander, dont le laboratoire à l'Université d'Upsal, est maintenant un centre de recherche sur l'histoire du climat. Il qualifia d'*hiver Fimbul* cette période de grand changement : l'expression venait d'une fameuse épopée nordique, l'*Edda*. Dans ce livre, l'*hiver Fimbul* désignait des chutes de neige, hiver comme été, sans interruption pendant des années.

387 Ibid.
388 Ibid.
389 R. Sernander, « Klimaverschlechterung, Postglaciale », dans *Reallexikon der Vorgeschichte*, éd. Max Eber, 1926, VII.

Les perturbations climatiques du VIII^e^ et du début du VII^e^ siècle avant notre ère n'ont pas uniquement pris la forme d'une simple chute de température. Selon Sernander, « *l'effet dévastateur de l'hiver Fimbul sur la culture des pays nordiques a autant été causé par une chute des températures que par des oscillations* [ des variations ] *et une instabilité du climat* »[390]. Cependant, il insista aussi sur le côté catastrophique du déclenchement, comme le firent d'autres auteurs : G. Kossinna, par exemple, situa le *Klimasturz* « *vers 700 av. JC* »[391] et souligna qu'il était survenu avec la rapidité d'un cataclysme.

## ~ Les anneaux des arbres

Les cercles concentriques qui apparaissent sur la coupe d'un tronc d'arbre nous révèlent la croissance annuelle ( rapide, lente, voire nulle ) de l'arbre et son âge.

Les plus vieux arbres connus sont les séquoias de Californie ; certains font 27 mètres de circonférence. Le plus ancien est « né » en 1300 av. JC ( nous ne parlons bien évidemment que des arbres qui ont été abattus et dont on a pu compter les anneaux, contrairement à celui qui a été baptisé « Général Sherman » dans le Sequoia Parc, un des parcs nationaux de Californie ).

Il semble donc qu'aucun de ces conifères n'ait survécu à la grande catastrophe de 1500 av. JC ; ils se défendent pourtant grâce à leur écorce épaisse de 60 cm. qui les protège du feu presque aussi bien que l'amiante.

Pour ne pas succomber à cette catastrophe, ils auraient dû résister aux ouragans et aux raz-de-marée, vivre dans un monde sans soleil et sous les nuages de poussière qui ont assombri la Terre pendant des années.

Mais ceux qui sont nés vers 1300 av. JC nous montrent les perturbations climatiques qui ont sévi sur Terre, si nous en croyons l'analyse des pollens, au VIII^e^ et au début du VII^e^ siècle av. JC. Selon les données historiques citées dans *Mondes en Collision*, les dates mémorables sont 747,

---

390 Ibid.

391 A la frontière du VIII^e^ et du VII^e^ siècle. G. Kossinna, dans *Mannus, Zeitschrift für Vorgeschichte*, 1912, IV, p. 418.

702 et surtout 687 av. JC[392]. L'institut Carnegie a publié en 1919 un graphique établi par A. E. Douglass, alors directeur de l'Observatoire Steward, qui a étudié les anneaux d'arbres afin de découvrir l'activité solaire passée[393]. En fait, ce graphique révèle un emballement des variations ( dans la croissance des arbres ) autour de 747 av. JC ( la datation par les anneaux est approximative ) ; on constate aussi un pic anormalement haut pour les dernières années du VIII^e^ siècle et pour le début du VII^e^ siècle av. JC ; après un pic record d'une durée de 6 ans, il y a une baisse subite en 687 av. JC.

Les bouleversements naturels extrêmement violents ont détruit la plupart des forêts, mais les arbres qui ont survécu aux *Klimastürze* des VIII^e^ et VII^e^ siècles ( ouragans, inondations, lave, feu ) ont connu une croissance tantôt accélérée par une plus forte proportion de gaz carbonique dans l'air, tantôt contrariée par les nuages de poussière. Ils ont bénéficié de l'addition de cendres dans la terre. Enfin, il faut tenir compte d'éventuelles stimulations par des décharges électriques dans l'atmosphère ou par des tempêtes magnétiques, de l'action du feu sur les feuilles, des changements dans la composition de l'eau du sol et des modifications climatiques en général. En résumé, il faut s'attendre à de fortes variations dans la taille des anneaux lors les grandes catastrophes naturelles ; et c'est particulièrement net sur ceux des séquoias aux environs de 747, 702 et 687 av. JC, et de façon plus générale pendant le VII^e^ siècle.

## ~ Les habitations lacustres

A la fin de l'Age de pierre, vers 1800 avant l'ère chrétienne, il existait en Europe des cités lacustres où l'homme vivait avec ses animaux domestiques à l'abri des bêtes sauvages.

---

392 NdT: ces dates (de la fin du VIII^e^ et du VII^e^ siècle) sont à retenir jusqu'à la fin du paragraphe suivant.
393 A. E. Douglass, *Climatic Cycles and Tree Growth*, Carnegie Institution Publications, n° 289, 1919, p. 1118-1119.

Elles étaient construites sur des poteaux en bois fichés dans le sol ( des pilotis ). On en découvrit les vestiges sur les bords des lacs en Scandinavie, en Allemagne, en Suisse et dans le nord de l'Italie. Au milieu du 2e millénaire ( 1500 av. JC ), une inondation catastrophique a envahi ces villages et les a recouverts de boue, de sable et de dépôts calcaires les rendant tous inhabitables. Aucun n'a été reconstruit pendant 3 ou 4 siècles. Mais vers 1200 av. JC, de nouveaux ont été édifiés, soit en haut des anciens, soit sur d'autres terrains. L'Europe avait déjà atteint l'Age du Bronze : des objets de ce métal y ont été découverts.

S'est suivi une deuxième période de prospérité d'environ 4 siècles. Mais au VIIIe siècle av. JC ( entre 800 et 700 av. JC ), un nouveau sinistre a ravagé les cités des lacs de toute l'Europe centrale et du Nord : c'était encore une inondation catastrophique avec de la boue et du sable recouvrant tout. Cette fois-ci, les habitations n'ont jamais été reconstruites et l'homme a définitivement abandonné les lieux.

A deux reprises, d'abord à la fin de l'Age de pierre ( néolithique ), puis à la fin de l'Age du Bronze, les cités lacustres avaient été balayées par l'eau et enfouies sous la boue. La coïncidence de leur destruction avec la fin des périodes culturelles fut qualifiée de *merkwürdig* ( remarquable[394] ) par Ischer qui pour sa part étudia le lac de Bienne[395], et de *rätselhaft* ( énigmatique ) par Reinerth qui lui s'intéressa au lac de Constance[396]. Mais tous les scientifiques, qui par la suite travaillèrent sur le terrain, pensèrent que ces inondations étaient dues à deux catastrophes naturelles, dans le centre et le nord de l'Europe, l'une vers la fin de l'Age de pierre, et l'autre peu avant l'Age du Fer. On estime aussi généralement que les catastrophes se sont accompagnées de grands changements climatiques soudains, des *Klimastürze*[397]. Les scientifiques fixent la date du premier à environ 1500 av. JC ( voire entre 1800 et 1400

394 NdT: cet adjectif allemand peut signifier « remarquable » (de merken, remarquer) mais aussi « curieuse », voire « étrange ».
395 T. Ischer, *Die Pfahlbauten des Bielersees*, p. 99.
396 H. Reinerth, *Die Pfahlbauten am Bodensee*, 1922, p. 35.
397 Paret, *Das Neue Bild der Vorgeschichte*, 1948, p. 44.

av. JC[398]) et situent le second au VIIIe siècle av. JC ( voire au VIIe)[399].

H. Gams et R. Nordhagen firent une étude approfondie des lacs et des marais d'Allemagne et de Suisse, et publièrent sur le sujet un ouvrage désormais classique[400]. On y apprend que non seulement ces lacs ont connu des inondations catastrophiques, mais qu'en plus ces catastrophes ont été accompagnées ou causées par des mouvements tectoniques très puissants, le tout au milieu du 2e millénaire et au VIIIe siècle av. JC. Ces lacs ont brusquement perdu leur position horizontale : une extrémité s'est inclinée vers le haut, l'autre vers le bas, et aujourd'hui on peut voir que la marque de l'ancienne rive est oblique par rapport à l'horizon.

C'est le cas pour l'Ammersee et le Würmsee sur les avants-monts des Alpes bavaroises, et pour d'autres lacs à la lisière des Alpes[401]. Le lit du lac de Constance s'est lui aussi incliné et son niveau s'est élevé de 9 mètres. Des marques penchées de rives ont aussi été découvertes loin des Alpes : en Norvège ( par Bravais et Hansen ), en Suède ( par de Geer et Sandegren ), et toutes dataient de la même époque[402].

Certains lacs, comme l'Ess-see et le Federsee ont subitement été vidés de toutes leurs eaux suite à cette inclinaison[403]. Dans les Alpes bavaroises, la vallée de l'Isar est « *violemment partie en trombe à une époque très récente* »[404]. Au Tyrol, dans la vallée de l'Inn, le fait que « *les rivières aient connu de nombreux changements de lit est révélateur de mouvements tectoniques à grande échelle* »[405].

---

398 Brooks, *Climate through the Ages*, 2e éd., p. 300.
399 Paret, *Das Neue Bild der Vorgeschichte*, p. 300. Dans la 1ère édition de son livre, *Climate through the Ages*, Brooks plaçait le début de la période sub-atlantique, qui suivit le dernier *Klimasturz*, en 850 av. JC et, dans la 2e édition, il le place à la fin du VIe siècle av. JC.
400 Gams et R. Nordhagen, « Postglaziale Klimaänderungen und Erdkrustbewegungen in Mitteleuropa » *Mitteilungen der Geographischen Gesellschaft in München*, 1923, XVI, Cahier 2, p. 13-348.
401 Ibid., p. 17-44.
402 Ibid., p. 34, 225-242.
403 Ibid., p. 44.
404 Ibid., p. 53, 60.
405 Ibid., p. 73.

Tous les lacs qui ont été étudiés dans les Alpes suisses, dans le Tyrol, dans les Alpes bavaroises et autour du Jura ont été inondés à deux reprises par une crue catastrophique ( *Hochwasserkatastrophe* ), causée par des mouvements tectoniques et par la fonte soudaine des glaciers. Cela eut lieu pendant la période postglaciaire, en des temps historiques, peu avant que les Romains ne commencent à « se répandre » dans ces régions[406].

Gams et Nordhagen ont également présenté des travaux approfondis montrant que ces troubles tectoniques ( suivis de crues ) se sont aussi accompagnés de modifications climatiques. Ils entreprirent un examen minutieux des tourbières[407]. Les pollens qu'elles recèlent – différents selon les essences – permettent de savoir quel genre de forêt ou de flore poussait à tel moment, et par conséquent de déterminer le climat qui régnait. Or, les pollens révélèrent « *un changement radical des conditions de vie, et non pas une lente formation des marais* »[408]. Le sapin est descendu des hauteurs où il avait grandi ( en laissant la place vide ) et est venu remplacer le chêne.

Pendant l'Age du Bronze, passer par les cols alpins était monnaie courante : beaucoup d'objets en bronze antérieurs à 700 av. JC y ont été découverts, en particulier sur le Saint-Bernard ; des mines étaient aussi exploitées dans les Alpes à cette époque. Mais avec l'avènement du *Klimasturz*, les mines ont tout à coup été abandonnées, les cols ont cessé d'être fréquentés et la région a été désertée comme si toute vie s'y était éteinte[409].

Un tableau chronologique mettant en parallèle les résultats des études de la flore et des découvertes archéologiques fut dressé : il montra, une fois de plus, que l'Europe centrale et la Scandinavie ont connu deux épisodes climatiques dramatiques au milieu du 2e millénaire et aux environs des VIIIe ou VIIe siècle avant notre ère.

406 Ibid., p. 219.
407 NdT: marécage où se forme la tourbe (combustible noirâtre constitué de végétaux plus ou moins décomposés) parfois appelé marais tourbeux.
408 Ibid., p. 94.
409 Cf. section « Der vorgeschichtliche Verkehr über die Alpenpässe », dans l'ouvrage de Gams et Nordhagen, déjà cité. Cf. ibid., p. 295.

Ainsi, deux fois au moins pendant la période subboréale ( comprise entre 2000 voire 1500 av. JC, et 800 ou 700 av. JC [410]), des catastrophes tectoniques, climatiques et des inondations phénoménales ont bouleversé une vaste zone située entre la Norvège et les Alpes, en passant par le Jura et le Tyrol, s'engouffrant dans des vallées, inclinant les lacs, transformant les forêts en tourbières et annihilant toute vie humaine et animale. Elles ont poussé au nomadisme des hordes d'êtres humains dépourvus de tout, comme les Celtes et plus tard les Cimbres[411]; mais les immigrants, venus de lointaines contrées sans doute tout autant dévastées, n'ont bien souvent trouvé que des terres dans un total état de désolation.

### ~ Baisse du niveau des océans

En de nombreux points du monde, le littoral présente des plages qui ont été submergées ou des plages qui ont été « surélevées ». La marque de l'ancien ressac est visible sur les roches. Certaines plages ont connu une élévation de plusieurs dizaines de mètres ou plus, comme sur la côte du Chili, où Darwin remarqua une « montée » de 400 mètres, récente, « *comprise pendant la période où les coquillages rehaussés sont restés sans se décomposer* ». Il pensait aussi que l'explication « *la plus probable* » était que le niveau de la côte « *avec ses coquillages entièrement et parfaitement conservés* » avait été « *d'un seul coup élevé hors de portée de la mer* » à la suite d'un tremblement de terre.[412] On trouve aux îles Hawaii une plage « hissée » à 360 mètres au-dessus du niveau de la mer, et sur l'île d'Esperitu Santo ( Nouvelles-Hébrides, à l'est de l'Australie ) il n'est pas rare de voir des bancs de coraux « perchés » à la même hauteur. Or, le corail ( qui est un animal ) ne se développe ni hors de l'eau ni dans les grandes profondeurs, mais se cantonne aux abords de la surface[413]: les bancs de coraux des temps passés témoignent que la mer s'est tenue à différents niveaux.

410 Ibid., p 295.
411 Ibid., p.187.
412 Darwin, *Geological Observations on the Volcanic Islands and Parts of South America*, 2^e^ partie, chap. IX et XV.
413 L. Don Leet, *Causes of Catastrophes*, 1948, p. 186.

Mais il est fréquent de relever à un même endroit des signes manifestes de submersion et d'émersion : nous en avons parlé quand il a été question du rocher de Gibraltar. Et c'est aussi le cas, à un moindre degré, pour les grottes sous-marines des Bermudes : elles prouvent qu' « *à un moment donné le niveau de la mer devait être de 20 à 30 mètres plus bas qu'aujourd'hui* » pendant que les plages élevées démontrent qu' « *il était au moins 7 mètres plus haut qu'à présent* » ( H. B. Moore ).

Si ces changements datent d'époques différentes, ils ont indéniablement un point commun : l'absence de marques intermédiaires sur le rivage ; si l'eau était montée ou descendue de façon graduelle, elle aurait aussi laissé des traces indélébiles.

Daly a signalé qu'un peu partout dans le monde, les lignes de ressac se sont uniformément élevées de 5,50 à 6 mètres. C'est très net aux îles Tutuila, Tau, Ofu et sur l'atoll Rose, qui font toutes partie de l'archipel des Samoa, dans le sud-ouest du Pacifique mais disséminées sur 320 km de long. Selon lui, cette uniformité indique que la hausse est due à « *autre chose qu'une déformation de l'écorce terrestre* ». Une poussée de l'intérieur n'aurait pas été « *aussi constante sur distance de 320 km* »[414].

Presque aux antipodes, en plein Atlantique sud, les laves de Sainte-Hélène sont parsemées de grottes marines sèches dont le sol est recouvert de galets usés par l'eau « *maintenant poussiéreux parce que les vagues ne les atteignent plus*». Là aussi, l'élévation est de 6 mètres. Au cap de Bonne-Espérance, les grottes et les bancs portent encore « *les traces d'un rehaussement récent, sensiblement uniforme, atteignant environ 6 mètres* ». Daly ajoute : « *On rencontre des terrasses marines indiquant une élévation similaire le long de la côte atlantique, de New York au golfe du Mexique ; le long du littoral Est de l'Australie sur au moins 1.600 km ; sur les côtes du Brésil, du Sud-ouest de l'Afrique et des multiples îles des océans Pacifique, Atlantique et Indien. Dans tous ces cas, comme dans d'autres qui ont fait l'objet de publications, l'émergence est récente et du même ordre de grandeur. A*

414 Daly, *Our Mobile Earth*, p. 177.

*en juger d'après l'état des bancs, des terrasses et des grottes, elle semble avoir été simultanée sur toutes les côtes* »[415].

Bien entendu, il constata aussi que de nombreuses lignes de ressac s'étaient déplacées sur une hauteur différente, mais ces « *exceptions locales confirment la règle* »... Selon lui, cette élévation mondiale des côtes est une conséquence de « *l'abaissement récent du niveau de tous les océans et toutes les mers du globe* », abaissement qui pourrait avoir été causé parce que l'eau a servi à former les calottes glaciaires de l'Antarctique et du Groenland ou bien, pense-t-il aussi, parce que les océans sont devenus plus profonds ou ont augmenté de superficie.

Kuenen, de l'Université de Leyde, confirma cette thèse : « *Pendant les quelque 30 années qui ont suivi la publication du premier ouvrage de Daly, beaucoup d'autres exemples ont été signalés par de nombreux observateurs dans le monde entier, de sorte qu'aujourd'hui le changement récent est un fait établi* »[416].

Quelle que soit la cause de ce phénomène, il n'est pas le résultat d'un lent changement, car nous aurions alors sur chaque plage des tracés littoraux intermédiaires entre les lignes actuelles et les anciennes ( plus hautes de 6 mètres ) ; or il n'y en a aucun.

L'époque du changement est particulièrement intéressante. Selon Daly : « *On a tenté de rattacher la croissance des calottes (glaciaires) à la fin du néolithique, il y a environ 3.500 ans. C'est autour de cette date qu'était intervenu un certain refroidissement de l'hémisphère Nord, lequel avait été précédé d'une longue période où le climat était plus chaud qu'aujourd'hui. Les hommes de la fin du néolithique vivaient en Europe voilà 3.500 ans* »[417].

D'autre part, Kuenen écrit : « *Daly estime que ce mouvement* [ baisse soudaine du niveau de la mer ] *remonte probablement à 3.000 ou 4.000 ans. Or, des relevés précis effectués aux Pays-Bas et dans l'Est de l'Angleterre ont montré un abaissement eustatique de même ampleur que celui de Daly. Ici, la date a pu être établie à il y a 3.000 ou 3.500 ans* »[418].

---

415 Ibid., p. 178.
416 P. H. Kuenen, *Marine Geology* (1950), p. 538.
417 Daly, *Our Mobile Earth*, p. 179.
418 Kuenen, *Marine Geology*, p. 538.

Ce travail aux Pays-Bas et en Angleterre confirme donc les constatations de Daly, et aussi ses dates. Le niveau de l'océan a, bien sûr, baissé sur tout le globe. Ce n'était pas un lent affaissement du fond océanique, ni un lent recouvrement des terres par l'eau ou encore une lente évaporation de l'eau. En tout état de cause, le phénomène a été brusque, et par conséquent catastrophique. Et il a eu lieu voilà 3.500 ans : au milieu du 2e millénaire avant notre ère, la fin de l'Age du Bronze moyen en Egypte.

### ~ La mer du Nord

La mer du Nord borde l'Ecosse, l'Angleterre, les Pays-Bas, l'Allemagne, le Danemark et la Norvège ; elle est houleuse et son bassin est très jeune. Les géologues admettent que ce périmètre était autrefois occupé par la mer, mais qu'au début de l'âge glaciaire les débris de roche venus d'Ecosse et de Scandinavie l'ont comblé et l'ont transformé en terre ferme : le Rhin y coulait, avec la Tamise pour affluent, son embouchure se situait vers d'Aberdeen ( nord-est de l'Ecosse ).

On pense qu'à l'époque postglaciaire, lors de la période sub-boréale ( de 2000 à 800 av. JC à peu près ), l'eau a repris possession d'une grande partie de ce périmètre. L'océan Atlantique est allé baigner les rivages de l'Ecosse et de la Norvège, et s'est également « faufilé » ( ou engouffré ) par la Manche qui venait tout juste de se former. Des objets fabriqués par l'homme et des ossements d'animaux vivant sur la terre ferme ont été ramenés du fond de la mer du Nord ; et le long des côtes écossaises et anglaises, ainsi que sur le Dogger Bank au milieu de la mer, on a trouvé des souches d'arbres encore enracinées dans le sol. A 70 km de la côte, des pêcheurs de Norfolk qui ne pêchaient pas à plus de 36 mètres, ont remonté dans leurs filets une pointe de javelot sculptée dans un bois de cerf et encastrée dans un motte de tourbe[419]! Cet objet, qui date du mésolithique ( avant le néolithique ), n'est qu'un des

419 E. Janssen, *Histoire ancienne de la mer du Nord*, 2e éd., 1946, p. 7. K. Gripp, « Die Entstehung der Nordsee » dans *Werdendes Land am Meer*, 1937, p. 1-41.

multiples exemples qui prouvent que le périmètre recouvert par la mer du Nord a été habité par l'homme il y a quelques millénaires seulement. L'analyse des pollens trouvés dans la motte de tourbe ramenée du fond marin a montré que des forêts y existaient il n'y a pas si longtemps. On a également admis que la formation de la mer du Nord ( sur ce périmètre, pendant le sub-boréal ) résultait d'un brusque effondrement du terrain vers 1500 av. JC ou un peu plus tôt ( selon les avis ), au moment même où des inondations détruisaient les habitations lacustres d'Europe centrale[420].

Si nous considérons que les navires phéniciens visitaient déjà la côte atlantique de l'Europe à l'époque du Moyen Empire égyptien ( soit bien avant -1500 ), nous commençons à mieux situer dans l'histoire la catastrophe qui a « créé » notre actuelle mer du Nord et qui a englouti les terres habitées. Les hommes du mésolithique et du néolithique les avaient colonisées, y avaient construit des villages pendant que l'Egypte et la Phénicie étaient déjà entrées dans l'Age du Bronze moyen.

La mer n'est pas arrivée progressivement, en repoussant peu à peu la population ; elle est entrée dans le pays sans préavis et a lancé ses flots sombres à la recherche de nouvelles barrières. Le Dogger Bank a peut-être résisté un peu plus longtemps mais en fin de compte, lui aussi a été emporté par la mer.

Après une centaine de générations, l'homme a commencé, au prix de grands efforts, à regagner des parcelles de terre, construisant des digues et des canaux de drainage ; ce faisant, il a découvert d'immenses charniers contenant des os d'animaux entassés en vrac, où se mêlaient espèces vivantes et disparues qu'on assigne à l'âge glaciaire. C'est ainsi que dans une couche de sable, de vase, d'argile et de tourbe aux environs du petit village hollandais de Tegelen, on a trouvé pèle-mêle des restants d'orme, de frêne et de vigne avec des coquilles d'escargots d'eau douce

---

420 Cependant, Janssens écrit: « *L'ouverture de la mer du Nord sur l'océan Atlantique est donc beaucoup plus récente que la coupure de la Méditerranée aux colonnes d'Hercule; elle coïncide avec l'épanouissement de la civilisation sumérienne en Mésopotamie* ».

aujourd'hui disparus et avec des os d'éléphants, de mammouths, de rhinocéros, d'hippopotames, de cerfs, de chevaux ( *Equus stenonis* ) et de hyènes[421]!!!

Une étude récente des Fens ( région marécageuse en Angleterre ), menée par H. Godwin de l'Université de Cambridge, et où il est surtout question de la vie végétale au cours de la période postglaciaire, a révélé une « *transgression générale* » de la mer « *pendant la période située entre le néolithique et l'époque romano-britannique, pour laquelle les témoignages sont les plus probants* »[422].

Cette région marécageuse s'étend sur les comtés de Lincolnshire, Cambridge et Norfolk, au bord du golfe du Wash ( mer du Nord ). Leur superficie dépasse 5.000 km$^2$. « *La transgression a été interrompue par deux périodes de rétrogression, l'une à l'Age du Bronze et l'autre après* [ le début de ] *l'Age du Fer* ».

Au néolithique « *tous les arbres sont tombés en direction du nord-ouest ; c'étaient principalement des chênes* ». On trouva des outils de pierre polie parmi ces arbres. Quelque temps après l'ouragan qui a brisé tous les chênes, une autre calamité est survenue : le pays « *a été soudainement changé par l'irruption de la mer* ». « *En un court laps de temps* », toute cette région a été transformée en lagune aux eaux saumâtres qui par la suite est redevenue une aire d'eau douce. Les outils et armes de bronze abondent dans la tourbe.

Le climat « *s'est dégradé juste après le passage dans l'Age du Fer, vers 500 av. JC* » ; d'autres auteurs situent ce *Klimasturz* au VIII$^e$ siècle av. JC. Les conditions climatiques sont devenues plus froides et plus humides, et la région totalement inhabitable ; on n'y trouve en effet aucune trace datant de l'Age du Fer pré-romain ; puis la mer a repris sa place, définitivement.

Ainsi, selon l'étude de Godwin, entre 2000 et 500 avant notre ère, la plaine marécageuse au nord de Cambridge a été envahie plusieurs fois par la mer du Nord dans des circonstances que nous pouvons qualifier de catastrophiques. Il existe tout autour de l'Angleterre et du pays de

---

421 Flint, *Glacial Geology and the Pleistocene Epoch*, p. 325.
422 H. Godwin, « Studies of the post-glacial history of British Vegetation », *Transactions of the Royal Society of London*, série B., vol. 230, février 1940.

Galles d'innombrables forêts ( submergées ) « *probablement postglaciaires ou récentes* »[423]. D'autre part, leur submersion n'a certainement pas eu lieu « *lors des 2.500 années passées* ». Certaines souches sont « *encore enracinées sur place* »[424].

Les forêts submergées existent dans beaucoup d'autres endroits, par exemple près du Groenland et au large de la côte Est des Etats-Unis. On a également signalé – mais ici les renseignements sont moins sérieux – des remparts de villes englouties, aperçus sous les eaux de la mer du Nord au large du littoral atlantique, en Méditerranée, tout autour de l'Europe et aussi bien plus loin sur la côte de Malabar en Inde.

Il y a quelques milliers d'années seulement, comme le prouvent les plages surélevées et les forêts submergées, la terre s'est soulevée, est retombée presque aussitôt, et a cédé sa place à la mer.

---

423 H. B. Woodward, *The Geology of England and Wales*, 2e éd., 1887, p. 523.

424 De telles forêts ont été repérées au large de Cardunock, sur la Solway, à l'embouchure de l'Alt, à Great Crosby, à Poolwash Bay, à Llandrillo Bay, à Saint Brides Bay, à Swansea Bay; à Holly Hazle, près de Sharpness, à Stolford, près de l'embouchure du Parret, à Porlock Bay, dans le Sommerset, sur les plages du Devon, à Braunton Burrows, à Blackpool, à North Sands, à South Sands, dans l'estuaire du Salcombe, à Bigsbury Bay; en Cornouailles, à Looe, à Fowey, à Mounts Bay... et ailleurs. Ibid., p. 523-526.

# ~ 12 ~
# Les ruines de l'Orient ancien

## ~ La Crète

L'île de la Crète, avec ses côtes escarpées, rocheuses et rougeâtres au milieu des eaux bleues de la Méditerranée, se dresse comme un monument silencieux d'un monde disparu. Il y a quelques millénaires, l'île était le cœur d'une culture exceptionnellement riche ; les inscriptions minoennes sont sur le point d'être déchiffrées grâce à l'architecte anglais Michael Ventris qui a en a trouvé la clef[425].

L'histoire de cette civilisation se divise en 3 parties : le minoen ancien, le minoen moyen et le minoen récent, qui correspondent aux 3 époques égyptiennes, Ancien, Moyen et Nouvel Empire[426] ( à noter que le minoen moyen se subdivise en 3 : la dernière de ces subdivisions, minoen moyen III, se situe entre le Moyen et le Nouvel Empire d'Egypte, à l'époque des Hyksos en Egypte[427]).

Toutes les grandes époques de la Crète minoenne se sont terminées par des cataclysmes naturels. L'ouvrage

---

425 NdT : déchiffrées en 1953.

426 NdT: repères chronologiques: en simplifiant, les 3 grandes périodes qui ont marqué l'histoire de l'Egypte ancienne sont :

- l'ancien empire vers 2700-2200 av. JC,
- le moyen empire vers 2100-1800 av. JC,
- le nouvel empire vers 1600-1100 av. JC.

(Chacune est suivie d'une période intermédiaire, avec des dynasties ayant régné moins longtemps, ayant laissé moins de traces, parfois mal connues.)
Les périodes qui ont marqué l'histoire de la Crète sont:

- le minoen ancien 2600-2000 av. JC,
- le minoen moyen 2000-1600 av. JC,
- le minoen récent 1600-1100 av. JC. (L'apogée de la Crète coïncide avec la dynastie des Minos qui a régné vers 1700-1400).

427 NdT: le minoen moyen III couvre une période intermédiaire égyptienne où des dynasties « étrangères » (les rois Hyksos) ont régné en Egypte vers 1800-1600 av. JC.

imposant de sir Athur Evans, *The Palace of Minos at Knossos*, fournit d'abondantes preuves ( de nature physique ) de l'agent destructeur qui a systématiquement mis fin aux 3 périodes minoennes. Il parle d'une « *grande catastrophe* » vers la fin du minoen moyen II[428]. « *Une grande destruction* » a frappé Cnossos sur la côte nord de l'île, et Phaestos sur la côte sud[429]. La Crète, écrasée par les éléments et débordée par les événements, est restée prostrée.

Lorsque les survivants ou leur descendants ont enfin entrepris l'œuvre de restauration, leur travail a de nouveau été anéanti par un « *renversement* »[430]. Un demi-siècle à peine séparait les deux cataclysmes ; le premier coïncidait avec la fin du Moyen Empire égyptien et l'Exode[431]; le second a eu lieu une ou deux générations plus tard.

Les phénomènes du minoen moyen III montrent « *de façon concluante que le grand renversement du palais et de la ville environnante a une origine sismique* »[432]. « *Dans toutes les parties du palais mises au jour, on relève les traces d'un prodigieux renversement qui a enfoui une quantité considérable de gravats* »[433].

A la fin de la période suivante, minoen récent I, la vie du palais de Cnossos « *a été coupée court pour une raison qui n'a pas de rapport avec les signes de totale ruine caractéristiques du désastre précédent* »[434]. S. Martinatos, directeur du Service archéologique grec déclare cependant : « *La catastrophe du minoen récent I a été générale et fatale dans toute la Crète. Il est certain qu'elle a été la plus terrible de toutes* ». Le palais de Cnossos a été détruit. « *La même tragédie a frappé la totalité des grandes demeures* (...) *Des villes entières ont été anéanties* (...) *Même les grottes sacrées, comme celles d'Arkalokhori, se sont effondrées* »[435]. Une pluie de cendres volcaniques est tombée sur l'île et des vagues phénoménales venues du nord l'ont balayée. Cette

---

428 Sir Arthur Evans, *The Palace of Minos at Knossos*, 1921-1935, III, p.14.
429 Ibid., II, 287; III, 347.
430 Ibid., III, 348.
431 Le synchronisme de la fin du Moyen Empire égyptien et de l'Exode est traité dans le 1er volume de *Ages in Chaos*.
432 Evans, *The Palace of Minos*, II, 347.
433 Ibid., p. 288.
434 Ibid., p. 347.
435 S. Martinatos, « The Volcanic Destruction of Minoan Crete », *Antiquity*, 1939, XIII, p. 425 et suiv.

catastrophe lui a porté un « *coup irréparable* ». La seule explication est « *une cause naturelle ; cependant un tremblement de terre ordinaire ne suffit pas à expliquer un si grand désastre* »[436].

Puis est venu le tour d'une destruction soudaine au minoen récent II, qui a interrompu toute activité. Il semble qu'à son approche certaines préparations ont été entreprises pour apaiser les dieux. « *On prenait vraisemblablement des dispositions en vue d'une cérémonie sacrée* (...) *Mais les préparatifs n'ont jamais pu être menés à bonne fin* »[437]. « La Salle du Trône » avec des jarres à huile en albâtre, est recouverte d'une épaisse couche de terre et de débris. « *La subite interruption des préparatifs en cours est si frappante* (...) *qu'elle indique sans aucun doute une cause instantanée* »[438]. C'était « *un autre de ces chocs redoutés qui avaient maintes fois causé une interruption dans l'histoire du palais* ».

Le tremblement de terre s'est accompagné d'un vaste incendie qui a pris des « *proportions particulièrement désastreuses, attisé par un vent furieux qui soufflait alors* ». Evans situe au mois de mars la destruction finale de l'édifice. Cependant, le désastre n'a pas été de l'ampleur de celui « *qui avait rasé le bâtiment au minoen moyen* ».

Le palais de Cnossos n'a jamais plus été reconstruit.

Compte tenu de la topographie de Cnossos et ses environs, nous pouvons dire qu'à une époque antérieure, la ville se trouvait à l'extrémité d'un port intérieur, lequel était relié par un canal à plus grand port, ouvert, et dont l'entrée se situait entre deux avancées vers le nord et la mer. « *Un terrible cataclysme avait élevé cette partie de l'île bien au-dessus du niveau qu'elle occupait lorsque la cité de Cnossos y fut bâtie* »[439].

L'étude archéologique de la Crète a révélé qu'elle a été le théâtre du déchaînement des forces de la nature. Comme la fin des principales périodes de cette civilisation a coïncidé avec la fin des époques historiques de l'Egypte ( qui se sont elles aussi terminées par des catastrophes

436 Ibid., p. 429.
437 Evans, *The Palace of Minos*, vol. IV, 2e partie, p. 942.
438 Ibid.
439 D'après une communication écrite de Norman E. Merrill, commandant U.S.G.G. (corps des gardes-côtes des Etats-Unis).

naturelles ), il semble bien que ces bouleversements répétés n'aient pas été purement locaux.

La Crète est parfaite pour étudier les effets de grandes catastrophes sur une civilisation ancienne. Elle n'a pas été envahie avant l'arrivée des Doriens, mais on ne peut faire l'erreur de confondre les effets d'un désastre naturel et les destructions dues à la main de l'homme.

Au nord de la Crète, sur une petite île, Théra ( aujourd'hui Santorin ), se dresse un volcan qui n'est toujours pas éteint : son cratère a autrefois été soufflé par une formidable explosion et a formé une immense caldeira. Cette éruption fut retracée en détail suite à une expédition germano-grecque. Elle a enfoui les villages sous la lave, la ponce et les cendres. Les vestiges culturels déterrés indiquèrent qu'elle s'était produite « *entre 1800 et 1500 av. JC* » c'est-à-dire vers la fin du Moyen Empire égyptien[440]. Les matières éjectées se sont dispersées sur une si grande étendue qu'un scientifique allemand suggéra récemment que la plaie des ténèbres d'Egypte était due à l'irruption de ce volcan, situé à 1.000 km du delta du Nil.

Du côté de l'Egypte, vers la fin du Moyen Empire, la structure rocheuse de ce pays a subi des déplacements, tout au moins locaux. Grâce aux mesures des « nilomètres » à Semneh datant de cette époque, K. R. Lepsius remarqua qu'à l'endroit où les eaux du Nil sont canalisées dans la roche, le niveau maximum du fleuve s'est en moyenne élevé de 6 mètres 70 par rapport à aujourd'hui. « *Nous avons abouti à ce résultat remarquable sur 4.000 ans* »[441].

Cette différence dans la crue du Nil ne peut-être attribuée qu'à une variation du volume des eaux ou à un changement dans la structure rocheuse de l'Egypte ( cela dit, si le volume du fleuve avait été plus important dans le passé, beaucoup d'habitations et de temples auraient régulièrement été inondés ). J'évite sciemment toute référence à la littérature égyptienne concernant les villes englouties

440 H. Reck, éd., *Santorin*, 1936, p. 82. H. S. Washington, dans *Bulletin of Geological Society of America*, 1926, vol. XXXVII.
441 Lepsius, *Letters from Egypt, Ethiopia and the Peninsula of Sinai*, 1853, p. 19-20.

( « avalées » ) par le sol ; mais il faut pourtant mentionner les traces de feu, énigmatiques et plutôt régulières dans les tombes de l'Ancien et du Moyen Empire : elles suggèrent qu'une substance volatile y a pénétré et s'est enflammée dans un sous-sol surchauffé.

**~ Troie**

En 1873, Henri Schliemann qui n'était même pas archéologue, découvrit les vestiges de la forteresse chantée dans l'*Iliade*. Après des débuts difficiles en tant qu'apprenti épicier et mousse à bord d'un navire qui fait naufrage, il trouve un emploi de comptable en Hollande. Ayant amassé une véritable fortune, il s'apprête à réaliser le rêve de sa vie : retrouver la fameuse Troie. De nombreux voyages l'emmènent en Russie, en Californie et en Extrême-Orient, puis il se fixe en Grèce et publie une étude dans laquelle il prédit le lieu de sa future découverte.

On se moque de lui, mais peu après, il n'en réussit pas moins à identifier la cité légendaire avec le village turc d'Hissarlik, situé à l'extrémité ouest de l'Asie Mineure, à quelques kilomètres des Dardanelles[442]. La ville avait été construite et détruite 6 ou 7 fois. Schliemann considéra que la ville riche trouvée au 2e niveau ( en partant du bas ) était bien la Troie du roi Priam qui avait été assiégée et avait succombé aux guerriers grecs ( les achéens ) commandés par Agamemnon. Plus tard, certains scientifiques la jugèrent beaucoup plus ancienne et déclarèrent que la ville du 6e niveau ( en partant du bas ) était celle de Priam et d'Homère. Quoi qu'il en soit, la 2e a cessé d'exister, anéantie par un paroxysme de la nature, au moment où l'Ancien Empire égyptien prenait fin.

Un groupe d'archéologues de l'Université de Cincinnati, sous la direction de Cars Blegen, établit que la destruction de la cité assiégée par Agamemnon était due à un tremblement de terre[443]. Claude Schaeffer qui avait conduit

442 A la fin du XVIIIe siècle déjà, bien avant l'archéologie moderne, Le Chevalier avait émis l'hypothèse qu'Hissarlik était le site de la Troie homérique (ou Ilion d'après le latin). Personne ne tint compte de sa suggestion.
443 C. W. Blegen: « Excavations at Troy, 1936 », *American Journal of*

les premières fouilles d'Ugarit ( aujourd'hui Ras Shamra en Syrie ), se rendit auprès de Blegen pour confronter leurs découvertes respectives, et acquit la certitude que les séismes et incendies dont il avait relevé les traces à Ugarit et ceux qui avaient ravagé Troie, s'étaient produits simultanément, à 1.000 km de distance. Il compara ensuite les découvertes des deux sites avec les signes de tremblements de terre dans les nombreuses localités de cet Orient ancien.

Un travail minutieux lui permit de conclure que, plus d'une fois au cours des temps historiques, d'extraordinaires secousses telluriques avaient ébranlé toute cette région exceptionnellement vaste comparée aux zones les plus grandes affectées de nos jours par les séismes. Il écrit :

> *Pour nous, il n'y a pas le moindre doute que l'incendie de Troie II correspond à la catastrophe qui a mis fin aux installations de l'âge du Bronze ancien de l'Alaça Huyuk (niveau III), d'Alishar (IA), de Tarse (III), de Tépé Hissar (couches entre 12 et 13 mètres de profondeur), et à la catastrophe qui a livré aux flammes l'ancienne Ugarit (II), la cité de Byblos florissante sous l'Ancien Empire, les cités contemporaines de Palestine, et qui a été l'une des causes qui a mis fin à l'Ancien Empire d'Egypte* [444].

Après une période de déclin et de ruine, la plupart de ces villes ont retrouvé un nouvel éclat. La cité d'après, Troie III, a de nouveau été subitement détruite : c'était un « *épouvantable incendie* », digne d'un film à grand spectacle. Dörpfeld, archéologue réputé et collaborateur de Schliemann auquel il survécut jusqu'en 1940, s'étonna que cette ville ait pu laisser à la suite de ce sinistre une épaisseur de 16 mètres de cendres[445]. Schaeffer constata que le même phénomène de destruction s'est étendu sur toute l'Asie Mineure et bien au-delà.

Mais l'histoire ne s'arrête pas là : les travaux de reconstruction d'une nouvelle ville ( Troie IV ) furent stoppés net par un nouveau rebondissement tout aussi inat-

---

*Archeology*, 1937, XLI, p. 35.
444 C. F. A. Schaeffer, *Stratigraphie comparée et chronologie de l'Asie occidentale (3e et 2e millénaire)*, Oxford University Press, 1948, p. 225.
445 Ibid., p. 237. W. Dörpfeld, *Troja und Ilion*, 1902.

tendu. Une fois de plus, le sol fut recouvert « *d'une épaisse couche de cendres et de matières carbonisées indiquant clairement que les édifices s'étaient écroulés sous un incendie* »[446].

Ont suivi Troie V, puis Troie VI que l'on tient généralement pour la capitale du roi Priam : elle a été anéantie par un séisme, une force de la nature bien plus puissante que l'armée d'Agamemnon. Le sol a été violemment secoué, comme le précise le « scénario » de l'*Iliade.* Les murs ont bougé de place et sont tombés... à plat. Là encore, Schaeffer fut impressionné par les signes d'un bouleversement simultané dans tous les sites mis au jour d'Asie Mineure ou plus généralement de l'Orient ancien ; il se consacra alors à recueillir tout le matériel archéologique des 3e et 2e millénaires av. JC afin de les comparer et d'établir le synchronisme des interruptions soudaines d'âges culturels dans toute la région.

**~ Les ruines du Proche-Orient actuel.**

Les fouilles pratiquées dans tous les pays de l'Orient ancien fournissent les preuves de destructions extraordinaires que seule la nature a pu infliger. L'imposant ouvrage de Claude Schaeffer distingue 6 grands bouleversements, avec des secousses sismiques et des incendies d'une telle amplitude, qu'ils ont ravagé simultanément l'Asie Mineure, la Mésopotamie, le Caucase, le plateau iranien, la Syrie, la Palestine, Chypre et l'Egypte. Les plus violents ont mis un point final à de grandes époques dans l'histoire des civilisations.

Devant l'ampleur de ces destructions qui n'ont d'équivalence ni dans les annales modernes ni dans les concepts actuels de la sismologie, Schaeffer acquit la certitude que ces régions ( avec leurs sites anciens sur lesquels il avait minutieusement enquêté ) représentaient seulement une partie des terres touchées.

La plus ancienne catastrophe dont il a pu retrouver les « vestiges », a eu lieu entre 2400 et 2300 av. JC : elle a semé la ruine depuis Troie jusqu'à la vallée du Nil et a

446 Blegen, *American Journal of Archeology*, 1937, p. 570 et suiv.

entraîné la fin de l'Age du Bronze ancien. Elle a dévasté des villes anatoliennes comme Alaça Huyuk, Tarse et Alisar, des villes syriennes comme Ugarit, Byblos, Chagar Bazar, Tell Brak, Tépé Gawra, des villes palestiniennes comme Deisan et Ai, et bien d'autres cités perses et caucasiennes.

Les civilisations de Mésopotamie et de Chypre ont été détruites, et l'Ancien Empire d'Egypte a vu la fin d'une grande et splendide époque. Les murs de toutes les villes ont été jetés hors de leurs fondations et la population a considérablement diminué. « *C'était une catastrophe générale. Il ne fait aucun doute que les migrations ethniques résultaient de la manifestation de la Nature. Mais les causes initiales et réelles reposent probablement dans quelque cataclysme sur lequel l'homme n'avait aucun contrôle* »[447]. Toutes les fouilles de sites attestent de la soudaineté et de la simultanéité du ravage.

Les descendants de ceux qui avaient émigré et survécu à cet enfer ont édifié en quelques siècles de nouvelles civilisations : c'était à l'Age du Bronze moyen. En Egypte, c'était l'époque du Moyen Empire, brève mais glorieuse résurrection de la civilisation et de la puissance égyptiennes. La littérature a atteint sa perfection, le pouvoir politique son apogée. Est alors survenu un choc qui, en un jour, a fait de ce pays une ruine, a réduit son art en miettes, sa population à des monceaux de cadavres. La totalité de l'Orient ancien a été assommée. La nature ignorant les frontières a fait tremblé toute la région et l'a recouverte de cendres. « *Cette brillante période du Bronze moyen, qui a vu fleurir l'art du Moyen Empire d'Egypte ainsi que l'art raffiné et l'industrie du minoen moyen* [ en Crète ], *et au cours de laquelle les grands centres commerçants comme Ugarit ont connu une prospérité remarquable, s'est soudainement terminée...* »

« *L'intense commerce international, qui avait marqué durant l'Age du Bronze moyen la Méditerranée orientale et la plupart des pays du Croissant Fertile, s'est brusquement arrêté dans toute ce vaste territoire... Sur tous les sites d'Asie de l'ouest examinés jusqu'ici, un hiatus ou une période d'extrême pauvreté a brisé l'enchaî-*

---

447 Cette citation et les suivantes se trouvent dans *Stratigraphie comparée...* de Schaeffer, p. 534-567.

*nement chronologique des strates... Dans la plupart des pays, la population a notablement diminué ; dans d'autres, le nomadisme a remplacé la vie sédentaire* ».

En Asie Mineure, l'Age du Bronze moyen s'est terminé brusquement et la rupture avec l'âge suivant est manifeste sur « *tous les sites examinés strate par strate* ». Troie, Boghaskoï, Tarse, Alisar ont un point commun : leur éclat et la vie y disparaissent en même temps que le Bronze moyen.

A Tarse, notamment, on a découvert entre le niveau de la « *brillante civilisation* » du Bronze moyen et celui du Bronze récent, une couche de terre « *épaisse de 1 mètre 50 sans aucune habitation – un "hiatus"* » . A Alaça Huyuk, la période transitoire entre le Bronze moyen et le Bronze récent est marquée par des bouleversements et des destructions. Il en est de même pour toutes les fouilles en Asie Mineure.

Sur la côte syrienne et à l'intérieur « *nous observons une rupture stratigraphique et chronologique entre les couches du Bronze moyen et récent au Qalaat-er-Rouss, au Tell Simirian, à Byblos, au Liban dans les nécropoles de Kafer Djara, Qrayé, Majdalouna* ». Toutes les nécropoles de la vallée de l'Oronte ont cessé d'être utilisées. Le grand site de Hama a cessé d'être habité tandis que s'effondrait le Moyen Empire d'Egypte. On remarque aussi à Ras Shamra un « grand vide » entre le bronze moyen et récent.

En Palestine, Beth Mishrim n'a plus été occupé pendant quelques siècles après la chute du Moyen Empire égyptien ; à Beisan, lors des fouilles entre les couches du Bronze moyen et du récent, il fallut traverser une accumulation de débris épaisse d'un mètre qui « *indique* (...) *une interruption de la séquence chronologique* ». Bliss s'était trouvé devant un cas analogue à Tell-el-Hésy.

Les séismes ont également ravagé Jéricho, Meggido, Beth-Shemesh, Lachish, Ascalon, Tell Taanak. Les responsables des fouilles de Jéricho notèrent des destructions à maintes reprises ; ses remparts sont tombés lors un tremblement de terre peu après la fin du Moyen Empire[448]. Des chocs violents ont dévasté la Mésopotamie. La frontière russo-persane montre aussi une discontinuité entre le Bronze moyen et le récent. Au Caucase c'est aussi une absence totale de vestiges archéologiques pour cet intervalle. Comme sur la côte de Ras Shamra, une marée d'une violence inouïe a déferlé sur le pays, semant d'autres horreurs dans son sillage.

On constate aussi que la fin du Moyen Empire a été marqué par des éruptions volcaniques et des coulées de lave. « *Sur la péninsule du Sinaï, à une date ancienne mais non connue, une coulée de lave surgie du sol fissuré – le Sinaï n'est pas un volcan – a complètement brûlé les forêts et n'a laissé que le désert* »[449]. En Palestine une autre éruption de lave a comblé la vallée de Jezraël.

Au début du XX$^{e}$ siècle, un vase phénicien fut trouvé dans cette lave. Or les géologues avaient affirmé que l'activité volcanique avait cessé en Palestine dès les temps préhistoriques... « *L'affirmation des géologues devient très douteuse* », écrivit alors un autre auteur[450] : ce vase atteste l'activité volcanique «*pendant les temps historiques*». Le verdict des archéologues précise que cet objet « *date du XV$^{e}$ siècle avant notre ère* » et que, par conséquent, l'éruption a dû se produire au milieu du 2$^{e}$ millénaire[451].

Selon Schaeffer, l'Egypte a été conquise par les Hyksos venus de l'est, immédiatement après avoir succombé à un cataclysme causé par les éléments naturels ; les agents destructeurs n'étaient ni des envahisseurs ni des hordes nomades mais des tremblements de terre et des incendies. Et cela vaut aussi pour les autres pays :

> *Notre enquête a démontré que ces crises répétées qui ont ouvert et fermé les principales périodes des 2$^{e}$ et 3$^{e}$ millénaires n'ont pas été provoquées par l'homme. Loin de là, car*

---

448 J. Garstang et G.B.E. Garstang, *The Story of Jericho*, 1940.
449 Flinders Petrie, « The Metals in Egypt », *Ancient Egypt*, 1915.
450 H. Gressmann, *Palästinas Erdgeruch in der Israelitischen Religion*, 1909, p. 74-75.
451 Ibid., p. 75. A. Lons, *Israël*, 1932, p. 31. I. Benzinger, *Hebräische Archaeologie*, 3$^{e}$ éd., 1927.

*comparés à ces crises générales et à leurs effets profonds, les exploits des conquérants* (...) *paraissent bien modestes*[452].

Schaeffer a également trouvé des signes indiquant que le climat avait changé suite à ces catastrophes : « *Au même moment dans le Caucase et dans certaines régions d'Europe, des changements de climat semblent avoir apporté des modifications dans l'occupation et l'économie des pays* »[453].

La catastrophe qui m'a servi de point de départ pour *Mondes en Collision* et *Ages in Chaos* [454] a laissé des empreintes archéologiques dans les pays marqués par la Bible et les récits homériques, des Dardanelles jusqu'à la barrière caucasienne, et en passant par les montagnes perses jusqu'aux cataractes du Nil. Le bouleversement le plus dévastateur se situe à la fin du Moyen Empire égyptien, comme je l'avance dans ces deux ouvrages.

Quelle a été la nature des perturbations qui ont mis fin à l'Age du Bronze ancien, puis à celui du Bronze moyen et qui ont complètement changé l'aspect de l'Europe, de l'Asie et de l'Afrique ? Les incendies ont fait rage, la lave a coulé, les secousses se sont propagées à travers les continents, le climat a subi des changements radicaux. Schaeffer s'étonne de leur amplitude, amplitude jamais observée dans les temps modernes. Il se demande si ce n'est pas parce que les couches géologiques mal réparties se sont peu à peu équilibrées, que les tremblements de terre anciens ont été bien plus violents et ont touché une plus grande superficie[455].

Mais cette explication ne nous convainc pas : 3.000 ans représentent à peine la millionième partie de l'âge de notre planète ( la géologie lui donne 3 milliards d'années ). Elle aurait eu largement le temps de réajuster ses couches au cours des temps géologiques. En revanche, il semble bien que la Terre ait été déséquilibrée voici seulement quelques millénaires, ce qui expliquerait aussi le changement climatique survenu en même temps que le

452 Schaeffer, *Stratigraphie comparée...*, p. 565.
453 Ibid., p. 556.
454 Note JdL: *Le désordre des siècle*, éd. Le jardin des Livres, 2005.
455 Schaeffer, *Stratigraphie comparée...*, avant-propos, p. xii.

bouleversement. L'enquête de Schaeffer s'étend vers l'Est jusqu'à la Perse. En poursuivant au-delà, nous apprenons que la riche civilisation de l'Indus ( ou civilisation d'Harappa, en Inde ) a connu une fin soudaine juste avant l'arrivée des Aryens, « *au XV^e^ siècle av. JC* » mais on en ignore la cause. Pourtant, les faits rapportés par R. E. Mortimer Wheeler[456] donnent à penser que les nombreuses villes fortifiées de la vallée de l'Indus ont été détruites par un catastrophe naturelle. Les Aryens sont arrivés dans son sillage. Une période védique, sombre, a suivi[457], et, pas à pas, les nouveaux venus ont bâti une nouvelle civilisation sur les cendres de ce monde à jamais disparu.

### ~ Les époques et les dates

Il ne faudrait pas interpréter plus qu'il n'en faut le contenu de ce chapitre et des précédents : il ne cherche pas à prouver que ces bouleversements à l'échelle mondiale ont été l'apanage du 1^er^ et 2^e^ millénaire, mais constate qu'ils sont les derniers d'une longue série dont l'origine se perd dans la nuit des temps.

Le sujet de *Mondes en Collision* porte sur deux actes d'une tragédie qui ont affligé l'ensemble de notre planète à une époque relativement récente : « *Le premier se déroula au milieu du 2^e^ millénaire avant notre ère ; le second au cours du VIII^e^ siècle et VII^e^ av. JC* »[458].

La première catastrophe est survenue à la fin du Moyen Empire d'Egypte. Les dernières heures de cette période sont détaillées dans *Ages in Chaos*. La seconde – ou plutôt la série de catastrophes suivantes – se situe entre 776 et 687 av. JC, année de la chute de Sennachérib, dernier acte d'un drame qui avait pris les devants.

Claude Schaeffer – qui travaillait indépendamment – a conclu qu'à la fin du Moyen Empire un énorme cata-

---

456 R. E. Mortimer Wheeler, « Archeology in India and Pakistan since 1944 », *Journal of the Royal Society of Arts*, décembre 1950, XCIX. Idem, *Pakistan, Geological Review*, vol 1, 1^ère^ partie.
457 Communiqué par H. K. Trevaskis, auteur de *The Land of the Five Rivers*, Oxford University Press, 1928.
458 *Mondes en Collision*, préface.

clysme a ruiné l'Egypte, avec des séismes qui ont dévasté et décimé les sites peuplés de Palestine, de Syrie, de Chypre, de Mésopotamie, d'Asie Mineure, du Caucase et de la Perse[459]. Et Sir Arthur Evans avait déjà montré qu'à cette même époque la Crète avait été ravagée. D'autre part le volcan de Théra avait craché des flots de lave et la civilisation de l'Indus avait tout à coup disparu.

Schaeffer a aussi fait état de catastrophes ayant embrasé le Proche et le Moyen-Orient quelques siècles plus tard. Et de son côté Evans s'était rendu compte que les villes de Crète avaient été détruites par de violents séismes ayant clos les périodes minoennes.

Les déductions de Schaeffer reposaient sur les résultats de dizaines ( si ce n'est de centaines ) de fouilles pratiquées à travers l'Orient ancien où les populations ont été décimées, voire anéanties, où le sol a tremblé, où la mer a fait irruption, où le climat a changé. Son constat corrobore on ne peut mieux ce que j'affirme dans *Mondes en Collision* à propos de l'époque et de l'ampleur des catastrophes. Mais nous avons avons bien d'autres preuves et cela n'a rien d'étonnant : ces catastrophes ayant eu lieu de toutes parts, leurs effets doivent se rencontrer partout.

La fonte du glacier du Rhône a commencé il y a 2.400 ans, au milieu du 1er millénaire. Ce calcul dû à Lapparent, s'accorde avec celui auquel nous sommes parvenus pour dater la dernière catastrophe ( 687 av. JC ) : elle a provoqué la fonte de nombreux glaciers anciens, et l'évaporation et les précipitations résultantes ont produit d'autres glaciers qui à leur tour se sont mis à fondre, processus qui n'a cessé depuis. Ainsi, bien qu'on ait été surpris de l'apprendre, nombre de glaciers des Alpes ont moins de 4.000 ans ( Flint ).

Les brusques variations climatiques – désastreuses – de Scandinavie découvertes par Sernander et d'autres

---

459 En accord avec la chronologie admise, Schaeffer situe la fin du Moyen Empire entre 1750 et 1650 av. JC. Cela ne l'empêche pas d'ajouter: « *La valeur des dates absolues adoptées par nous dépend bien entendu pour une part, du degré de précision obtenu dans le domaine des recherches sur les documents historiques utilisables pour la chronologie...* » (*Stratigraphie comparée...*, p. 566). Dans *Ages in Chaos*, je montre pourquoi la fin du Moyen Empire doit être placée vers -1500.

scientifiques scandinaves correspondent presque exactement à nos dates : vers 1500 av. JC, et de 800 à 700 av. JC. Gam et Nordhagen obtiennent les mêmes dates avec l'analyse des pollens pour les changements non moins désastreux du climat des marais allemands et les troubles tectoniques de l'Europe centrale. Paret, comme plusieurs auteurs, donne les mêmes dates, l'une avoisinant le milieu du 2e millénaire avant notre ère, et l'autre suivant 800 av. JC en ce qui concerne les catastrophes climatiques retracées par les cités lacustres d'Allemagne, de Suisse et d'Italie du Nord.

L'étude approfondie de la rivière Niagara par W. A. Johnston a révélé que son lit actuel a été creusé par les chutes il y a moins de 4.000 ans. Les relevés et les sondages répétés du delta de la Bear River effectués par Hanson, ont attesté qu'il était âgé de 3.600 ans, et que par conséquent son origine remonterait au milieu du 2e millénaire av. JC. Les recherches de Warren Upham sur le lac Agassiz et l'état de ses roches ont montré que sa formation date de quelques milliers d'années seulement et qu'il n'a pas « vécu » longtemps.

L'étude de Claude Jones sur le Grand Bassin a démontré que les restes de lacs glaciaires existent depuis seulement 3.500 ans et que la faune de l'âge glaciaire a survécu jusqu'à une date toute aussi récente. Gale a obtenu des résultats comparables avec le lac Owens en Californie et Von Winkle avec les lacs Abert et Summer en Oregon.

L'analyse au radiocarbone de Libby a constaté que les plantes du Mexique consommées par des d'espèces animales disparues n'ont vraisemblablement que 3.500 ans. Plusieurs scientifiques, hommes de terrain, sont parvenus à la même conclusion, à savoir que la faune du pléistocène vivait à une époque récente sur de nombreuses parties du continent américain.

Le radiocarbone a aussi permis à Suess et Rubin de découvrir que la glace avançait encore il y a 3.000 ans dans les montagnes de l'ouest des Etat-Unis.

Le magnétisme de l'argile contenu dans les vases étrusques[460] a montré qu'il y a eu inversion du champ magnétique de la Terre et que celle-ci a traversé de puissants champs magnétiques pendant les temps historiques.

Les lits de fossiles de Vero et de Melbourne, en Floride ( avec des objets façonnés et des os humains mêlés à des restes d'espèces animales aujourd'hui disparues ) ont prouvé qu'ils s'étaient formés entre il y a 2.000 et 4.000 ans. Selon Godwin, les deux irruptions de la mer sur les rivages d'Angleterre ont également eu lieu aux 2e et 1er millénaires avant notre ère. Comme l'avait constaté Prestwich avant lui, cette irruption a eu un caractère très violent et a touché la centre de la France, la Riviera française, Gibraltar, la Corse, la Sicile et toute la région qui rejoint les pays de l'Orient ancien. Partout on y a trouvé quantité d'os, brisés mais frais, d'espèces animales vivantes et disparues. Les os non fossilisés trouvés dans les cavernes d'Angleterre témoignent aussi d'une étonnante jeunesse.

Grâce aux observations de nombreuses plages tout autour du globe, Daly a établi qu'une baisse de niveau océanique d'au moins 5 à 6 mètres s'était produite il y a 3.500 ans. Le fait a été confirmé par Kuenen et d'autres scientifiques, à l'aide de preuves relevées en Europe.

A ces témoignages géologiques, climatologiques, archéologiques datés avec précision et concordant parfaitement entre eux, nous pouvons en ajouter d'autres, montrant eux aussi le caractère récent des grands bouleversements.

En Alaska on a trouvé d'énormes tas d'animaux déchirés, brisés, dont la peau et les os sont en parfait état de fraîcheur. Mais ce sont des espèces éteintes. La chair des mammouths découverts en Sibérie est encore comestible ; les os d'hippopotames enchâssés dans les fissures d'Angleterre contiennent encore leur matière organique. Les chaînes de montagnes de Chine et du Tibet, les Andes,

---

460 Note JdL: lire à ce sujet le roman historique de Mika Waltari, *L'Etrusque*, qui est l'histoire d'un jeune homme chargé d'annoncer aux étrusques la « fin d'un temps » et leur disparition imminente...

les Alpes, les Rocheuses et le Caucase ont atteint leur hauteur actuelle vers la fin du néolithique, voire pendant l'Age du Bronze ; et c'est aussi pendant la période postglaciaire que l'Afrique s'est fracturée le long de la Rift Valley[461].

Toutes les régions du monde nous donnent les mêmes datations tardives, mais le plus important à retenir est qu'elles sont confirmées par toutes sortes de calendriers, d'évaluations, de calculs et d'approches. En fait, les chiffres cités dans ces pages proviennent de l'archéologie, de la climatologie, des lits de fossiles, des cascades, des deltas, des marais, des pollens, des cités lacustres, des glaciers, du niveau océanique et de la polarité magnétique terrestre. Tous relatent les mêmes événements, aux mêmes dates.

461 Voir avant-dernier paragraphe du chapitre 6.

# ~ 13 ~
# Effondrement des systèmes

## ~ La géologie et l'archéologie

Si l'on s'en tient aux découvertes sur le terrain des anthropologues et archéologues, ces témoignages sont d'un âge récent, mais d'après les systèmes communément professés par les géologues et paléontologues, ils semblent beaucoup plus anciens. Cette divergence est devenue un conflit quand on a trouvé à Melbourne et à Vero des couches contenant à la fois des fossiles et des objets façonnés, état de fait qui se rencontre dans bien d'autres endroits.

Romer a rassemblé un matériel considérable destiné à prouver que la faune du pléistocène a survécu jusqu'à une époque relativement proche de la nôtre. Cette idée fut largement citée ou reprise par les archéologues : Kroeber ne voit pas comment éviter de conclure que « *certaines associations d'objets fabriqués par l'homme avec des espèces animales éteintes sont probablement âgées de moins de 3.000 ans* » et non « *de 25.000* »[462]. Mais, comme Jones, il estime que si la faune de l'âge glaciaire a survécu si longtemps, c'est uniquement grâce à la lenteur du processus d'extinction ; or cette idée d'extinction graduelle est combattue par d'autres spécialistes de la question qui pensent que « *des changements*

---

462 A. L. Kroeber, dans le volume dédié à A. M. Tozzer: *The Maya and Their Neighbors*, 1940, p. 476.

*géologiques ou climatiques soudains et décisifs se sont produits et ont simultanément balayé un nombre considérable d'espèces animales* »[463].

Si l'on tient compte des renseignements recueillis sur le continent européen, « *où la documentation provenant des sites postglaciaires anciens est beaucoup plus complète, nous constatons une disparition brusque de la faune* »[464]. Et d'après les normes de l'archéologie, les objets et les autres vestiges d'origine humaine trouvés avec des fossiles laisse supposer une date beaucoup plus proche en Europe aussi. La divergence d'opinion séparant sur ce point les géologues et les archéologues anglais fait dire à Sandford : « *Dans certains cas leur désaccord est si total que soit les uns, soit les autres, sont nécessairement dans l'erreur* »[465]. Les échelles de temps en archéologie ou en anthropologie restent en très nette opposition avec toutes les échelles de temps en géologie et en paléontologie. En effet, l'archéologie se base sur des éléments culturels et l'anthropologie sur l'homme ( et sa biologie ), tandis la géologie se base sur des éléments physiques de la Terre et la paléontologie sur les fossiles ( où il vaut mieux aussi avoir quelques notions d'anatomie et de biologie ). Elles sont donc amenées à se croiser un jour ou l'autre, et c'est au niveau de la mesure du temps qu'apparaît la plus grande divergence.

Ainsi, en quête d'arguments supplémentaires, l'archéologue se tourne vers certains animaux disparus représentés sur les bas-reliefs babyloniens ou égyptiens dont on a effectivement retrouvé les os. De son côté l'anthropologue pense que même les traditions orales relatives à des espèces éteintes permettent d'établir des conclusions de grande portée.

« *L'archéologie a prouvé que l'Indien d'Amérique chassait et tuait des éléphants ; elle a aussi montré que ces animaux ont disparu* [ d'Amérique ] *depuis quelques milliers d'années. Ce qui veut dire*

---

463 L. C. Eiseley, « Archaeological Observations of the Problem of Post Glacial Extinction », *American Antiquity*, 1943, vol. VIII, n° 3, p. 210.
464 Ibid., p. 211.
465 K. S. Sandford, « The Quarternary Glaciation of England and Wales », *Nature*, 2 décembre 1933.

*que les traditions indiennes évocatrices des éléphants ont conservé leur valeur historique pendant une très longue période. Il est impossible de savoir depuis combien de temps. Probablement depuis au moins 3.000 ans.* (...) *Si les traditions indiennes ont gardé leur caractère historique après tant d'années, il en a certainement été de même pour les traditions d'autres races et d'autres peuples* »[466].

Les animaux trouvés dans la fosse d'asphalte californienne de La Brea ont tout d'abord été datés du début du pléistocène ( période glaciaire ), leur attribuant ainsi un million d'années ou presque ; mais le lien de parenté qui les lie à ceux du lac Lahontan a imposé une nouvelle estimation. Ils ont donc été assignés à la fin de l'âge glaciaire ( tout comme la faune similaire des autres fosses d'asphalte de Californie, Carpinteria et McKittick ), ce qui les ferait remonter à 20 ou 30.000 ans. « *Le plus étonnant sans doute est que si cette collection* [ d'animaux vertébrés ] *du début du pléistocène date en fait de la fin du pléistocène, ces vertébrés du début du quaternaire sont finalement pratiquement inconnus dans l'ouest des Etats-Unis* »[467].

Ce revirement d'opinion radical ne s'est pas limité à la côte ouest de l'Amérique du Nord : on admet aujourd'hui que la faune, qui deux ou trois décennies avant était censée avoir péri dès le début de la période glaciaire, a survécu et s'est éteinte à la toute fin de cette période. « *Il semble étrange qu'une faune ayant survécu à la grande glaciation ait disparu à la fin de celle-ci. Mais elle est bien morte* »[468].

Pourtant, ramener d'un million à 20, 30 ou même 10.000 années la date à laquelle ont succombé la plupart des animaux du pléistocène dans l'ouest des Etats-Unis, reste insuffisant si Jones a correctement daté les sédiments du lac Lahontan. D'après ses analyses ( sur l'accumulation de sodium dans ce qui reste de ce lac ) il est né il y a tout juste 3.500 ans, et donc la faune trouvée dans ses dépôts ne saurait être plus ancienne. Ceci a entraîné de nouvelles

---

466 L. H. Johnson, « Men and Elephants in America », *Scientific Monthly*, octobre 1952.

467 J. R. Schultz: « A Late Quarternary Mammal Fauna from the Tar Seeps of McKittrick, California », dans *Studies on Cenozoic Vertebrates of Western North America*, Carnegie Institution, 1938.

468 Eiseley, *American Antiquity*, 1943, vol. VIII, n° 3, p. 211.

hésitations. J. R. Schultz, étudiant l'ancienne faune californienne, écrit qu'en fonction du lien établi entre la faune de La Brea et celle du Lahontan, il est maintenant possible de « *concilier les témoignages des vertébrés* » avec l'opinion de Jones « *sur l'âge relativement récent du lac* »[469]. Cela signifierait-il que les espèces éteintes des fosses ne remontent qu'à 3.000 ou 4.000 ans? Ce qui veut dire que ces ossements y ont été déposés au moment où se déroulait l'histoire de l'Egypte et de Babylone...

Nous avons ainsi assisté à un revirement d'opinion des géologues américains de la fin du XIXe et du début du XXe siècle comme Winchel[470], Upham[471] et Wright[472]: ce dernier estimait que l'âge glaciaire « *n'a pris fin que vers l'époque où les civilisations de l'Egypte, de la Babylonie et du Turkestan occidental ont atteint un degré de développement élevé* », contrairement aux « *idées très exagérées sur l'ancienneté de l'âge glaciaire* »[473].

Pas à pas, l'opinion scientifique se rapproche de ce point de vue, bien qu'elle maintienne encore qu'un grand intervalle sépare la période glaciaire du début l'histoire écrite, en dépit de la survie de nombreux animaux de l'ère glaciaire jusqu'au 2e millénaire av. JC.

## ~ Hypothèses périmées

En 1829, Gérard Deshayes publia son étude des couches de fossiles dans la région parisienne, où les animaux marins alternent avec les animaux terrestres. Il avait constaté que les strates marines supérieures contenaient de nombreuses espèces de mollusques à coquille ( qui habitent encore les eaux salées ), et que plus la strate était profonde, plus ces espèces se faisaient rares.

A la suite de cette publication, Lyell dressa un tableau des temps géologiques ( composé de longues époques – ère primaire, secondaire etc. - subdivisées en pério-

469 Schultz, dans *Studies on Cenozoic Vertebrates*.
470 1839-1914.
471 1850-1934.
472 1838-1921.
473 Wright, *The Ice Age in North America*, p. 683.

des ou cycles ). Les fossiles, on le sait, permettent de se rendre compte des modifications subies dans le temps par la faune, aussi fonda-t-il sa chronologie sur ces changements, et tout particulièrement sur ceux des mollusques à coquille. Estimant que l'époque de l'homme ( quaternaire ) représentait un vingtième de l'évolution du règne animal depuis le début du miocène ( l'avant-dernière période du tertiaire ), il ébaucha un « *cycle d'évolution* » complet au début duquel apparaissaient de nouvelles espèces qui remplaçaient pratiquement toutes les autres. En conséquence, se dit-il, comme on admet que l'humanité a 1 million d'années ( elle a commencé au quaternaire ), il a fallu 20 millions d'années pour que s'accomplissent les changements observés depuis le début du miocène. Et, toujours selon lui, 4 cycles de transformation ont dû s'écouler depuis la fin du secondaire. Poursuivant son raisonnement, il compta 12 cycles, soit un total de 240 millions d'années depuis l'aube du primaire, époque où les premières formes de vie sont apparues sur la Terre. Ce chiffre a été considérablement augmenté par la suite mais le reste de son évaluation est toujours en vigueur[474].

Le système de Lyell, amélioré par l'ajout de nouvelles subdivisions aux temps géologiques, aboutit à la règle suivante : si une couche contient entre 90 et 100% d'espèces modernes de coquillages, elle date de l'âge glaciaire ( pléistocène dans l'ère quaternaire ) ; si elle en contient entre 40 et 90%, elle appartient à la subdivision précédente ( le plio-

---

474 NdT: la vie est apparue sur Terre avant le primaire, c'est-à-dire au précambrien : il existait voici 3,5 milliards d'années des formes de vie très rudimentaires, ni animales, ni végétales, composées pour la plupart d'une seule cellule, invisible à l'œil nu ( d'où les difficultés pour les trouver et les étudier ) mais qu'on connaît pourtant bien : les bactéries! Voir à ce sujet les deux premiers chapitre du *Principe de Lucifer*, tome 2, où Howard Bloom, biologiste de formation, montre à quel point ces premières formes de vie sont importantes dans l'évolution des êtres vivants et à quel point elles sont déconsidérées des scientifiques (l'époque du précambrien fut qualifiée de « *3 milliards d'années de non-événement* »). Dans son introduction, il dénonce aussi les tensions opposant les partisans de deux théories de l'évolution (sélection individuelle contre sélection de groupe soutenue par Darwin); aucune des deux n'est entièrement acceptable, mais les enjeux sont tels que l'adhésion à une théorie non reconnue par la communauté scientifique peut valoir « *l'excommunication* ». Et lui aussi aboutit à la nécessité d'un nouveau modèle évolutionniste pour expliquer les comportements animaux et humains !...

cène dans l'ère tertiaire ) ; si elle en contient entre 20 et 40%, elle est d'une subdivision antérieure ( le miocène, toujours au tertiaire ), et ainsi de suite jusqu'à ce qu'on ne rencontre plus d'ancêtres directs d'espèces encore existantes.

La chronologie de Lyell est basée sur ces suppositions : aucun événement catastrophique n'est intervenu et la disparition des espèces est due à leur lente extinction – que Darwin explique par sa théorie de la sélection naturelle[475]. Mais si l'on admet que de grandes catastrophes ayant dépassé le stade local se sont produites à la surface de la Terre et au fond des mers, que certaines formes de vie n'y ont pas échappé, que d'autres y ont survécu, et que les descendants d'autres espèces ont fortement mutés, alors toute cette méthode rigide ( de pourcentages et de multiplication des changements observés au cours d'1 période récente ) n'est pas plus valable que les décrets de certains théologiens, tel l'archevêque irlandais Ussher, qui déclara en 1654 : « *Le monde a été créé le 26 octobre 4004 avant Jésus-Christ, à neuf heures du matin* ».

Cet ouvrage ne vise ni à augmenter ni à réduire l'âge estimé de la Terre et de l'univers ( pendant les 12 ans que j'ai mis à l'écrire, cet âge est passé de 2 à 5 milliards d'années ). Je ne comprends pas pourquoi, dans l'esprit des croyants, un univers restreint et éphémère prouverait mieux qu'un autre qu'il a été conçu par une intelligence souveraine et parfaite. Je ne vois pas davantage comment nous pourrions trouver une solution ou contribuer à éclaircir les nombreux problèmes de la géologie si l'on se contente de les repousser vers des temps très reculés. Quel que soit l'âge de l'univers et de la Terre, chaque période géologique a eu une durée différente de celle donnée par la théorie de la « constance ». Le concept d'un tertiaire de 60 millions d'années avec les plissements des montagnes, suivi d'une période glaciaire d'1 million d'années avec de grands

475 C'est « *la persistance du plus apte à la conservation des différences et variations individuelles* », c'est-à-dire l'individu le mieux adapté à un milieu parvenant à transmettre ses différences ( biologiques, anatomiques, de comportement, d'alimentation etc.) qui permet au groupe ou à l'espèce de rester dans la « *lutte pour la vie* ».

changements climatiques, puis d'une période « récente » et tranquille de 30.000 ans où les montagnes se sont calmées et où le climat s'est stabilisé, est fondé sur une erreur.

L'édification des montagnes s'est poursuivie pendant la période glaciaire, coïncidant avec des variations catastrophiques de climat, et les deux phénomènes se sont prolongés jusque dans l'époque récente, voici seulement quelques millénaires.

## ECHELLE ADMISE DES TEMPS GEOLOGIQUES[476]

### CENOZOIQUE

. ERE QUATERNAIRE ( époque de l'homme )
- *Récente* ( néolithique, bronze, fer ) [ *Holocène* 10.000 à 0 ]
- *Pléistocène ou glaciaire* (paléolithique) [1 640.000 à 10.000 années]

. ERE TERTIAIRE ( époque des mammifères )

| | |
|---|---|
| - *Pliocène* | [ 5,2 à 1,64 millions d'années ] |
| - *Miocène* | [ 25,5 à 5,2 millions d'années ] |
| - *Oligocène* | [ 35,5 à 23,5 millions d'années ] |
| - *Eocène* | [ 56,5 à 35,5 millions d'années ] |
| - *Paléocène* | [ 65 à 56,5 millions d'années ] |

**MESOZOIQUE** ( époque des reptiles ) [ ou ERE SECONDAIRE ]

| | |
|---|---|
| - *Crétacé* | [ 146 à 65 millions d'années ] |
| - *Jurassique* | [ 208 à 146 millions d'années ] |
| - *Trias* | [ 245 à 208 millions d'années ] |

**PALEOZOIQUE** (époque des invertébrés, poissons, amphibiens) [ ou ERE PRIMAIRE ]

| | |
|---|---|
| - *Permien* | [ 290 à 245 millions d'années ] |
| - *Carbonifère* | [ 363 à 290 millions d'années ] |
| - *Dévonien* | [ 409 à 363 millions d'années ] |
| - *Silurien* | [ 439 à 409 millions d'années ] |
| - *Ordovicien* | [ 510 à 439 millions d'années ] |
| - *Cambrien* | [ 570 à 510 millions d'années ] |

**AZOIQUE** ( pas de vie, puis vie primitive )

| | |
|---|---|
| - *Précambrien* | [ 4 600 à 570 millions d'années ] |

476 NdT: les données entre crochets droits ont été ajoutées par nos soins. Les chiffres datent de 2001 mais permettent néanmoins de se repérer dans les calculs de Lyell.

**~ Les premières périodes ( précambrien et ère primaire )**

Si l'on examine les roches les plus anciennes, on voit qu'elles témoignent de gigantesques bouleversements en comparaison de ceux qui suivront. Près de la frontière canadienne, vers Keewatin au nord-ouest du lac Supérieur, un ensemble de couches de lave et de roche sédimentaire atteint une « *impressionnante épaisseur de 6.000 mètres* »[477]. A Michipicoten Bay, le tuf, une roche volcanique très poreuse et peu dense, est épais de plus de 3.300 mètres. Toujours dans cette région du lac Supérieur, un flot de lave ( du Keweenawan ), plus récent mais au demeurant très ancien, « *a été estimé à 100.000 km$^3$* ». Au nord du Michigan et du Wisconsin, le système du Keweenawan « *peut atteindre 15.000 mètres, dont plus de la moitié est constitué de coulées de lave. L'imagination s'enflamme quand on contemple les 5 millions de km$^2$ de gneiss granitique qui tapissent le bouclier canadien et quand on réalise qu'il est venu là sous forme de magma liquide qui s'est figé sous une couverture de roches plus anciennes, usée depuis par l'érosion* ». On a l'impression que « *l'écorce terrestre a été plusieurs fois brisée et enfouie dans des soulèvements de matières en fusion* ».

Au Canada, en Australie, en Afrique du Sud, on a trouvé dans ces laves précambriennes, des dépôts glaciaires « *contenant des blocs de pierre en partie arrondis et en partie anguleux, et dont certains sont striés et à facettes* ». Ce constat d'une prime glaciation fut d'abord considéré comme une « *découverte choquante* » parce qu'elle représentait « *un sérieux obstacle au principe selon lequel la Terre était à l'origine une masse en fusion* », mais plus tard les géologues intercalèrent quelque 500 millions d'années entre la formation de la Terre et les premiers phénomènes de glaciation, afin de laisser aux roches le temps de se refroidir.

Puis, au cambrien, l'océan a envahi les continents, la dolomite et les roches métamorphosées épaisses de 900 à 1.200 mètres se sont constituées. Les formes de vie animale étaient encore rudimentaires. Pourtant « *les ancêtres les*

---

477 Cette citation et les suivantes sont empruntées à l'ouvrage de Dunbar, *Historical Geology*, 1949. Charles Schuchert figure comme coauteur dans les éditions antérieures.

*plus simples ( et non spécialisés ) des animaux modernes sont extrêmement modernes au sens géologique, et (...) appartiennent au même ordre que celui qui prédomine aujourd'hui* ».

Au cours de l'ordovicien, la mer a submergé « *toute la moitié du continent* [ américain ] *et l'a réduit à un groupe de grandes îles* ». Au début de cette période, « *les eaux de l'océan ont envahi d'immenses étendues, au centre et à l'Est des Etats-Unis* ». Un peu plus tard, « *une immense mer venant de l'Arctique a traversé le centre du Canada, et a rejoint les baies du sud qui occupaient la majeure partie des Etats-Unis* ».

Pendant ce qu'on appelle le soulèvement taconien, les montagnes se sont élevées, plissées, en fait se sont chevauchées, le tout accompagné d'une activité volcanique. Une pluie de cendres s'est répandue de l'Etat de New York à l'Alabama et « *même loin vers l'ouest jusqu'au Wisconsin, au Minnesota et à l'Iowa* » ... L'épaisseur des lits de cendres varie de quelques centimètres à plus de 2 mètres. « *Toutefois, le volcanisme s'est davantage manifesté au nord-est, à Québec et à Terre-Neuve* » où les couches de tuf sont caractéristiques de l'époque.

Simultanément, des bancs de coraux s'édifiaient dans la partie arctique du Canada, de l'Alaska au Manitoba, comme à Terre-Neuve et au nord du Groenland. On rencontre dans le nord de la Norvège des indices d'une période glaciaire ( tillites ) et, s'ils sont de la même période, ils n'en restent pas moins problématiques en raison des récifs de corail alors en plein développement sur cette partie du globe. La vie se concentrait dans les eaux et la mer se peuplait de milliers d'espèces.

Pendant la période suivante, celle du silurien, l'activité volcanique a repris de la vigueur. « *Au Nouveau-Brunswick et surtout au sud-est du Maine, les couches de cendre et de lave atteignent l'impressionnante épaisseur de 3.000 mètres, voire davantage* » ( états à la frontière américano-canadienne sur la côte Est ). Il existe également dans le sud de l'Alaska et dans le nord de la Californie de très imposantes coulées de laves, des brèches volcaniques et du tuf de la même époque. La fin de la période fut marquée par la perturbation calédonienne, où une crête montagneuse s'est élevée au travers des îles Britanniques et de la Scandinavie : « *Sur toute la longueur de la Norvège et de la Suède, c'est-à-dire sur quelque 1.800 km, les formations pré-dévoniennes se sont plissées, retournées et empilées vers l'Est sur des plans de faille particuliers de 30 à 65 km* ». Et de nouveau, des bancs de coraux se sont développés dans les régions arctiques.

La période suivante, le dévonien, a été marquée par les soulèvements et les dépressions de la révolution acadienne. « *L'accident acadien a été accompagné d'une forte activité volcanique. La grande épaisseur des couches de lave et de tuf atteste que les volcans étaient actifs pendant le dévonien dans le sud de la province de Québec, la péninsule de Gaspé, le Nouveau-Brunswick et le Maine* ». Le magma a soulevé les White Mountains et a formé leur base de granit. Les mêmes processus se sont déroulés partout ailleurs ; les vieux grès rouges d'Europe sont une formation dévonienne. En Australie, des montagnes se sont élevées et étirées tout le long de la côte Est : « *Là, cette période a connu une grande activité volcanique et on évalue à plus de 9 000 mètres l'épaisseur des couches dévoniennes et des couches volcaniques associées* ».

Pendant tout le dévonien, l'Amérique du Nord a dû être reliée à l'Europe par un isthme « *qui s'est affaissé plus tard dans l'Atlantique* ». En effet, on trouve des plantes terrestres et les animaux d'eau douce conservés dans les roches dévoniennes de ces deux régions, « *si semblables de chaque côté de l'Atlantique qu'il est clair qu'ils pouvaient librement et facilement migrer par ce pont terrestre* ».

Pendant le carbonifère, des montagnes se sont édifiées, l'océan a envahi les terres, les coraux ont construit des récifs sur le littoral arctique de l'Alaska et les îles polaires du Spitzberg, les volcans sont entrés en éruption et une glaciation a montré le bout de son nez, en Australie principalement. On constate la présence d'animaux terrestres et une vie marine abondante. Des gisements de charbon se sont formés. Ceux de la Nouvelle-Ecosse et du Nouveau-Brunswick sont épais « *de quelques centaines de mètres jusqu'à 4.000 mètres* ». La glaciation continentale s'est étendue à l'Amérique du Sud, à l'Afrique du Sud, à l'Inde et à l'Australie...

J'arrête ici les citations empruntées à *Historical Geology*. Neptune et Vulcain – ou les forces élémentaires qui régissent la fusion des roches et le déchaînement des mers – ont sans cesse pris la Terre pour un terrain de jeu. Cela n'empêche pas la géologie officielle de nous assurer que le calme et l'uniformité y ont toujours régné, et que ce qui nous semble être le fruit de bouleversements brutaux n'est que le résultat de phénomènes lents et coutumiers ; elle irait jusqu'à nier l'origine catastrophique des coulées de laves dont le jaillissement est incontestablement dû aux spasmes sporadiques de l'écorce terrestre.

Certains auteurs nous disent : « *Il n'est pas évident que la ville de Boston repose sur l'une des plus grandes chaînes montagneuses du monde, et c'est pourtant bien le cas* »[478] ( elle s'est affaissée et a été érodée )... D'autres écrivent que « *Boston était située en zone équatoriale pendant le carbonifère et dans une région désertique pendant le permien* »[479]. On peut aussi lire que le site de cette ville était autrefois sous la mer, et même autrefois sous plus d'un kilomètre de glace. Et l'on insiste sur le fait que ces changements ont eu lieu sans aucun bouleversement naturel, qu'ils ont simplement été causés par des forces et des agents toujours actifs aujourd'hui, les plus hautes cimes s'aplatissant, les jungles équatoriales faisant place à de torrides déserts de sable, ces déserts à une très froide calotte de glace, cette calotte au lit des océans et le lit des océans au campus de l'université d'Harvard!... En somme, tout cela s'est passé si lentement qu'aucun être vivant ne s'en est jamais aperçu...

### ~ Le charbon

Le charbon se présente généralement en couches qu'on date principalement d'après les éléments fossiles ( et combustibles ) qu'elles contiennent. Il existe plusieurs variétés de charbon. Le charbon brun est une masse compacte de restes végétaux. La lignite est surtout faite d'arbres partiellement transformé en charbon. Le charbon mou ou

---

478 Daly, *Our Mobile Earth*, p. 239.
479 Brooks, *Climate Through the Ages*, p. 232.

bitumineux, cassant et très brillant, contient du soufre ; on peut parfois observer sa nature organique à l'aide d'une simple loupe, et reconnaître les plantes qui sont entrées dans sa composition grâce aux feuilles de la couche de schiste argileux recouvrant le lit de charbon et qui lui donne un aspect feuilleté. L'anthracite[480], dur et de couleur gris foncé, est un charbon bitumineux qui s'est métamorphosé.

Les plantes qui sont entrées dans la composition des anciennes couches de charbon sont essentiellement des fougères et des cycadées[481]. Viendront ensuite les sassafras[482], lauriers, tulipiers, magnolias, canneliers, séquoias, peupliers, saules, érables, bouleaux, châtaigniers, aulnes, hêtres, ormes, palmiers, figuiers, cyprès, chênes, rosiers, pruniers, amandiers, myrtes, acacias et bien d'autres espèces[483].

Bien qu'on parvienne à dater le charbon, son origine est loin d'être expliquée de façon satisfaisante. Selon une théorie, il s'est formé dans les tourbières, lentement, sur des dizaines et des centaines de milliers d'années. Les végétaux y seraient tombés, et y aurait été recouverts par l'eau des marécages avant de se décomposer à l'air libre ; une couche de sable s'y serait alors déposée, constituant un sol favorable à la croissance de nouvelles plantes, qui à leur tour seraient tombées etc. etc. etc.

Mais pour que ces couches de sable s'y déposent, il faut bien entendu qu'une eau en mouvement ait couvert ces régions marécageuses. Comme on trouve des coquillages et des fossiles marins sur presque toutes les couches supérieures de charbon, la mer a dû envahir ces régions en à un moment donné, puis se retirer, sans quoi aucune plante terrestre n'y aurait poussé. En certains endroits, on

---

480 NdT: l'anthracite est aussi appelé en anglais « charbon dur », en français houille ( quand celle-ci contient 4 à 11% d'anthracite ) et autrefois « charbon de pierre ».

481 NdT: plantes, arbustes ou arbres dont la graine est dénuée de protection (dits gymnospermes comme les pins et cyprès). Elles ont précédé les plantes à fleurs. Le cycas du Japon est un exemple de cycadées: il ressemble à un petit palmier au tronc bombé et court.

482 NdT: arbre originaire d'Amérique du Nord, voisin du laurier.

483 Price: *The New Geology*, p. 468-469.

constate 60, 80, 100 strates consécutives de charbon et même davantage : la théorie en question exige donc que le mer ait envahi le pays x ou y fois – quand celui-ci s'est lentement affaissé – et qu'elle s'en soit retirée autant de fois. En d'autres termes, elle considère que le sol est animé, comme s'il pulsait, et que la mer reviendra un jour ou l'autre recouvrir les couches de charbon comme elle l'a fait cent fois dans le passé[484]:

> *Les fossiles de palourdes, d'escargots marins* (...) *abondent dans le schiste argileux séparant chaque veine* [ couche ] *de charbon. Par la suite les eaux salées se sont retirées, ont cédé la place à un marais d'eau douce, et une nouvelle couche de charbon s'est formée sur la précédente. Les nombreux lits de charbon alternant avec des lits de sédiments marins nous ont longtemps surpris; ils sont aujourd'hui considérés comme des cycles distincts, chaque cycle représentant une séquence commune d'événements* (...) *On compte une centaine de veines dans le pays de Galles* (...) *et plus de 40 cycles dans l'Ohio où Marvin Miller a évalué la durée moyenne d'un cycle à probablement 400.000 ans* [485].

Cette conception exige non seulement que la mer ait recouvert le pays de Galles une centaine de fois, mais aussi qu'après chaque régression un marais d'eau douce soit apparu sur le terrain libre, permettant la croissance, la chute et la décomposition des arbres. Et encore a-t-il fallu que le processus de décomposition se soit arrêté à temps, « *sinon la matière végétale aurait totalement disparu sans qu'il en reste sous forme de charbon* »[486]. Et chaque fois « *non seulement l'étendue de ces marais était remarquable, mais l'épaisseur du charbon a aussi exigé une étonnante accumulation de matière végétale* »[487].

Dernier point : la plupart des plantes et des arbres qui ont formé le charbon ne poussent pas dans les marais et, une fois morts, se décomposent rapidement à l'air libre. Ce simple fait suffit à rendre insoutenable la théorie des

---

484 Voir Suess, T*he Face of the Earth*, II, p. 244.
485 Chamberlin, dans *The World and the Man*, éd. Moulton, p. 79.
486 Ibid., p. 78.
487 Les articles de Weigelt et de ses collaborateurs ont été publiés dans *Nova Acta Leopoldina*, 1934-1941.

tourbières. Les veines de charbon sont parfois épaisses de 15 mètres. Aucune forêt ne pourrait produire un telle hauteur de charbon ; en effet, on estime que pour obtenir 1 mètre de charbon, environ 12 mètres de tourbe seraient nécessaires, mais pour cette épaisseur de tourbe il faudrait 122 mètres de débris végétaux. Dans ce cas, quelle aurait été la hauteur et la densité d'une forêt capable de fournir au moins 1800 mètres de débris végétaux pour créer une couche de charbon épaisse de 15 mètres ?[488] Et quand bien même une telle forêt aurait existé, il en aurait fallu 50 à 100 – successives ! – pour créer un nombre équivalent de couches. De plus, il est douteux qu'elles aient poussé les unes au-dessus des autres, car une couche de charbon, compacte d'un côté, se divise parfois de l'autre côté en plusieurs strates où s'intercalent du calcaire ou d'autres roches.

La quantité gigantesque – le mot est faible – de matière organique nécessaire à l'élaboration du charbon donna naissance à une autre théorie : ce sont les arbres tombés et charriés par les crues des cours d'eau qui ont formé le charbon, et non pas la végétation *in situ*.

Cette théorie a l'avantage d'expliquer les énormes accumulations de plantes mortes en certains endroits ; elle démontre pourquoi, dans de nombreux cas, les tronc d'arbres fossilisés sont imbriqués dans le charbon, la tête en bas, fait sur lequel la théorie des tourbières ne fournit pas d'éclaircissement. Malheureusement, elle n'explique pas les différentes formes de vie marine mêlées au charbon. Les schistes carbonifères ou bitumineux contiennent souvent beaucoup de poissons de mer fossilisés. Les crinoïdes[489] du fond des mers et les coraux des eaux claires de l'océan alternent avec les couches de charbon...

Il n'est pas rare qu'elles contiennent aussi des blocs de pierre erratiques. On a supposé qu'ils avaient été appor-

488 NdT: pour que cet exemple soit plus parlant, nous avons refait tout le calcul en partant d'un mètre de charbon (au lieu d'un pied qui est « égal » à 0,3048 m.) et en vous faisant grâce des virgules. Pour être exact, nous aboutissons à 1.854 m. de débris végétaux nécessaires, Velikovsky à 6.000 pieds (chiffre sûrement arrondi) et qui donne environ 1.829 m.

489 NdT: animal s'attachant au fond de la mer et de la même classe que les étoiles de mer.

tés par hasard sur des radeaux formés de façon naturelle par des troncs dérivant en rangs serrés ; or cette idée de radeaux flottants ne peut se concevoir sans l'intervention d'un ouragan violent. De plus, les coraux ne se développent pas en eau trouble et les poissons de mer n'auraient pas remonté bien loin les rivières en crue au milieu du bois et des pierres.

Le charbon ne s'est donc certainement pas formé selon l'une ou l'autre de ces deux théories ; je crois au contraire que des forêts ont brûlé : un ouragan a déraciné les arbres, un ou plusieurs raz de marée ont balayé les troncs calcinés et éclatés, les ont entassés puis couverts de sable, de cailloux, de coquilles, d'algues et de poissons ; d'autres raz de marée sont passés, déposant chacun leur tour des arbres carbonisés, du sable et des sédiments marins. Le sol surchauffé a métamorphosé tout ce bois en charbon, ou en charbon bitumineux quand le sol était imbibé de bitume. Parfois le feu a épargné des feuilles mouillées mais elles ont été jetées telles quelles dans les tas de troncs et de sable et ont laissé leurs empreintes sur le charbon.

J'ai trouvé un argument en faveur de ma « thèse » sur l'origine du charbon dans un volumineux ouvrage récemment publié sous la signature d'Heribert Nilsson, professeur honoraire de botanique à l'Université de Lund[490]. Il y expose entre autre les résultats d'une enquête sur la composition du charbon brun ( lignite ) de Geiseltal en Allemagne, réalisée par Johannes Weigelt et des collaborateurs [491]. Les nombreuses plantes qui le composent sont strictement d'origine tropicale[492]. Des algues et des champignons des feuilles préservées dans le charbon vivent encore aujourd'hui sur des plantes à Java, au Brésil et au Cameroun. En plus de la flore tropicale qui domine à Geiseltal, on y trouve aussi des plantes de presque toutes les régions du monde, ainsi qu'une faune d'insectes « *d'Afrique, d'Asie*

490 H. Nilsson, *Synthetische Artbildung*, 1953, 2 vol. chap. VII-VIII.

491 Les articles de Weigelt et de ses collaborateurs ont été publiés dans *Nova Acta Leopoldina*, 1934-1941.

492 Elles ne poussent même pas dans les régions subtropicales. E. Hoffmann et W. Beyn en ont établi la liste – longue – par classe, espèce et variété.

*orientale et de diverses régions d'Amérique, préservée dans un état de quasi pureté originelle* » ( Walter et Weigelt ). On estime que ce charbon de Geiseltal date du début du tertiaire.

Mais c'est également un « véritable cimetière » de reptiles, d'oiseaux et de mammifères. Il contient des restes de grands singes, de crocodiles et de marsupiaux, ainsi qu'un oiseau indo-australien, un condor d'Amérique, des serpents tropicaux géants, des salamandres de l'est asiatique ( Kuhn ). Certains d'entre eux habitaient des steppes, d'autres, comme les crocodiles, vivaient dans des marais.

Si l'origine et les habitats des plantes et des animaux offrent un tableau très paradoxal, leur état de conservation également. La chlorophylle est restée sur les feuilles prises dans ce charbon brun ( Weigelt et Noack ). Elles ont dû être rapidement mises à l'abri de l'air et de la lumière ou vite enfouies ; ce n'étaient pas des feuilles tombées à l'automne, ni des feuilles transportées par le vent, aussi rapide soit-il. C'est par couches entières qu'on les trouve à Geiseltal, des milliards de feuilles venues de toutes les parties du monde, réduites en lambeaux mais ayant gardé intactes leurs nervures et, souvent, leur couleur verte.

La situation n'est guère différente pour les animaux. S'ils restent exposés un certain temps dans des conditions naturelles, la structure de leurs tissus perd de sa finesse ; or ce n'est pas le cas des muscles et de l'épiderme des animaux de Geiseltal ( Voigt ). Les insectes ont conservé leur couleur. D'après Nilsson, même le processus de fossilisation ( quand la silice envahit les tissus ) s'est déroulé « *fast blitzschnell* »[493]. Certes les insectes ont gardé leur membranes et leurs couleurs, mais il est difficile d'en trouver un entier : la plupart sont déchiquetés ( Voigt ).

Nilsson est convaincu que ces animaux et ces végétaux ont été apportés là par le déferlement des eaux venant de toutes les parties du globe, mais surtout des côtes équatoriales donnant sur les océans Indien et Pacifique, plus précisément de Madagascar, d'Indonésie, d'Australie et de

493 NdT: presque instantanément. De l'allemand, fast (presque) et blitzschnell (rapide comme l'éclair).

la côte ouest des Amériques. Quoi qu'il en soit, il est évident que le charbon s'est formé dans des circonstances catastrophiques.

# ~ 14 ~
# Extinction

## ~ Fossiles

Des millions de bisons ont péri de mort naturelle dans les prairies au cours des 450 ans qui se sont écoulés depuis la découverte de l'Amérique. Leurs cadavres désagrégés et putréfiés ont été dévorés par les charognards. Leurs os et leurs dents ont résisté quelque temps aux intempéries mais ont fini par tomber en poussière. On n'a jamais retrouvé d'os fossilisés dans les roches sédimentaires, seuls quelques os ont été préservés.

D'après la théorie évolutionniste, certaines conditions sont indispensables à la formation des fossiles : des roches sédimentaires lentement constituées au fond des mers, et des os d'animaux qui se fossilisent après avoir été enterrés dans les sédiments. Les animaux terrestres doivent patauger en eau peu profonde, y mourir, puis être recouverts par les sédiments. Il faut que cela se produise rapidement, ce qui est tout à fait possible lorsque le sol s'affaisse. C'est pourquoi Darwin proposa d'admettre que l'effondrement du fond de la mer est une condition nécessaire à toute fossilisation. Mais d'autre part, l'affaissement ou le soulèvement du sol dans la théorie uniformiste ou évolutionniste, est un processus très lent, qui prend beaucoup plus de temps que celui utilisé par un cadavre pour se décomposer dans l'eau.

On suppose que les reptiles géants vivaient comme des amphibiens – à la fois sur terre et dans les eaux peu profondes – car on les trouve généralement à l'état fossile dans les roches sédimentaires ; cependant leurs squelettes ne présentent pas de signes d'adaptation à une existence aquatique. Leur corps pesait si lourd, dit-on, qu'ils cherchaient à barboter ou à nager ; pourtant, s'il leur était difficile de se mouvoir sur la terre ferme, leur peine devait être plus grande encore d'avoir à le traîner sur le fond vaseux des eaux littorales peu profondes. Pour les oiseaux, on suppose également que la mort les a surpris pendant qu'ils pataugeaient.

Un poisson mort flotte en surface ou coule à pic, les autres poissons le dévorent rapidement ; c'est une question d'heures. Pourtant ceux qui sont pris dans les sédiments possèdent quasiment toujours un « squelette » complet. On les rencontre en bancs immenses ( avec des milliards de spécimens ), souffrant le martyre, mais sans aucune trace d'attaque d'un éventuel prédateur. L'explication de l'origine des fossiles par la théorie uniformiste et évolutionniste est en contradiction avec le principe fondamental de ces théories : rien n'a eu lieu dans le passé qui n'ait lieu dans le présent... Or, de nos jours, aucun fossile ne se forme !

Les os pétrifiés de mammifères, de reptiles et d'oiseaux occupent souvent des étendues d'un seul tenant ; comme il est difficile d'admettre qu'elles étaient uniquement des zones de passage à gué, de pataugeage ou d'échassiers, on pense maintenant que ces animaux ont été noyés et enfouis à la suite du débordement de grands cours d'eau. Cette nouvelle version semble être, en certains cas, plus proche de la vérité mais la dimension des régions continentales soumises à de telles inondations implique des événements catastrophiques et à grande échelle, bien plus graves que les crues saisonnières actuelles. Cela va une fois de plus à l'encontre du principe d'uniformité.

Enfin, le processus même de la formation sédimentaire n'est pas sans présenter de problème. On admet qu'elle se poursuit continuellement dans la mer grâce à l'apport des débris de roche charriés par les fleuves ou arrachés par les vagues aux rochers de la côte, et surtout grâce à la vase ou aux myriades de squelettes calcaires des êtres éphémères qui abondent dans les mers et qui, une fois morts, se déposent au fond. On affirme aussi que l'épaisseur de la roche sédimentaire permet de déterminer l'âge de l'océan. Mais, contrairement à ce qu'on pourrait attendre, certains carottages ont révélé une quasi absence de sédiments, prouvant ainsi qu'à certains endroits les fonds des océans se sont créés récemment ; en revanche, dans d'autres endroits, la roche sédimentaire est particulièrement épaisse, même sur la terre ferme, et se mesure parfois en milliers de mètres. Si un seul et même processus déposait continuellement et de façon égale la vase organique calcaire et les débris de roche dans les mers, alors les différentes épaisseurs des roches sédimentaires seraient aussi peu expliquées que la formation des fossiles.

On peut expliquer ces deux phénomènes par les événements cataclysmiques du passé. Le fond des océans s'est soulevé ici et là, et s'est effondré ailleurs ; le sédiment a violemment glissé, le contenu des profondeurs océaniques s'est répandu sur la terre, d'énormes vagues porteuses de débris ont englouti et enterré les animaux terrestres, de nombreuses avalanches de sable et de poussière volcanique ont enseveli la vie aquatique, les squelettes des poissons sont restés figés dans leur ultime position, sans se décomposer et uniquement dévorés par la douleur.

### ~ Les empreintes de pas

Un peu partout, diverses sortes de roches portent les empreintes de pas d'animaux préhistoriques. Les dinosaures, par exemple, y ont nettement imprimé leurs pas. On explique ces traces en disant qu'ils ont marché sur un sol boueux, lequel a gardé les empreintes après durcissement. Ce raisonnement simpliste ne résiste pas à l'examen critique. Certes, les sabots des chevaux ou du bétail laissent leurs dessins sur un terrain détrempé ; mais ceux-ci se désagrègent à la première pluie et disparaissent très vite.

S'il est impossible de retrouver sur un sentier les traces des vaches qui l'ont emprunté quelques semaines auparavant, comment celles des animaux préhistoriques sont-elles demeurées intactes ? Elles ont dû s'imprimer comme les sceaux appliqués sur de la cire à cacheter molle qui durcit vite et conserve après les reliefs de façon durable. Le sol amolli sur lequel l'animal se déplaçait s'est rapidement durci avant toute altération. Il nous arrive de reconnaître les empreintes d'un chien ou d'un oiseau qui a marché sur du ciment fraîchement posé, ciment qui n'avait encore totalement pris.

De même, du sable transformé sous l'action de la chaleur en une substance visqueuse en passe de devenir du verre a pu recevoir et conserver des empreintes. Il se peut aussi que des traces sur un sol boueux non chauffé aient été rapidement recouvertes d'une lave qui a coulé dans les creux et a plus tard disparu sous l'action des intempéries. Quand le Vésuve a détruit Pompéi et Herculanum au temps de Pline, en 79 ap. JC, la lave et les poussières volcaniques ont rempli les ornières des rues et les ont préservées jusqu'à nos jours. Dans l'éruption du Kilauea qui en 1790 a causé la mort de nombreuses personnes et d'une brigade de l'armée hawaiienne, les empreintes des hommes et des animaux pris au piège sont restées fixées dans la cendre volcanique durcie[494].

Ainsi, devant des empreintes, quand bien même elles datent des temps historiques ou préhistoriques, il y a tout lieu de penser qu'un cataclysme naturel s'est produit au moment de leur impression ou peu après. Si une catastrophe menaçait ou était en cours, les animaux ont dû avoir peur et s'enfuir. Dans la plupart des cas, les empreintes montrent qu'ils ne pataugeaient pas en toute quiétude mais qu'en fait ils courraient, parfois de façon indécise, désordonnée, probablement piégés par quelque péril se rapprochant de tous côtés.

Les animaux qui tentaient de sauver leur vie en fuyant ont dû succomber rapidement, écrasés ou asphyxiés dans le désastre. Le sol a été balayé par des vagues de sable ou de cendres, de lave ou d'asphalte, de ciment ou de silice liquide, puis probablement submergé par des inondations,

494 W. M. Agar, R. F. Flint et C. R. Longwell, *Geology from Original Sources*, 1929, planche XXVIII B.

et les empreintes sur le sol chauffé et cuit jusqu'à devenir dur comme de la pierre ont survécu jusqu'à nos jours. C'est pourquoi nous ne trouvons pas de traces d'animaux qui ont vécu et circulé tranquillement il y a 100 ou 300 ans, alors que nous rencontrons celles de leurs prédécesseurs, imprimées au cours de folles échappées, voici des millénaires.

**~ Des cavernes**

On a observé qu'en cas de grande panique, prédateurs et proies s'enfuient ensemble, mais les prédateurs n'attaquent pas et les proies n'en ont pas peur. Ainsi, dans un incendie de forêt, chevaux et loups, gazelles et hyènes galopent côte à côte, saisis par la même terreur mais indifférents les uns aux autres. Lorsque les prairies brûlent ou que des jungles sont cernées par les flammes, les bêtes sauvages et les animaux domestiques se regroupent en troupeaux inhabituels et fuient dans un affolement général.

Lors d'un tremblement de terre ou une inondation, ils perdent leur animosité envers les autres au profit d'une peur commune. On a également constaté que les calamités poussent les animaux sauvages à s'approcher des habitations humaines. Lors des grandes migrations, ils se comportent aussi différemment : les lemmings par exemple, qui détalent dès qu'il entendent les bruits de pas d'un seul homme, envahissent maisons, villes et cours d'eau quand ils migrent, beaucoup périssant, mais continuant à avancer comme une vague immense.

Les animaux cherchent à s'abriter des phénomènes qui les terrifient – inondations, chutes de météorites, incendies de forêts, signes annonciateurs effrayants dans le ciel. L'instinct les pousse à fuir dans une caverne, une cachette, ne serait-ce qu'un simple trou dans le sol. Il se peut qu'ils se souviennent de tels lieux ou qu'ils se suivent simplement les uns les autres. Bien sûr, certains n'ont pas le temps d'y arriver, néanmoins d'autres y parviennent. C'est pourquoi lorsqu'on rencontre dans une grotte les restes d'espèces qui d'habitude ne cohabitent pas, qu'ils sont mélangés et que les crocs des carnivores n'ont pas broyé les os de leurs proies coutumières, il est quasiment certain que ces animaux espéraient échapper à la mort, sans se soucier des autres, attendant le passage ou la fin de la catastrophe.

Certains ont peut-être survécu dans cet abri, retrouvant par la suite leurs instincts sauvages, mais en général, ils ont succombé étouffés par les gaz et la fumée, ou ont été emportés par les courants tourbillonnants et les vagues qui les ont enterrés dans des sédiments.

En de nombreux points du globe, le contenu des grottes indique qu'elles ont été utilisées par des lions, des tigres, des loups, des hyènes, des gazelles et des lièvres qui, voulant s'y réfugier, se sont en définitive retrouvés dans une fosse commune.

Mais les grottes où l'on retrouve des ossements n'ont pas toutes été forcément choisies comme refuge ; souvent, des animaux ont été balayés par un raz de marée sur de grandes superficies puis jetés contre les rochers, et l'eau qui s'est engouffrée par les fissures a laissé derrière elle des os cassés et des corps déchiquetés. Nous avons déjà cité dans ce livre des exemples de fissures où des os brisés en mille morceaux sont mêlés les uns aux autres, depuis la Chine jusqu'à l'Angleterre, en passant par la France et les îles méditerranéennes.

Les cavernes des collines n'ont pas été épargnées : même si elles n'avaient pas été choisies comme refuge, elles ont aussi été remplies d'ossements. Un déferlement de la mer ou un grand lac soulevé de son lit, transportant ses propres débris de roche et les débris terrestres, a dû happer sur son passage des hordes d'animaux composées d'espèces différentes, les entraîner au loin et les jeter dans des cavernes, les recouvrant de gravier, de roche et de terre. La caverne de Cumberland ( chapitre 5 ) en est une parfaite illustration.

Si l'on trouve des os usés qui semblent avoir été roulés, il y a de grandes chances qu'ils aient été transportés sur un long parcours et qu'ils aient appartenu à des animaux morts depuis longtemps. Si les os sont plus ou moins intacts, c'est sans doute que le lieu d'où on les a extraits était un abri certes parfait comme tombeau mais très insuffisant pour rester en vie. Et s'ils sont brisés, cela indique qu'ils ont probablement été fracassés contre des rochers ou un terrain résistant par une force naturelle phénoménale.

## ~ Extinction des mammifères

Beaucoup de formes de vie, beaucoup d'espèces et de genres d'animaux qui peuplaient la Terre à une période géologique récente, celle de l'homme, ont complètement disparu sans laisser un seul survivant. Des mammifères parcouraient les plaines et les forêts, se multipliaient puis ils ont disparu sans présenter le moindre signe de dégénérescence :

> *Un groupe important a virtuellement disparu au cours des derniers millénaires (...) Les différentes espèces de mammifères qui vivaient autrefois* [ en Amérique ] *comprenaient tous les chameaux, tous les chevaux, tous les paresseux, deux genres de bœufs musqués, des pécaris*[495]*, certaines antilopes, un bison géant possédant des cornes d'1mètre 80, un animal ressemblant à un énorme castor, un élan à forte ramure*[496]*, et plusieurs sortes de félins dont certains avaient la taille du lion* [497].

L'éléphant royal et le mammouth de Colombie, tous deux plus gros que leurs congénères africains communément répandus en Amérique du Nord, ont également disparu. Le mastodonte qui habitait les forêts depuis l'Alaska jusqu'à la côte atlantique et le Mexique, et le mammouth laineux qui parcourait les steppes jouxtant les calottes glaciaires vivaient encore il y a quelques milliers d'années[498].

Le *Canis dirus* ( un loup des plus féroces ), le tigre à dents de sabre, l'ours au groin court, le petit cheval ( *Equus tau* ) font partie des races à jamais éteintes aussi bien sur

---

495 NdT: cochon sauvage d'Amérique
496 NdT: le *Cervalces Alaskensis*.
497 Flint, *Glacial Geology and the Pleistocene Epoch*, p. 523.
498 L. H. Johnson, *Scientific Monthly*, octobre 1952.

l'Ancien que sur le Nouveau Monde. C'est aussi le cas pour de nombreux oiseaux.

On pense que ces espèces ont été détruites « jusqu'au dernier spécimen » à la fin de l'âge glaciaire. Des animaux forts et vigoureux sont soudainement morts sans laisser de descendants. Leur fin n'est pas survenue au cours de la lutte pour la vie ( avec « *la persistance du plus apte* » ). Aptes ou inaptes ( mais le plus souvent aptes ), jeunes et vieux, armés de dents acérées, bien musclés, pourvus de pattes agiles, jouissant d'une nourriture abondante, tous ont péri. Une fois de plus, « *le biologiste est désespéré quand il constate la disparition de tant d'espèces et de genres à la fin du pléistocène* [ période glaciaire ] »[499].

C'est avec le mammouth laineux que la race éléphantine a atteint la perfection ; comme l'a déjà montré Falconer et comme le savait Darwin, il possédait une dentition plus efficace que celle des éléphants modernes et leur adaptation était parfaite à tous égards. La théorie de l'évolution avait là l'un des meilleurs exemples d'espèce s'adaptant et évoluant dans la lutte pour la vie. L'homme de l'âge de pierre l'avait dessiné ; peut-être en avait-il domestiqué quelques-uns. A Predmost, ville de Moravie datant de l'âge de pierre, leurs omoplates étaient utilisées dans la construction de tombes. On y a retrouvé les os d'un millier d'individus. Ils parcouraient en troupeaux les immenses steppes du nord de la Sibérie. Ils ont succombé là, comme si une nuit particulièrement froide était tombée sur le pays et n'avait cessé depuis. Ils ne sont pas morts de faim : on trouva de la nourriture dans leurs estomacs et entre leurs dents. Le cadavre le mieux conservé fut exhumé près de Beresovka, à 1.300 km. à l'ouest du détroit de Béring : ses globes oculaires étaient intacts. « *Une hanche et une patte antérieure fracturée, beaucoup de sang coagulé dans la cage thoracique, de l'herbe restée entre ses dents serrées sont autant d'indices de la violence et de la soudaineté de sa mort* »[500]. L'animal était-il tombé dans une fosse ou avait-il chuté à cause d'un ouragan ou d'une

---

499 Eiseley, *American Anthropologist*, 1946, XLVIII, p. 54.
500 R. S. Lull, *Organic Evolution*, éd. revue, 1929, p. 376.

inondation? Il semble qu'un « *cataclysme subit et inattendu* »[501] les a détruits, comme les rhinocéros, les bisons et d'autres espèces dont les os et les dents sont la principale matière des îles de Nouvelle-Sibérie, tapissent le fond de l'océan Arctique au nord de la Sibérie, et reposent dans la terre gelée des toundras sibériennes.

A la même époque, les mammouths disparaissaient aussi en Europe et en Amérique. Les mastodontes[502] n'ont pas connu un sort plus enviable : ils ont été exterminés au début de notre ère. Ils ne manquaient pas de nourriture : elle se composait d'herbes, de feuilles et d'écorces, que l'on a retrouvées non digérées à l'intérieur de leur squelette. Ils vivaient sur tout le territoire américain ; on en a déterré plus de 200 dans l'Etat de New York mais on ignore pourquoi une espèce si répandue s'est éteinte.

Les ossements fossiles de chevaux montrent que cet animal était très commun au Nouveau Monde avant la période glaciaire. Cependant, lorsque les soldats de Cortez sont arrivés sur la côte américaine, chevauchant les montures qu'ils avaient amenées d'Europe, les indigènes les ont d'abord pris pour des dieux venus visiter leur pays : ils n'avaient jamais vu de chevaux. Quelques-uns se sont échappés et sont retournés à l'état sauvage ; ils ont profité du pays, avec une végétation et un climat extrêmement favorables, et se sont rapidement propagés. Dans de nombreuses régions du Nouveau Monde, les chercheurs ont découvert de grandes quantités d'ossements fossiles de chevaux souvent imbriqués dans de la roche ou de la lave ; la forme de leur os est la même que celle de nos chevaux actuels. Pourquoi cet animal s'était-il éteint avec la fin de l'âge glaciaire si le climat suivant leur était si favorable ?

Il y a bien eu, en Amérique, à une époque plus ancienne, des chevaux d'aspect différent, avec des pieds à

---

501 Kunz, *Ivory and the Elephant*, p. 236.
502 NdT: mammifère très voisin de l'éléphant, dont le nom signifie « dents en forme de mamelles ». Leurs dents « *revêtues d'un émail épais et brillant ont fourni pendant longtemps ce que l'on appelait turquoises occidentales* » ( Cuvier ).

3 doigts[503], et aussi une espèce minuscule de la taille d'un chat, mais d'autres, ressemblant exactement à ceux d'aujourd'hui y avaient aussi habité et s'étaient éteints quelques millénaires avant l'arrivée de Cortez.

Le cheval américain avait-il été exterminé par l'homme ? Comme cela faillit être le cas du bison d'Amérique au siècle dernier : sauf que les trappeurs se servaient de chevaux pour les poursuivre et de fusils pour les tuer...

En 1944, Sauer prétendit que la dernière faune de la période glaciaire a été anéantie par des chasseurs qui se servaient du feu pour rabattre le gibier ; or les hommes de l'âge de pierre n'auraient jamais pu, avec leurs incendies, détruire toutes les espèces animales d'un littoral à l'autre et de l'Alaska à la Terre de Feu.

Rainey, professeur à l'Université de Pennsylvanie a remarqué que « *dans certaines régions d'Alaska, les os de ces animaux éteints sont répartis sur une telle épaisseur qu'il n'est pas question d'y impliquer une œuvre humaine. Même si l'homme se trouvait sur le théâtre de cette disparition, il n'avait ni l'appétit ni les capacités de perpétrer un tel massacre* »[504].

Cette extermination massive et rapide de la faune « *ne nous permet absolument pas d'attribuer le phénomène aux seuls efforts humains* »[505]... « *Même en tenant compte de ce que l'on sait sur leur tendance à détruire, il est difficile d'imaginer comment ces chasseurs, armés de javelots à pointe de silex, auraient pu tuer assez d'animaux jusqu'à totale extinction. Quelle que soit la ou les cause(s) véritable(s) de cette extinction, il est certain que la fin de la glaciation vit aussi la fin des animaux exotiques de cette époque* (...) *Les falaises de glace ont peu à peu disparu du décor. Les hordes de mammouths barrissants et les galops sonores des autres animaux ne se font plus entendre* »[506].

Eiseley, de l'Université du Kansas, ajoute : « *Nous n'avons pas affaire aux reliques d'une seule espèce isolée, mais à celles d'une variété considérable de formes du pléistocène* [ période glaciai-

503 NdT: chez les ongulés actuels, le cheval et l'âne ont 1 doigt, la vache et le mouton en ont 2, le rhinocéros 3 et le cochon 4. (Il suffit d'observer la forme du sabot, non fendu chez le cheval, fendu 1 fois chez la vache etc.)
504 Cité par Eiseley, *American Antiquity*, 1943, vol. VIII, p. 214.
505 Ibid., p. 212.
506 Hibben, *Treasure in the Dust*, p. 58-59.

re ], *que nous devons faire concorder, à la lumière de témoignages culturels, avec une période d'extinction à peu près similaire* »[507].

Cette extinction a-t-elle été causée par une maladie ou par le changement de climat à la fin de la période glaciaire ? Le professeur Eiseley estime qu'une épidémie ou les conditions climatiques dues au retrait des glaces « *permettent d'expliquer une énorme réduction du nombre d'individus dans certaines espèces, mais ne donnent toujours pas la raison de l'inaptitude des espèces à rebondir quelques années après* »[508]. En outre, on ne connaît aucune maladie capable de décimer tant d'espèces et de genres. Quant au climat, en admettant que les glaces soient en cause, G. E. Pilgrim assure qu' « *à peu près à la même époque, nous assistons à une semblable extinction des mammifères en Afrique et en Asie, mais que dans ces cas, elle n'était peut-être pas due aux conditions glaciaires* »[509].

Cependant, même une catastrophe climatique soudaine et universelle n'aurait pu à elle seule exterminer de façon si radicale autant d'espèces sur une si grande étendue. « *Le changement de climat ne suffit pas à expliquer l'extinction de la merveilleuse faune du pléistocène. On a émis d'autres suggestions, comme des nuages de gaz issus des volcans qui auraient anéanti des troupeaux entiers de mammifères...* »[510]

Mais quelle aurait dû être la taille de ces nuages pour parvenir à couvrir la quasi totalité du globe ? Tous les volcans de la Terre, en éruption simultanée, n'arriveraient pas à détruire un si grand nombre d'espèces et de genres. Il a fallu qu'une coalition d'agents destructeurs unisse leurs forces lors d'une véritable révolution climatique pour balayer autant de genres et d'espèces qui représentaient la majeure partie de la population animale. La mort de tant d'animaux et de tant d'espèces est due aux catastrophes répétées. Sur

507 Eiseley, *American Antiquity*, 1943, vol. VIII, n° 3, p. 215.
508 Eiseley, *American Anthropologist*, 1946, XLVIII, p. 54.
509 G. E. Pilgrim, « The Lowest Limit of the Pliocene in Europe and Asia », *Geological Magazine*, Londres, vol. LXXXI, n° 1, p. 28. NdT: Aujourd'hui, on pense que les grandes régions qui ont été épargnées par la glaciation sont l'Afrique, une partie de l'Asie (côté littoral sud) et une partie de l'Amérique du Sud (moitié nord). Pilgrim devait probablement le savoir. Auquel cas, sa phrase signifie que les extinctions d'Afrique et d'Asie n'étaient *certainement pas toutes* dues aux conditions glaciaires.
510 Hibben, *Treasure in the Dust*, p. 59.

certaines parties de la planète des espèces se sont éteintes, tandis que sur d'autres quelques individus réussissaient à survivre. Ainsi, les chevaux et les chameaux des Amériques furent annihilés jusqu'au dernier, alors qu'en Eurasie ils ont été décimés mais non exterminés. Les mammouths, mastodontes etc. ont totalement disparu de l'Ancien Monde comme du Nouveau. Leur fin n'est pas due au manque de nourriture ni à une évolution organique inadéquate. Ils disposaient d'une abondante nourriture, d'un corps solide, d'une admirable adaptation, d'une bonne procréation, mais il n'y a pas eu de persistance du plus apte. Ils sont morts comme si un vent mauvais leur avait coupé le souffle, abandonnant leurs cadavres sans aucun signe de dégénérescence dans des fosses d'asphalte, dans des marais, dans du sédiment, dans des cavernes. Les descendants d'espèces décimées ont probablement survécu quelque temps, voire plusieurs siècles. Mais, confrontés à de nouvelles vicissitudes d'ordre climatique et réduits à vivre dans un environnement différent, sur des terrains appauvris, manquant d'herbe, où les proies se faisaient rares, ces quelques individus ont suivi le reste de la troupe en perdant la bataille pour l'existence et en abdiquant finalement dans la lutte pour la survie d'une espèce.

Les incendies de forêts, les éruptions de volcans, l'envahissement de la mer, les affaissements de terres ont largement pris part aux destructions ; les pâturages appauvris et les forêts dévastées, n'offrant plus de conditions favorables aux survivants effrayés et solitaires, ont achevé l'œuvre exterminatrice.

# ~ 15 ~
# L'évolution

## ~ Catastrophisme et évolution

La théorie de l'évolution remonte à l'époque de la Grèce classique ; un de ses initiateurs fut Anaximandre. De temps à autre, des philosophes ont proposé une explication évolutionniste pour l'origine des multiples formes de vie, en opposition à la théorie qui suppose la permanence de ces formes depuis la Création. Lamarck[511] pensait que les caractères acquis étaient transmissibles héréditairement et pouvaient ainsi amener l'apparition de formes nouvelles. En 1840, date à laquelle fut publiée la théorie de l'âge glaciaire d'Agassiz, un ouvrage anonyme, *Vestiges of Creation* ( écrit par Robert Chambers ), souleva une agitation qui subsista pendant des années. Tous les scientifiques britanniques lui reprochèrent amèrement de prétendre que les êtres humains sont « *des enfants de singes et des producteurs de monstres* », selon l'expression d'un de ces critiques, Adam Sedgwick, président de la Geological Society. Darwin devait admettre un jour que le plus fort des attaques dirigées contre sa propre théorie avait d'abord été amorti par *Vestiges of Creation*.

La nouveauté de l'enseignement darwinien ne consistait pas dans le principe d'évolution en général, mais plutôt dans l'explication de son mécanisme par la sélection naturelle. Darwin appliquait à la biologie la doctrine de Malthus sur l'augmentation de la population, supérieure à celle des moyens d'existence. Il reconnut ce qu'il devait à Malthus,

511 1744-1829.

dont il lut le livre en 1838. Herbert Spencer et Alfred R. Wallace, chacun de leur côté, arrivèrent aux mêmes conclusions que Darwin et l'expression « *persistance du plus apte* » est de Spencer.

Darwin rédigea sa théorie en s'opposant au catastrophisme et en souscrivant totalement à la théorie de Lyell sur l'uniformité dans la nature inanimée. Il se doutait bien qu'on répondrait à ses attaques, sans quoi il ne les aurait guère appuyées de tant d'arguments. La masse des critiques dirigées contre lui provenait des milieux ecclésiastiques, incapables d'admettre que l'homme eût pour origine des êtres inférieurs. L'Eglise s'en tenait au dogme de la création du monde en six jours, il y a moins de 6.000 ans, et du péché originel d'Adam, pour le rachat duquel le Fils de l'Homme était venu sur la Terre ; elle considérait également que les bêtes n'ont point d'âme et, par conséquent, qu'il existe une barrière entre l'homme et l'animal.

Le point d'orgue de cette longue controverse portait sur la question de savoir si, oui ou non, il y avait évolution. De plus en plus, les scientifiques se décidaient pour l'affirmative et les esprits religieux persistaient à croire qu'il n'y avait pas eu de changement depuis la création du monde. En fait, la question se débattait entre les conservateurs et les libéraux en matière de science. Les « catastrophistes » se tenaient à l'écart ; le catastrophisme s'éteignait avec la génération des fondateurs et des classiques de la géologie. Cuvier mourut en 1832. En Angleterre, des géologues comme Buckland (d'Oxford) et Sedgwick (de Cambridge), fixés dans leur croyance en la tradition mosaïque, attribuaient au Déluge les vestiges qu'on rencontrait partout. Mais, de cette catastrophe, ils n'en pouvaient point trouver de cause physique satisfaisante, et les avis autorisés montraient qu'évidemment tous les nuages entourant la planète, se vidant simultanément, ne l'auraient pas recouverte d'un seul pied d'eau.

La géologie révéla alors qu'il n'y avait pas eu un Déluge unique, mais plusieurs déluges. Lyell écrit dans sa correspondance : « *Conebeare* ( géologue et évêque de Bristol ) *admet trois déluges avant celui de Noé, et Buckland y ajoute je ne sais combien d'autres catastrophes ; aussi est-ce à bon droit que nous les avons supprimées de la tradition mosaïque*[512] ». Sedgwick, selon Lyell, « *se décida pour quatre déluges au moins*[513] ». Dans son dernier discours comme président de la Société de Géologie, Sedgwick reconnut que ses opinions religieuses l'avaient fait répandre une hérésie philosophique : « *J'estime devoir, comme un des derniers actes qui m'incombent avant de quitter mon poste, prononcer ma rétractation publique. Nous aurions dû, réellement, réfléchir avant d'adopter la théorie du Déluge et d'attribuer tout notre ancien gravier superficiel à l'action du Déluge mosaique. Quant à l'homme et au travail de ses mains, nous n'en avons pas encore trouvé la moindre trace parmi les restes d'un monde antérieur qui sont ensevelis dans ces dépôts* »[514].

Qu'étaient donc devenus les restes de la population coupable ? Cuvier affirmait qu'on n'avait jamais trouvé de restes humains avec ceux d'espèces animales disparues. Lyell déclarait également dans la première édition de ses *Principes* que l'homme avait été créé seulement après leur totale extinction. Ce ne fut qu'en 1858, un an avant la publication par Darwin de l'*Origine des espèces*, que les trouvailles faites dans la grotte de Brixham vinrent ébranler cette croyance dans la non-coexistence de l'homme et des animaux disparus, ou « *antédiluviens*[515] ». L'année suivante, les autorités géologiques anglaises furent enfin convaincues par J. Boucher de Perthes, notaire à Abbeville, qui n'avait prêché qu'à des sourds pendant vingt ans, qu'on rencontre dans la même formation, côte à côte, des objets fabriqués par l'homme ( silex travaillés ) et des os d'animaux éteints. La révélation ouvrit les portes à la thèse de Darwin. Mais déjà, les doutes nourris par les « catastrophistes » ( qui ne comprenaient pas pourquoi on relevait les signes de plus

512 *Life, Letters and Journals*, p. 253.

513 Ibid.

514 C.C. Gillispie, *Genesis and Geology*, 1951, p. 142-143. Sedgwick, « Presidential Address (1831) », *Proceedings of the Geological Society*, p. 313.

515 Dès 1832, Sir Henry T. de la Beche, dans son *Geological Manual*, p. 173, affirma la coexistence de l'homme avec des animaux maintenant disparus, parce que des cavernes fermées par « *des fragments de rocs transportés d'une certaine distance* » contiennent des restes humains et d'animaux maintenant disparus: « *il existait avant la catastrophe qui le détruisit en même temps qu'eux* ».

d'un déluge, ni pour quelle raison il n'existerait pas d'os humains laissés par toute la population coupable exterminée par le Déluge) avaient fait abandonner le catastrophisme, qui en outre semblait être en contradiction avec la tradition mosaïque.

Il se trouva donc que rien, dans toute la controverse pour et contre le darwinisme, ne répondait à la position de Darwin. Il avait essayé de montrer que ce qui semblait le résultat de catastrophes globales pouvait être le produit de changements lents, répétés par le temps et sans aucune intervention de la violence. L'opposition, défendant la création divine et subite de l'univers, concentrait ses attaques sur l'idée d'évolution. Affirmant que tous les animaux avaient toujours eu la forme sous laquelle nous les voyons aujourd'hui, les anti-évolutionnistes choisissaient pour mener leur bataille un terrain géologiquement absurde.

Pourquoi donc Darwin s'opposait-il à l'idée de grandes catastrophes dans le passé, idée contraire aux observations que lui-même avait faites pendant ses voyages, et pourquoi souscrivait-il à l'uniformité de tous les événements géologiques dans le passé comme dans le présent? C'est que seule une durée immense pouvait avoir permis aux espèces d'évoluer par voie d'incessante compétition et de lutte pour l'existence, depuis les formes les plus simples jusqu'à l'*Homo-sapiens* et autres organismes supérieurs. Or, le catastrophisme raccourcissait considérablement l'histoire de la Terre : si le Déluge avait eu lieu il y a moins de 5.000 ans, alors, selon la *Genèse*, la Création aurait eu lieu il y a moins de 6.000 ans. Ainsi, ayant besoin de la durée presque illimitée pour son processus évolutionniste, Darwin accepta la thèse de Lyell ; mais, tandis que Lyell essayait d'établir que les agents ordinaires, les rivières charriant des sédiments par exemple, se comportaient avec une certaine vitesse, Darwin préférait insister sur leur lenteur. Il écrit : « *Il faut par conséquent examiner soi-même le grand entassement des couches superposées, regarder les ruisseaux qui transportent les vases et les vagues qui rongent les falaises si l'on veut avoir quelque conception de la durée des temps passés* ». Or, les vagues de la mer rongent un rocher miette par miette et tout changement visible prend bien des milliers d'années : « *Rien ne peut mieux nous faire concevoir ce qu'est l'immense durée du temps, selon les idées que nous nous faisons de lui, que la vue des résultats considérables produits par des agents atmosphériques qui nous paraissent avoir si peu de puissance et agir si lentement*[516]».

Darwin alla même jusqu'à déclarer que « *celui qui peut lire l'ouvrage monumental de Sir Charles Lyell, Principles of Geology, et cependant ne veut pas reconnaître la prodigieuse durée des périodes écoulées, peut fermer tout de suite le présent volume* [ l'Origine des espèces ] ».

### ~ Le passé géologique et les formes de vie changeantes

A l'appui de sa thèse sur le rôle de la sélection naturelle dans l'origine des espèces, Darwin invoquait :

1 ) les variations chez les animaux domestiques, notamment lorsque l'éleveur cherche à développer en eux un trait désirable

2 ) la ressemblance anatomique de nombreuses espèces apparentées entre elles

3 ) le passé géologique

Remarquons toutefois que, si les éleveurs ont créé des *races* nouvelles ou des variations, ils n'ont jamais créé d'*espèces* nouvelles. Dans l'anatomie des êtres vivants, « *le caractère distinctif des formes spécifiques et le fait qu'elles ne sont pas mélangées les unes aux autres par d'innombrables chaînons intermédiaires constituent une difficulté des plus évidentes* » ( Darwin ). C'était donc au passé géologique qu'il appartenait de fournir toutes les preuves nécessaires.

Le témoignage géologique dévoile « *les formes de vie changeant presque instantanément dans le monde entier* », mots qui servent de titre à une section de l'*Origine des espèces*. Darwin écrit : « *Peu de découvertes paléontologiques sont plus frappantes que le changement presque simultané des formes de vie dans le monde entier* ». On s'en étonne, car, selon sa théorie, « *le processus de modification doit être lent et n'affecte généralement*

516 Chapitre X dans l'*Origine des espèces*.

*que quelques espèces en même temps ; en effet, la variabilité de chaque espèce est indépendante de celle de toutes les autres* ».

Ne s'est-il pas produit dans les circonstances physiques un changement qui a pu modifier les formes de vie en même temps et dans le monde entier? Darwin répond : non. « *Il est réellement tout à fait inutile de chercher dans des changements de courants, de climat ou d'autres circonstances physiques les causes de ces grandes mutations dans les formes de vie, dans le monde entier et sous les climats les plus différents* ».

Si le climat ou d'autres circonstances physiques ont changé en une partie du globe, en quoi cela a-t-il pu affecter des formes de vie en d'autres parties ? Darwin n'envisagea même pas qu'un changement des circonstances physiques pouvait s'être produit simultanément et partout à la fois. Dans ces conditions, quelle solution allait-il avancer pour le problème qu'il s'était posé ?

« *En ce qui concerne les fossiles, on constate de longs intervalles vides... Je suppose que, durant ces longs vides, les habitants de chaque région furent soumis à des modifications et à des extinctions considérables* »... En conséquence, le parallélisme des changements survenus dans la faune et la flore sur des strates semblables à travers le monde n'est pas un vrai parallélisme chronologique. « *L'ordre n'apparaîtrait pas véritablement comme strictement parallèle* ».

Darwin constata ensuite « *l'absence de nombreuses variétés intermédiaires dans toute stratification isolée* » : « *Si nous portons notre attention sur une formation quelconque, nous trouvons bien plus difficile de comprendre pourquoi nous n'y rencontrons pas des variétés, très voisines les unes des autres, entre les espèces, apparentées entre elles, qui vivaient au début de cette formation et à sa fin* ». Il répond en conjecturant que, « *quoique chaque formation puisse avoir été d'une très longue durée, elles sont probablement toutes très brèves, comparées au temps qu'il fallut pour transformer une espèce en une autre* ».

Une autre section de l'*Origine des Espèces* parle de la « *soudaine apparition de groupes entiers d'espèces apparentées* », démontrée par le témoignage géologique. « *La façon brusque avec laquelle des groupes entiers d'espèces apparaissent subite-*

*ment dans certaines formations a été interprétée par plusieurs paléontologistes ( Agassiz, Pictet, Sedgwick par exemple ) comme une objection décisive à l'idée de mutation des espèces. Si beaucoup de celles-ci, qui appartiennent aux mêmes genres ou aux mêmes familles, ont réellement commencé à vivre toutes d'un seul coup, ce fait sera fatal à la théorie de l'évolution par la sélection naturelle. En effet, le développement d'un groupe de formes, ayant toutes un ancêtre unique et commun, n'a pu être qu'un processus extrêmement lent, et les ancêtres n'ont pu vivre que longtemps avant leur progéniture modifiée* ».

Darwin justifiait aussi cette observation par le fait même que les couches géologiques, contenant des lacunes et ne fournissant donc pas un témoignage complet, laissent croire parfois qu'on se trouve en présence de changements soudains.

Le processus géologique de l'extinction des espèces est examiné sous le titre « *De l'extinction* ». Darwin écrit : « *L'extinction des espèces a été enveloppée d'un mystère inexplicable* ». Ce qui s'est produit, ce fut « *une extermination soudaine de familles ou d'ordres entiers* ». Selon sa théorie, « *l'extinction d'un groupe d'espèces entier est généralement un processus plus long que leur création* » ; pourtant, certains groupes furent exterminés « *avec une soudaineté extraordinaire* ».

En cela, et une fois de plus, Darwin pensait que l'imperfection du témoignage géologique avait pu, dans certains cas, laisser croire à la soudaineté de l'extinction ; mais, ailleurs, il a reconnu qu'il ne savait comment expliquer la spontanéité de l'extinction de certaines espèces. Il se demandait encore, comme lors de ses voyages en Amérique du Sud, pourquoi les chevaux avaient disparu dans l'Amérique précolombienne, où toutes les circonstances se prêtaient à leur propagation ; de même, dans une lettre à Sir Henry H. Howorth, il déclare qu'il ne sait comment expliquer l'extinction du mammouth, animal très adapté. Mais, en général, c'est l'insuffisance du témoignage géologique qu'il invoquait pour expliquer l'apparente spontanéité de l'extinction et la soudaineté avec laquelle des espèces nouvelles surviennent sur la scène du globe.

Si l'on s'en rapporte à la doctrine de la sélection naturelle, les variations fortuites ou les caractères nouveaux qui se produisent chez les animaux d'une espèce sont employés, s'ils sont favorables, dans la lutte pour la vie ; et, comme ils sont transmissibles par hérédité, leur accumulation peut amener l'origine d'une espèce nouvelle. En raison de la nature fortuite de ces caractères nouveaux et aussi, par conséquent, de l'origine des espèces nouvelles, Darwin estima « *que non seulement tous les individus d'une même espèce sont venus d'une même région, mais aussi que les espèces apparentées, quoique peuplant maintenant les régions les plus lointaines, viennent d'une seule et même région, celle qui a donné naissance à leurs premiers ancêtres... La croyance en la règle d'une seule région d'origine me semble incomparablement la plus sûre* ».

Pour la migration des plantes d'un continent à un autre et d'un continent à une île, Darwin voyait l'intestin des oiseaux comme moyen dans le transport des graines. Pour la migration des mollusques, il faisait remarquer la présence occasionnelle de petits coquillages sur les pattes d'oiseaux migrateurs. Cette hypothèse sur la dispersion n'explique pas la distribution géographique de gros animaux incapables de traverser la mer au vol ou à la nage, ou de traverser des zones climatiques ne convenant pas à leur espèce.

Etant donné que ce genre d'animaux existe en des parties du globe très éloignées les unes des autres et séparées par des océans, Darwin en déduisit que « *presque toutes les migrations ont pu se produire au cours des grands changements géographiques et climatiques qui se sont succédé depuis les temps anciens* ». Cela implique nécessairement l'existence de communications par terre ou de « *ponts terrestres* » reliant d'une part, les îles et les continents et, d'autre part, tous les continents entre eux. Toutefois, à ces changements géographiques et climatiques ( y compris à l'âge glaciaire ), Darwin n'assignait qu'un rôle « subordonné » dans le développement des animaux ; c'est seulement dans leur migration que leur influence était importante.

Lorsque le continent est d'un seul tenant, comme pour les deux Amériques, et que les mêmes animaux vivent à de hautes latitudes, tant dans l'hémisphère nord que dans l'hémisphère sud, mais qu'ils sont absents des latitudes tempérées et tropicales, Darwin admettait que les périodes glaciaires des deux hémisphères n'avaient pas été simultanées, mais consécutives : lorsque l'une d'elles sévissait au nord, les animaux émigraient lentement vers le sud, c'est-à-dire vers l'équateur ; lorsqu'elle avait pris fin et que le climat se réchauffait, certains animaux revenaient vers le nord, tandis que d'autres restaient dans la région et s'établissaient sur les montagnes au climat plus frais.

Quand survenait la période glaciaire suivante ( arrivant cette fois du sud ), les animaux descendaient des montagnes; et, quand elle prenait fin elle aussi, certains d'entre eux allaient au sud et d'autres retournaient sur les montagnes. De la sorte, on rencontre des animaux identiques dans les régions fraîches de chaque hémisphère. ( Cette conception de périodes glaciaires consécutives dans l'hémisphère nord et dans l'hémisphère sud n'a plus guère de partisans actuellement. )

La doctrine de l'évolution par la sélection naturelle ne pouvait se passer de la théorie des âges glaciaires. Sans celle-ci, elle était impuissante à expliquer la provenance des mêmes espèces dans les deux hémisphères, que séparait une zone torride ; cette théorie lui était plus indispensable encore pour expliquer le phénomène de la dérive. L'action des icebergs pouvait, avec quelque complaisance, faire admettre le déplacement des blocs erratiques ; mais les icebergs ne pouvaient avoir apporté les dépôts d'argile, de rocs et de sable qui remplissent souvent des vallées profondes ; enfin, les icebergs, pour être produits en grand nombre, exigeaient l'existence de vastes glaciers dont ils se seraient détachés. L'évolution darwinienne avait trop besoin de la théorie de l'âge glaciaire afin d'évincer la théorie des raz de marée ( qui appartenait au courant du catastrophisme. )

Darwin acceptait les idées d'Agassiz, non cependant dans leur forme originelle, avec une catastrophe au début des périodes glaciaires. Mais Agassiz rejetait la doctrine de Darwin, et pour cela il prenait appui sur un domaine où il faisait autorité, celui des poissons fossiles. Il est fréquent que les poissons des espèces disparues aient été mieux développés et plus évolués que des espèces plus récentes, espèces modernes comprises. Néanmoins, ces difficultés sur la route de la théorie évolutionniste passèrent inaperçues dans le feu du combat mené par ses adversaires, qui restaient attachés à l'idée d'un univers âgé de 6.000 ans et à l'immutabilité des espèces.

Comparée aux enseignements de l'Eglise, la doctrine darwinienne représentait le progrès. Les premiers affirmaient un monde exempt de changements physiques depuis la Création. La seconde apportait le principe d'un changement lent, mais continu, dans une direction et d'une époque à la suivante. Devant le dogme religieux de l'immutabilité, la doctrine de lente évolution par la sélection naturelle ou par la persistance du plus apte était un progrès, mais pas encore la vérité définitive.

L'histoire des expériences de Darwin a été rapportée par Thomas Huxley, son adepte et son contemporain. Il était « *méprisé, tenu pour un personnage instable, cherchant à faire valoir son déplorable tissu de spéculations hasardeuses et dont la façon de traiter la nature est absolument déshonorante pour la Science* ». Tels sont les termes, reproduits par Huxley, d'un article de l'évêque Wilberforce dans la Quarterly Review de juillet 1860. Huxley a également écrit en 1887 : « *Dans l'ensemble, les partisans des opinions de M. Darwin en 1860 étaient, numériquement parlant, des plus insignifiants. Il n'y a donc pas le moindre doute que, si un conclave académique avait été tenu à cette époque, nous aurions été condamnés à une écrasante majorité, et il est peu douteux que, si un tel congrès se réunissait actuellement, le verdict en serait exactement le contraire* ». « *L'Origine des espèces* », continue Huxley, « *fut mal accueillie par la génération à qui elle s'adressait alors, et il est affligeant de se rappeler le concert de sottises irritées qu'elle souleva.* ***Mais la génération présente aurait***

***probablement une attitude tout aussi déplorable si un nouveau Darwin se dressait pour lui infliger ce que l'humanité en général déteste le plus, la nécessité de réviser ses convictions.*** *Qu'elle se montre donc charitable envers nous autres les anciens. Et, si elle ne se comporte pas mieux que les hommes de mon époque à l'égard d'un nouveau bienfaiteur, qu'elle se souvienne qu'après tout notre colère n'eut pas une bien grande importance et qu'elle se manifesta surtout dans les expressions désobligeantes d'homélies dévotes. Qu'ils se décident pour une prompte volte-face et qu'ils suivent la vérité jusqu'au bout. Les adversaires d'une vérité nouvelle découvriront, comme le font ceux de Darwin, qu'après tout les théories ne changent pas les faits et que les textes s'écroulent sans que l'univers en soit affecté* [517] ».

**~ Mécanisme de l'évolution**

La sélection naturelle ( ou mécanisme de l'évolution selon Darwin ) est à la fois destructive et constructive. Dans la lutte pour l'existence, elle élimine tous les inaptes parmi les individus d'une espèce et elle détruit les espèces qui ne peuvent pas rivaliser avec les autres pour obtenir les ressources nécessaires à la vie. Les vainqueurs de cette lutte sont ceux qui, parce qu'ils possèdent soit certains caractères, soit des variations favorables, ont un avantage sur leurs concurrents. « *Dans ces conditions, les variations favorables tendaient à se conserver, les variations défavorables à disparaître. Le résultat en était la formation d'espèces nouvelles* » ( Darwin ).

Comme on l'a vu dans les pages précédentes, l'annihilation de nombreux individus et d'espèces animales entières s'est produite, non seulement dans le cadre de la concurrence vitale, mais aussi dans des conditions catastrophiques. Des espèces entières, exemptes du moindre signe de dégénérescence, ont subitement été anéanties dans des paroxysmes de la nature. D'autre part, la famine ou les ennemis causent parfois l'extermination d'une espèce : le moa, oiseau aptère géant de Nouvelle-Zélande ( qui mesurait environ 4 mètres de haut ) a été détruit il y a plusieurs

---

517 Thomas Huxley, « On the Reception of the *Origin of Species* » formant le chapitre XIV du 1er tome de *The Life and Letters of Charles Darwin*, publié par son fils Francis Darwin, dans l'édition Appleton de ses « Oeuvres ».

siècles. En 1953, les grues blanches nord-américaines n'étaient plus que 21. La sélection naturelle ne suffit pas à expliquer l'extermination totale et simultanée de nombreux genres et espèces; elle peut occasionnellement être l'agent qui extermine une espèce distincte. Mais peut-elle créer des espèces nouvelles ?

L'histoire géologique nous montre que des animaux qui ont jadis vécu n'existent plus actuellement et aussi que, parmi les formes qui vivent actuellement, beaucoup n'existaient pas jadis. Comment donc ces formes sont-elles nées ?

Les règnes animal et végétal se subdivisent en embranchements et ceux-ci en classes, ordres, familles, genres et enfin espèces. Une espèce peut être caractérisée comme suit : l'accouplement de deux individus d'espèces différentes ne donne généralement pas de progéniture ; quand elle en donne, le produit est stérile ( par exemple la mule, produit de l'âne et de la jument ). Toute la race humaine ne constitue qu'une seule espèce ; de même pour toutes les races de chiens, si différentes pourtant dans leur structure. Les espèces se comptent par centaines de mille dans le règne animal comme dans le règne végétal.

Dans la théorie évolutionniste, toutes les formes de vie se développent, évoluant à partir d'êtres unicellulaires les plus primitifs. Des variations fortuites se produisent chez les membres de toutes les espèces, puisque deux individus ne sont jamais complètement identiques ; elles sont héréditaires. Comme nous l'avons déjà dit, les variations favorables, celles qui aident dans la lutte pour l'existence, peuvent, selon Darwin, s'additionner au point qu'il peut en naître une espèce nouvelle, dont les membres ne pourront pas avoir, avec les membres de la première espèce, de progéniture féconde.

Aucune naissance d'espèce nouvelle n'a été constatée depuis les premières observations scientifiques. L'année qui suivit la publication de l'*Origine des espèces*, Thomas Huxley écrivit : « *Il n'existe actuellement aucun fait prouvant qu'un groupe d'animaux quelconque ait, par variation et élevage sélectif, donné naissance à un autre groupe incapable de procréer avec le premier*[518] ». Quelques années plus tard, Darwin écrivit à Bentham : « *La croyance en la sélection naturelle doit maintenant se fonder entièrement sur des considérations générales... Quand nous en venons aux détails... nous ne pouvons pas prouver qu'une seule espèce ait changé, ni que les changements supposés soient favorables, ce qui constitue la base même de la doctrine*[519] ». Et, à la fin du siècle, Huxley se vit contraint de déclarer : « *Je continue à penser que, tant qu'on n'aura pas prouvé que l'élevage sélectif produit des variétés stériles entre elles, le fondement logique de la doctrine de sélection naturelle sera incomplet. Nous demeurons dans une grande obscurité quant aux causes de variation*[520]».

Dans l'élevage sélectif, l'éleveur crée des conditions qui n'existent pas dans la vie sauvage. Des races nouvelles, ou des variétés nouvelles d'animaux créées par la sélection ou l'isolement, retournent à leurs formes primitives naturelles dès que les individus sont remis en liberté ; par exemple, lorsque s'accouplent des chiens de races différentes, ils produisent des bâtards qui ressemblent à leurs ancêtres communs. Malgré tous leurs efforts, les éleveurs n'ont pas réussi à fabriquer la véritable caractéristique de l'espèce. Comment alors une espèce nouvelle pourrait-elle se créer par des variations fortuites et des croisements dans la vie sauvage ? Comment auraient pu se créer des espèces si nombreuses qu'on les compte maintenant, avec les espèces disparues, en millions ? Comment l'être humain, à l'organisme si compliqué, a-t-il pu évoluer depuis des ancêtres communs[521] aux primates et surtout, depuis des ancêtres communs aux insectes ailés et aux vers qui rampent ? Les évolutionnistes comptaient beaucoup sur le temps.

Il faut encore compter avec ceci, que le caractère fortuit des variations, quand elles se manifestent pour la première fois chez un individu, rend le progrès envisagé particulièrement difficile à réaliser. Darwin avouait ignorer la cause de leur apparition et l'on admettait généralement

518 Thomas H. Huxley, « The Origin of Species », 1860, reproduit dans son ouvrage *Darwiniana, Collective Essays*,1893 p. 74.
519 Darwin, *Life and Letters*, éd. Francis Darwin, II, p. 210.
520 Huxley, *Darwiniana, Collective Essays,* 1893, II, préface.
521 NdT: commun, au sens « descendant de »

qu'il faut dans la grande majorité des cas les considérer comme des défauts, car une variation fortuite qui se produit dans un organisme complexe et bien équilibré a des chances de représenter un obstacle et non un avantage. A la suite de quels accidents rares des espèces de plus en plus perfectionnées auraient-elles pu naître ?

Là-dessus, plusieurs théories ont été émises, qui supposent l'existence, dans l'évolution, d'un principe directeur qui remplace le hasard et l'accident. L'une d'elles est l'*évolution créatrice* de Bergson. Elles sont souvent réunies sous le nom d'*orthogénèse*. Ses adeptes affirment l'existence d'un plan et d'un but. Mais, comme elle fait intervenir la Providence, et comme l'un des premiers buts de l'évolutionnisme consistait à rendre la Nature indépendante, l'orthogénèse ou évolution créatrice, après quelque délibération, fut généralement rejetée. Ses défenseurs pouvaient prétendre que de nombreux traits ou caractères avaient dû être complètement inutiles lors de leur apparition, mais qu'ils n'étaient pas si absurdes puisqu'ils sont devenus avantageux après maintes générations. Sinon, pourquoi ces traits auraient-ils continué à se développer d'âge en âge et à finalement constituer un avantage pour l'espèce ? Pour quelle raison la poche des kangourous aurait-elle augmenté de taille pendant des générations successives jusqu'à ce qu'elle puisse servir d'abri aux petits ?

L'évidente difficulté qui s'opposait à l'explication du processus évolutionniste par les variations fortuites conduisit à une reprise du lamarckisme. En 1809, année de la naissance de Darwin, Lamarck publiait sa *Philosophie zoologique*, dans laquelle il avançait une théorie de l'évolution fondée sur l'apparition de facultés et de traits nouveaux répondant à l'usage, l'usage répondant au besoin et le besoin aux changements survenus dans le milieu physique environnant. Ces nouveaux traits acquis étaient héréditaires, selon Lamarck. Il enseignait, lui aussi, le principe de l'uniformité et se trouvait ainsi en opposition avec son contemporain Cuvier, adepte du catastrophisme. Darwin, par générosité pour Alfred R. Wallace, dont il disait qu'il était un libre découvreur de la sélection naturelle, ne voulut jamais reconnaître ce qu'il devait à Lamarck, et ce malgré les pressions de Lyell et de Huxley. Dans une lettre adressée à Lyell, il déclare que le livre de Lamarck est « *absurde* », « *un fatras* », un « *misérable livre*[522] ». Il n'en proposa pas moins la théorie de la pangenèse, selon laquelle toute cellule animale ou végétale transmet aux cellules du germe une gemmule, qui est une image invisible de la cellule-mère. C'est de cette façon que Darwin pensait interpréter l'hérédité ; il alla même dans cette voie plus loin que Lamarck, en tenant les cellules du corps pour les porteurs de l'hérédité, ce qui équivaut à accepter la transmission héréditaire des caractères acquis. Personne n'admet plus la pangenèse.

Dans le débat qui continua entre les adeptes des différentes écoles évolutionnistes, les néo-darwiniens, avec August Weismann à leur tête, s'attaquèrent aux néo-lamarckiens. Weismann, coupant la queue de souris de générations successives, put démontrer que les caractères acquis ne sont pas héréditaires. En fait, il ne le prouva pas, car la perte de la queue par amputation n'est ni une habitude ni un trait acquis par l'usage ou le besoin. Weismann infirma réellement la théorie pangenésiste de Darwin ; mais il eut le mérite de montrer que les porteurs des caractères héréditaires sont dans le plasma du germe, c'est-à-dire dans les spermatozoïdes et les ovules. Le corps est créé pour chaque génération successive par le plasma du germe, et seuls les changements dans le plasma sont héréditaires. Les variations fortuites de Darwin sont précisément ces changements du plasma et, par conséquent, sont héréditaires ; la réaction du corps aux agents extérieurs ne créerait pas de caractères susceptibles d'être hérités et, par conséquent, sont sans valeur dans le processus de l'évolution.

Celle-ci est unanimement acceptée en tant que fait, mais, sur son mécanisme, le désaccord est fondamental. Aujourd'hui, la majorité des évolutionnistes n'adhère plus à l'idée que les caractères acquis sont héréditaires ; cependant les thèses de Lamarck ont fait des adeptes à l'Est,

522 Darwin, *Life and Letters*, p. 199. L.T. More, *The Dogma of Evolution*, 1925, p. 172.

avec Mitchourine qui a fait des expériences sur les plantes, et avec Pavlov qui a étudié les animaux, ainsi que plus récemment dans l'école de pensée qui domine en Russie.

Les néo-darwiniens pensent le milieu physique environnant est juste capable d'apporter des changements dans un organisme (changements non-transmissibles) et qu'il ne peut pas donner naissance à des espèces nouvelles. La sélection naturelle, ou la concurrence avec d'autres animaux, peut-elle alors créer des espèces nouvelles ?

L'exemple classique de la girafe au cou très long, qui survit quand il n'existe plus que des feuilles à une certaine hauteur sur les arbres, ne prouve pas que les girafes munies d'un cou particulièrement long finiraient par devenir une espèce particulière. Quoi qu'il en soit, aucune race ne pourrait évoluer dans ces conditions. En effet, les girafes femelles, qui sont de plus petite taille, s'éteindraient avant leurs concurrents mâles et il n'y aurait pas de progéniture ; en supposant encore qu'il y eût progéniture, les girafons mourraient probablement, puisqu'ils seraient trop petits pour atteindre les feuilles.

La position darwinienne serait beaucoup plus forte si une nouvelle espèce animale faisait son apparition, ne serait-ce que dans des conditions d'élevage dirigé. Darwin assurait que le processus d'apparition d'une espèce nouvelle est très lent, mais il assurait également que le processus d'extinction d'une espèce est plus lent encore[523]. Néanmoins, certaines espèces animales se sont éteintes sous les yeux des naturalistes, alors qu'aucune ne s'est créée. La doctrine de la sélection naturelle, y compris l'évolution d'une espèce à partir d'une autre, manquait donc de preuves. Des scientifiques allèrent jusqu'à prétendre que tout le plan du développement avait peut-être atteint un stade définitif, que le passé géologique indique seulement le chemin qui y mène et que l'évolution s'est arrêtée.

Une partie de la doctrine darwinienne de la sélection a été unanimement condamnée ; c'est l'idée que la sélection sexuelle constitue un facteur dans l'évolution. Dans la

---

523 *The Origin of Species*, chap. XI.(*L'Origine des espèces*)

sélection naturelle, la concurrence s'exerce envers les moyens d'existence. Dans la sélection sexuelle ( théorie développée en 1871 dans *La Descendance de l'homme* ), la concurrence se déroule entre les mâles et a pour objet la possession de la femelle. Darwin pensait expliquer l'origine de différents caractères sexuels secondaires, tels que la parure et la couleur des plumes chez l'oiseau, en prétendant qu'ils étaient le résultat d'une sélection graduelle ( au fil de nombreuses générations ) de traits susceptibles de séduire les yeux de la femelle.

Cependant, on a démontré que, lorsqu'on enlève à un papillon mâle ses ailes bariolées et qu'on fixe à leur place des ailes de femelle souvent dépourvues des couleurs caractéristiques, la femelle ne s'oppose nullement aux avances de ce mâle. Elle ne réagit pas davantage contre des papillons mâles dépourvus d'ailes! On a encore observé que certains poissons mâles, portant toute la coloration caractéristique de la saison du frai, fécondaient les œufs sans que la femelle fût présente ou consciente de cet acte. En somme, la théorie de la sélection sexuelle eut le même destin que celle des gemmules, mais les partisans de la sélection naturelle se refusèrent à céder du terrain tant qu'on n'éclairerait pas mieux le mécanisme de l'évolution.

### ~ Mutations et espèces nouvelles

Une première lueur apparut vers la fin du siècle, quand Hugo De Vries, botaniste hollandais, observa des mutations spontanées chez l'œnothère bisannuelle[524] ; la plante, sans cause apparente, montrait des caractères nouveaux qui n'avaient pas été constatés chez ses ancêtres. Bien que De Vries ait prétendu que ces mutations équivalaient à ce qu'on pourrait appeler de « *petites espèces* », elles n'ont pas suffi à faire franchir à la plante la frontière de son espèce. Toutefois, il a été démontré que les variations à l'intérieur d'une espèce apparaissent spontanément et plutôt soudainement, et non ( comme le croyait Darwin ) par

524 NdT: plante poussant facilement dans nos jardins, dont les fleurs jaunes s'ouvrent à la tombée de la nuit, et que les jardiniers ont baptisée « Belle de nuit ».

d'infimes progressions de génération en génération. Huxley, à juste titre, conseillait à Darwin de ne pas rester si dogmatiquement convaincu que la nature ne fait pas de bonds, *natura non facit saltus*[525]. De Vries établit donc que les variations procèdent par bonds, et c'est ainsi qu'il formula la théorie évolutionniste des mutations.

Tout en y consacrant ses travaux, De Vries ignorait encore ceux que Gregor Mendel faisait en génétique et qui avaient été publiés sous forme d'article en 1865, six ans seulement après l'*Origine des espèces*. L'œuvre de Mendel, inconnue de Darwin et de ses disciples au XIXe siècle, fut redécouverte par De Vries et, de leur côté, par E. Tschermak et K. Correns en 1900, année où De Vries rédigea sa théorie des mutations. En étudiant soigneusement les croisements entre diverses variétés du petit pois à rames et en comptant les clones [526] des générations successives, ainsi que la transmission des caractères isolés, Mendel établit la loi fondamentale de la génétique, ou transmission des caractères somatiques. Tous les travaux relatifs à l'évolution depuis le début du XXe siècle sont fondés sur la génétique et sur les lois de Mendel. Ce qui est assez piquant, c'est que Mendel était un religieux de l'ordre de Saint-Augustin et qu'il avait fait sa découverte à une époque où culminait la controverse entre l'Eglise et la Science à la suite de la publication du principal ouvrage de Darwin.

Les mutations spontanées peuvent être considérées comme héréditaires chez les descendants de générations successives. Les gènes contenus dans le plasma du germe déterminent les caractéristiques de la race et leurs variations ( mutations ) entraînerait des mutations chez les individus d'une même lignée. Mais en général, il n'apparaît qu'une mutation à la fois ; elle peut conduire à la production de races nouvelles, mais non d'espèces nouvelles.

Les mutations spontanées sont trop rares et trop faibles pour amener l'apparition d'espèces nouvelles et pour expliquer celles du monde animal. En dépit de ces variations spontanées, aucune espèce nouvelle de mammifères

525 Darwin, *Life and Letters*, II, p. 27.
526 Souches réservées à une sélection d'individus végétaux dans un but donné

n'a vu le jour depuis la fin de la période glaciaire. En 1907, V.L. Kellogg, de l'Université de Stanford, conclut :

> *La juste vérité, c'est que les théories darwiniennes de la sélection, considérées à la lumière de leur prétendue capacité de suffire à donner une explication mécanique de la descendance, sont aujourd'hui discréditées dans le monde de la biologie. D'autre part, il est vrai et juste aussi de dire que les adversaires de la sélection n'ont avancé, sur la formation des espèces, aucune hypothèse ou théorie de remplacement qui ait été acceptée par les naturalistes, soit en totalité, soit en grande partie. Les mutations semblent trop rares. Pour l'orthogénèse, nous ne pouvons découvrir aucun mécanisme qui donne satisfaction, et il en est de même pour les théories lamarckiennes de la modification, obtenue par l'accumulation de traits acquis ou ontogéniques héréditairement transmis*[527].

Kellogg faisait également remarquer qu'un groupe de scientifiques « *refuse en totalité à la sélection naturelle toute aptitude ou capacité de former des espèces, alors qu'un autre groupe, plus important... voit dans la sélection naturelle un facteur d'évolution incapable de mettre en route quoi que ce soit et dépendant pour son efficacité de quelconques facteurs primaires dirigeant l'origine et le sens de la variation, mais capable d'éliminer toutes les lignes de développement inadaptées et inaptes* » ... « *Pour ma part* ( conclut-il ), *j'estime plus sage de retourner à l'ancien et sûr point de vue d'Ignoramus* [528] ». Ainsi, tout le problème revenait là où il en était avant *L'Origine des espèces.*

L'évolution est le principe. Darwin ajouta à ce principe la sélection naturelle en tant que mécanisme de l'évolution. Si la sélection naturelle, réduite au même destin que la sélection sexuelle, n'est pas le mécanisme de l'origine des espèces, alors la contribution de Darwin se ramène à bien peu de chose : la sélection naturelle ne ferait qu'éliminer les inaptes. Fairfield Osborn, évolutionniste américain distingué, écrit : « *Contrastant avec l'unité d'opinion sur la loi d'évolution, il existe une grande diversité d'opinion sur ses causes ; en*

527 V.L. Kellogg, *Darwinism Today*, 1907, p. 5.
528 NdT: acteur principal de la farce de Geo Ruggle (1615) jouant le rôle d'un homme de loi évitant, en feignant l'ignorance, de statuer sur des affaires qui lui étaient soumises.

*somme, les causes de l'évolution de la vie sont aussi mystérieuses que la loi de cette évolution est certaine*[529] ». Plus loin : « *On peut dire que la loi darwinienne de sélection considérée comme expliquant d'un point de vue naturel l'origine de* toute *adaptation convenable de forme et de fonction, a maintenant également perdu son prestige : et aussi que toute la partie de la doctrine darwinienne universellement admise de nos jours est la loi de la persistance du plus apte, ce qui est une application limitée de la grande idée de Darwin, telle qu'elle a été exprimée par Herbert Spencer*[530]».

Ce n'étaient pas des isolés qui professaient ces opinions, mais la majorité des évolutionnistes. L'un d'entre eux, l'éminent savant anglais William Bateson, s'exprimait ainsi dans son discours devant l'Association américaine pour l'Avancement des Sciences en 1921 :

> *Lorsque nos confrères des autres disciplines nous demandent quelle est la croyance générale en ce qui concerne l'origine des espèces, nous n'avons pas de réponse claire à leur donner. La foi a fait place à l'agnosticisme... Nous assistons quotidiennement à des variations très diverses, mais nous ne constatons aucune origine des espèces... Je viens de vous exposer très franchement les considérations qui nous ont rendus agnostiques quant au mode et aux processus réels de l'évolution*[531].

More, dans une série de conférences données à Princeton sur l'invitation de cette université, demandait :

> *Si la sélection naturelle est une force qui peut détruire, mais non créer des espèces, et si nous ignorons les raisons de cette aptitude destructive, quelle est la valeur pour l'humanité de la doctrine?... L'écroulement de la théorie de la sélection naturelle laisse en fâcheuse posture la philosophie du matérialisme mécaniste*[532].

Sur la théorie de l'évolution par mutation, émise par De Vries, More déclarait :

---

529 Henry Fairfield Osborn, *The Origin and Evolution of Life*, 1917, p. IX.
530 Ibid., p. XV.
531 William Baseton, « Evolutionary Faith and Modern Doubts », *Science*, LV, p. 55.
532 More, *The Dogma of Evolution*, 1925, p. 240.

*Elle est mortelle pour la théorie scientifique, car elle élimine toute l'idée de continuité, qui devrait être à la base d'une doctrine évolutionniste...*

*Il vient immédiatement à l'esprit que chacune des étonnantes interruptions qu'on relève dans le passé paléontologique, telle que celle qui sépare les reptiles des oiseaux à plumes, peut être survenue d'un seul bond au cours d'un paroxysme de la nature*[533].

De Vries avait fait des observations sur les mutations spontanées des plantes. Dix ans plus tard, Morgan en constata chez la mouche du vinaigre[534], notamment plusieurs colorations des yeux et plusieurs longueurs d'ailes, ainsi que de nombreux autres changements qui se manifestaient chez les descendants, quoique absents chez les ascendants. Muller, soumettant la mouche du vinaigre à l'action des rayons X, augmenta 150 fois la fréquence des mutations. On observa également que certains produits chimiques et certaines températures proches de la limite supportable par l'organisme des insectes sont capables de provoquer des mutations. Muller en conclut que les mutations spontanées sont « *généralement dues à une collision accidentelle individuelle moléculaire ou submoléculaire, se produisant au cours d'une agitation thermique* » et que cela est indiqué :

*Par le taux d'augmentation de la fréquence des mutations observées quand la température s'élève, tant que ne sont pas dépassées les températures que peut supporter l'organisme. Etant donné que les changements chimiques du même ordre que ceux de l'agitation thermique, mais plus prononcés, peuvent également être produits par les rayons X, par d'autres radiations de forte énergie et par les ultra-violets, il n'est pas surprenant que des mutations comme celles qu'on appelle spontanées puissent être abondamment produites par ces moyens, ni que leur nombre soit en général proportionnel au nombre des collisions physiques causées par la radiation*[535].

---

533 Id., p. 214.
534 La drosophile ou *Drosophila melanogaster*.
535 Muller, « The Work of the Genes », dans H.J. Muller, G.G. Little et L.H. Snyder, *Genetics, Medicine and Man*, 1947, p. 27.

Les mutations chez l'œnothère bisannuelle observées par De Vries peuvent, comme pour toutes les autres mutations spontanées, être attribuées à l'un de ces excitants qui agissent directement sur les gènes. Elles sont peut-être dues à des irradiations, mais il reste à montrer pourquoi l'œnothère bisannuelle y est plus sensible que la plupart des autres plantes.

L'absence presque totale de rayons X dans le milieu naturel fait que cet agent, efficace pour obtenir des mutations en laboratoire, est considéré comme inactif en matière de mutation spontanée et aussi, par conséquent, dans le processus de l'évolution. Muller a souligné le fait. Toutefois, dans la radiation par radium, se trouve un composant des rayons X. On a constaté au début de ce siècle que des têtards, mis en présence d'un tube contenant du radium, donnent naissance à des monstres divers[536]. La radioactivité et la radiation cosmique sont des agents présents dans la nature ; la première est d'origine terrestre, la seconde d'origine extra-terrestre.

Si, comme l'ont établi les expériences faites sur la mouche du vinaigre, la mutation d'un certain gène peut produire une mouche sans ailes, un grand nombre de mutations simultanées ou se succédant rapidement seraient tout à fait capables de transformer un animal ou une plante en un individu d'une espèce nouvelle. On a vu pousser, à Londres, dans les cratères laissés par les bombes, des plantes nouvelles, qu'on ne connaissait pas dans les Iles Britanniques ni sans doute ailleurs. « *Des plantes rares, inconnues de la botanique britannique moderne, ont été découvertes dans les cratères de bombes et les ruines de Londres en 1943*[537]».

Il semble que l'action thermique de ces explosions ait causé de multiples métamorphoses dans les gènes des graines et des pollens. S'il en est ainsi, il convient de revoir l'idée exprimée plus haut selon laquelle la naissance d'une espèce nouvelle n'a jamais été constatée. Il faut la réviser de toute façon ( en ce qui concerne le règne végétal, mais

536 R.H. Bradbury, « Radium and Radioactivity in General », *Journal of the Franklin Institute*, vol. CLIX, n° 3, 1905.
537 « Botany », *Britannica Book of the Year*, 1944, p. 117.

non le règne animal ) : en effet, selon une école de botanistes spécialisés en génétique, certaines plantes peuvent parfois produire une progéniture anormale, munie d'une quantité double de chromosomes ; et, bien que les hybrides végétaux (comme les hybrides animaux) n'ont généralement pas de puissance procréatrice, des hybrides issus de parents à chromosomes doublés peuvent occasionnellement produire une véritable nouvelle espèce, laquelle peut se reproduire indéfiniment, mais pas par croisement avec l'espèce d'origine, ou, si elle y parvient, la progéniture du croisement est stérile.

C'est un alcaloïde ( la colchicine provenant des racines du colchique ), qui lorsqu'il est fourni à des cellules en processus de division, favorise la production de cellules possédant un nombre de chromosomes double de la normale. On a obtenu ainsi un croisement fertile entre le radis et le chou, et les partisans de « *l'évolution cataclysmique* » assurent que l'apparition fortuite de plantes à chromosomie double est à l'origine du blé, de l'avoine, de la canne à sucre, du coton et du tabac, et aussi qu'elle permettra d'obtenir en laboratoire la production d'une graine combinant les qualités du blé et du seigle. Mais l'agent rendant une plante capable d'engendrer spontanément une progéniture à chromosomie double n'est pas encore suffisamment connu ; très probablement, un agent thermique, chimique ou radioactif aura, là encore, à jouer un rôle.

### ~ L'évolution cataclysmique

> *Lorsque la Terre, couverte encore de boue par le Déluge récent, se trouva réchauffée par les rayons généreux du Soleil, elle fit renaître la vie sous d'innombrables aspects ; certains montraient des formes anciennes, d'autres étaient des créatures nouvelles et étranges.*
> Ovide, *Métamorphoses*

Divers théoriciens, voulant expliquer les grandes oscillations qui ont affecté le climat du passé, postulèrent une expansion considérable de la radioactivité lors de ces époques lointaines. Du Toit, auteur de la version moderne de la doctrine sur la dérive des continents, estime aussi que l'effet thermique de cette radioactivité fut déterminant. Il me semble que, si cette radioactivité s'est réellement produite, son effet de mutation n'aurait pas manqué de se manifester.

Les rayons ou les charges cosmiques, en bombardant les atomes d'azote dans l'atmosphère, transforment cet élément en radiocarbone. Chaque charge arrivant du dehors possède en moyenne plusieurs milliards d'électrons-volts et parfois plus de 100 milliards d'électrons-volts. Comme c'est avec une rareté relative que ces rayons ou charges frappent notre atmosphère, leur effet général n'est pas spectaculaire. On concevra cependant que, lorsqu'un rayon ou une charge frappe un gène du plasma du germe, il produit une mutation biologique comparable à la transmutation physique des éléments, car les gènes ne sont, comme toutes les protéines, que des composés biochimiques où entrent du carbone, de l'azote et quelques autres éléments. Si un chromosome somatique reçoit le choc d'une charge puissante, celle-ci risque tout au plus de désorganiser sa croissance et d'être à l'origine d'un néoplasme ; mais, si les gènes du plasma du germe sont la cible d'un choc par rayon cosmique ou radiation secondaire, il peut survenir une mutation chez la progéniture ; et, si ces chocs se multiplient, on peut envisager l'origine d'une espèce nouvelle, très probablement incapable de vie individuelle ou génétique, mais capable dans certains cas.

Ainsi, une augmentation de radioactivité venant, soit de l'extérieur de notre planète, soit de son noyau interne, pourrait spontanément amener de nouvelles espèces. Si une décharge interplanétaire survenait entre la Terre et un autre corps céleste, comme une planète, un planétoïde, un train de météorites ou un nuage chargé de gaz, avec peut-être une différence de potentiel de milliards de volts et une fission nucléaire ou une fusion, l'effet serait semblable à celui de l'explosion de nombreuses bombes H, avec ce qu'elle entraînerait en production de monstruosités et d'anomalies multiples. Ce qui importe, c'est qu'il existe dans la nature un principe capable d'être à la base de l'origine des espèces ; malheureusement, Darwin vit dans le catastrophisme l'adversaire principal de sa doctrine, car il était convaincu que l'évolution d'espèces nouvelles résulte d'une compétition, où intervient la dotation de caractéristiques particulières ainsi qu'un laps de temps quasiment illimité pour que ces caractéristiques puissent servir d'armes.

Or, c'est exactement le contraire qui est vrai : la concurrence ne mène pas à de nouvelles espèces. Les mutations en traits isolés et les variétés nouvelles qui en résultent à l'intérieur d'une espèce sont amenées par le choc d'une radiation contre un gène ; ce fut le rôle joué par les rayons X dans les expériences sur la mouche du vinaigre ; c'est un choc ou une collision, c'est-à-dire une catastrophe en miniature. Pour produire la mutation simultanée de nombreux caractères (qui donne une espèce nouvelle), une grêle de radiations d'origine terrestre ou extra-terrestre est nécessaire. Nous sommes donc amenés à penser que l'évolution est un processus qui commence par une catastrophe. Il a fallu que de nombreuses catastrophes, ou assauts de radiation, aient eu lieu dans le passé géologique pour avoir changé si radicalement les formes de la vie sur la Terre, ainsi qu'en témoignent les restes fossiles enfouis dans la lave et dans les sédiments.

Comment ce concept de l'évolution peut-il se concilier avec les faits, en particulier avec ceux qui ont toujours paru contraires à la théorie de la sélection naturelle ?

Le fait que certains organismes, comme les foraminifères[538], aient traversé tous les âges géologiques sans prendre part à l'évolution ( cas embarrassant dans la théorie de la sélection naturelle ), s'expliquerait par une évolution catastrophique au cours de laquelle de nombreuses espèces auraient été détruites, alors que d'autres auraient subi des mutations multiples et que quelques spécimens auraient échappé aux mutations et se seraient reproduits sous leur forme originelle.

538 NdT: ils appartiennent à la sous-classe des protozoaires marins, une des première formes de vie composées d'une seule cellule et dépourvues de chrorophyle qui existaient déjà il y a un milliard d'années. Les foraminifères sont pourvus de coque externe (coquille calcaire). Voir la section « Le Fond de l'Atlantique », chap. 7.

Le fait que le témoignage géologique révèle l'apparition soudaine de nombreuses formes nouvelles au début de chaque époque, ne colle pas avec l'explication artificielle selon laquelle ce témoignage est toujours douteux. Il reflète avec exactitude les changements survenus dans les règnes animal et végétal d'une époque à l'autre. Bien des espèces nouvelles, qui sont nées à la suite d'une catastrophe affectant la terre entière et qui ont inauguré une nouvelle époque, ont à la fin même de cette époque été ensevelies dans un autre paroxysme de la nature.

Le fait est qu'il arrive souvent que les chaînons intermédiaires entre les espèces actuelles fassent défaut ; de même pour les espèces disparues. Ce problème contrariant s'éclaire à la lumière des soudaines et multiples variations donnant naissance à de nouvelles espèces.

On avait présenté l'objection suivante : si un nouveau caractère n'apparaissait que chez un seul animal ( comme le veut la théorie de la sélection naturelle ) ou à la rigueur chez quelques animaux d'une même espèce, les croisements le feraient disparaître au fil des générations, à moins que le nouvel animal ne soit protégé par l'isolement ( comme sur une île ). D'un autre côté, dans l'évolution catastrophique, la mutation simultanée de nombreux gènes peut produire une espèce nouvelle dès la première fécondation, et s'appliquer à tous les individus d'une même portée. Il n'est donc pas inconcevable que des radiations identiques produisent les mêmes changements dans les gènes chez plus d'un individu d'une seule espèce ; et c'est ainsi que, dans les expériences de rayons X pratiquées sur la mouche du vinaigre, les mutations semblables se sont produites sur plus d'un insecte.

Le fait que le développement d'une espèce nouvelle doit apparaître soudainement faute de quoi la race s'éteindrait ( comme c'est le cas pour les poches des kangourous ) est incompatible avec la théorie de la sélection naturelle mais cadre avec l'évolution catastrophique. Cependant, la finalité des structures animales restera un problème étonnant ( par exemple le comportement réfléchi des leucocytes du sang qui s'élancent à l'attaque d'un envahisseur nuisible ). Si, comme Agassiz l'a mis en lumière, de nombreuses espèces anciennes de poissons bénéficiaient d'un organisme plus développé que des espèces plus récentes, c'est parce qu'elles ont été détruites, non pas dans le processus de concurrence vitale, mais par des bouleversements contre lesquels un organisme supérieur est sans défense.

Les évolutionnistes se sont fort étonnés que des espèces animales, en excellent état physique et ne présentant aucun signe de dégénérescence ( comme les mammouths ) se soient éteintes subitement. Ce fait n'est pas explicable par la sélection naturelle ou la concurrence vitale, mais l'est par l'intervention d'une catastrophe.

A différentes étapes du passé, beaucoup d'animaux de plusieurs espèces, ainsi que beaucoup d'espèces entières, ont rapidement été exterminés. Le fait est en conflit avec l'idée d'extinction lente par voie de sélection naturelle, mais il est conforme à la théorie de l'évolution cataclysmique.

On a observé que les animaux de grande taille avaient été particulièrement sujets à l'extinction ( par exemple, les mammifères géants qui succombèrent à la fin du tertiaire, puis au cours du pléistocène, tout comme précédemment les dinosaures ). Cela s'explique si l'on veut bien se représenter qu'il est plus facile aux petits animaux qu'aux grands de trouver un refuge pour s'abriter en cas de cataclysme.

La sélection naturelle a eu son rôle, elle aussi, mais pas en créant des espèces nouvelles. Elle a constitué un facteur décisif dans leur survie ou leur extinction, dans la lutte pour l'existence chez les individus, les races, les espèces et les ordres, et aussi contre les éléments. Elle a éliminé toutes les formes incapables de soutenir la concurrence ou de faire face aux conditions rapidement changeantes d'un monde en cours de bouleversement.

La transmutation d'espèces anciennes en espèces nouvelles pouvait être causée par les processus qu'on reproduit en laboratoire : radiations excessives, ou quelque autre excitant, thermique ou chimique, infligé en doses anormales. Ces processus, qui ont pris part aux catastrophes du passé, ont pu jouer un rôle dans la création d'espèces nouvelles ; c'est du moins ce qu'indique les plantes jusqu'alors inconnues qui ont poussé dans les cratères laissés par les bombes.

Les événements catastrophiques du passé justifient la doctrine évolutionniste. Son adversaire déclaré s'est révélé être son unique allié, alors que son véritable ennemi fut la doctrine uniformiste, c'est-à-dire la négation de phénomènes extraordinaires dans ce passé : l'uniformisme, que Darwin considérait comme le bastion de la théorie évolutionniste, se dressa presque comme une barrière entre elle et la réalité.

De grandes catastrophes du passé, accompagnées de décharges électriques et suivies de radioactivité, ont pu produire des mutations soudaines et multiples, analogues à celles obtenues aujourd'hui par les expérimentateurs, mais sur une immense échelle. Le passé de l'homme, des animaux et des plantes, doit être considéré en fonction de l'explosion d'Hiroshima, et non plus à travers les hublots du Beagle.

# ~ 16 ~
# Conclusion

Ce livre rassemble les témoignages apportés par les pierres et les ossements.

Nous avons ainsi écouté ceux des époques anciennes et les récentes, du Nord au Sud, des montagnes et des fonds océaniques, des squelettes, des cendres et des laves.

Longtemps avant qu'ils fussent terminés, nous savions que la conclusion était inévitablement celle-ci : notre Terre toute entière fut le jouet de catastrophes.

Encore n'ai-je pas apporté ici le témoignage des sources littéraires anciennes ou du folklore. On me dira que si les cataclysmes du passé sont attestés par les pierres, les os et les ruines, l'absence des témoignages humains vient contredire cette interprétation du passé géologique. Je demanderai alors : *Mondes en Collision* n'est-il pas un livre qui contient justement ces témoignages humains ?

Et les attaques dont il fut l'objet n'ont-elles pas été causées, avant tout, parce qu'on le présumait en conflit avec les découvertes de la géologie ?

Je ne me suis appuyé ici sur aucune référence aux inscriptions ou aux monuments littéraires anciens pour établir la correspondance existant entre les annales historiques et géologiques ; mais le lecteur attentif, disons même celui qui simplement parcourra ces pages, n'aura pu y porter les yeux sans qu'elles lui rappellent bien des chapitres de *Mondes en Collision*, à condition, bien entendu, qu'il connaisse ce dernier.

*Mondes en Collision* retraçait l'histoire d'ouragans balayant toute la planète, de forêts incendiées et emportées, de poussières, de rocs, de feu et de cendres s'abattant du ciel, de montagnes fondant comme de la cire, de laves arrachées à un sol éclaté, de mers en ébullition, d'averses bitumineuses, de terres secouées et de villes détruites, d'humains se réfugiant dans les cavernes ou dans les fissures des roches de montagne, d'océans soulevés et retombant sur les continents, de raz de marée se lançant sur les pôles et en revenant, de terres submergées et de mers transformées en déserts, d'îles apparues et d'îles englouties, de crêtes nivelées et de crêtes surgissantes, de rivières cherchant d'autres lits, de sources taries ou devenant amères, de grandes destructions animales, d'humanités décimées, de migrations, de nuages lourds de poussière enveloppant pendant des dizaines d'années toute la face du globe, de troubles magnétiques, de climats changés, de points cardinaux déplacés et de latitudes modifiées, de calendriers dérangés, de cadrans solaires et de clepsydres n'indiquant plus la même durée pour les jours, les mois et les années, d'une nouvelle étoile polaire.

*Mondes en Collision* présente tous ces phénomènes, qui se sont répartis en deux séries d'événements, la première ayant eu lieu au XV^e^ siècle avant notre ère, c'est-à-dire il y a 3.400 ans ; la seconde, d'une intensité moindre, il y a 2.700 ans. Des cataclysmes analogues et d'une intensité plus grande encore s'étaient déjà produits à des époques plus anciennes. Pour ces derniers, et dans la mesure où la tradition humaine se souvient d'eux, le récit en est réservé à un autre ouvrage *Ages in Chaos*, qui fera suite à *Mondes en Collision.*

Quel que soit le lieu où nous étudions l'aspect géologique et paléontologique de la Terre, nous découvrons des signes de catastrophes anciennes et récentes. Des montagnes ont surgi des plaines, d'autres se sont aplanies ; les strates de l'écorce terrestre ont été pressées les unes contre les autres, retournées et posées au-dessus d'autres strates ; des roches ignées, fondues, se sont étalées sur d'immenses régions en couvertures épaisses de plusieurs kilomètres ; le lit de l'océan a roulé des vagues de roches en fusion ; les cendres sont tombées en pluie pour s'entasser en couches profondes sur le sol et sur les vastes fonds marins. Les rives des lacs anciens, basculées, ne sont plus horizontales ; les littoraux montrent qu'ils étaient jadis plus hauts ou plus bas, la différence dépassant parfois 300 ou 400 mètres.

Les restes de ce qui fut vivant foisonnent dans les roches en attitudes d'agonie ; les roches sédimentaires sont de vastes cimetières, les granits et les basaltes ont aussi enseveli d'innombrables organismes ; les coquillages demeurent fermés comme s'ils étaient vivants, tant fut subit leur enfouissement.

De grandes forêts ont été brûlées, entraînées par les raz de marée, recouvertes de sable et changées en charbon. Les animaux ont été balayés jusqu'à l'extrême Nord, empilés pèle-mêle et inondés de bitume. Les os brisés, les ligaments rompus, les peaux de bêtes appartenant à des espèces vivantes ont été mélangés aux restes d'espèces disparues et à des masses d'arbres éclatés, pour former d'immenses entassements ; des baleines ont été arrachées à l'océan et jetées sur des montagnes.

Les roches des cimes désintégrées ont été transportées sur de longues distances, de la Norvège aux Carpates, dans les monts du Harz, en Ecosse, du mont Blanc au Jura, du Labrador aux Poconos. Les montagnes Rocheuses ont parcouru bien des lieues ; les Alpes ont franchi 160 km vers le Nord ; l'Himalaya et les Andes ont encore augmenté d'altitude. Les lacs de montagne se sont déversés par-dessus leurs bords ; les continents ont été déchirés par des fractures et le fond des mers par des canyons. Les terres ont disparu sous les mers, qui ont fait surgir des îles nouvelles. Les fonds océaniques sont devenus des sommets porteurs de coquillages marins. Des bancs entiers de poissons ont été emprisonnés et bouillis dans la mer même. D'innombrables rivières ont quitté leur lit et les laves ont inversé le sens de leur courant. Le climat a subitement changé, le sol labourable et les prairies se sont mués en déserts. Les rennes de Laponie, les renards polaires ( ou renards bleus ), et les ours arctiques, habitants des toundras enneigées, les hippopotames et les rhinocéros des brousses africaines, les lions du désert, les autruches et les phoques ont été entassés et recouverts de graviers, d'argiles et de tufs. Les fissures de rocs sans nombre ont été remplis d'ossements brisés.

Des régions de palmiers ont été repoussées vers les régions arctiques ; les océans ont bouilli ; leur évaporation s'est condensée sous des nuages de poussière pour construire des calottes glaciaires montagneuses sur d'immenses contrées. Puis la glace a fondu sur le sol échauffé, envoyant sur la mer des flottes d'icebergs. Tous les volcans sont entrés en éruption ; toutes les habitations se sont écroulées et ont pris feu. Les animaux apprivoisés et les bêtes sauvages ont couru avec les hommes pour se réfugier dans les cavernes des montagnes, et les montagnes ont avalé et enterré ceux qui y étaient parvenus. Les genres, les espèces et les familles en grand nombre ont été anéantis jusqu'au dernier individu. Les continents, les mers et le ciel ont encore et encore combiné leurs éléments dans le grand travail exterminateur.

En suivant ainsi les signes laissés par la géologie, nous avons été conduits par l'inexorable logique des faits à conclure que la Terre fut, plus d'une fois, le théâtre où se sont déroulés les actes d'un grand drame, dont aucun lieu n'a été exempt.

En présence des faits, nous avons également dû admettre que les plus récents paroxysmes de la Nature se sont produits pendant les temps historiques, il y a quelques milliers d'années seulement, alors qu'en certaines contrées la civilisation parvenait déjà à l'Age du Fer, mais qu'ailleurs elle s'attardait dans le néolithique ou même dans le paléolithique, c'est-à-dire dans l'époque de la pierre taillée. Les lacs laminés, la teneur en sel des étendues d'eau sans déversoir, le recul des cascades, l'élévation des montagnes, les analyses de pollens, les trouvailles archéologiques et la baisse récente du niveau de la mer, tous ces signes montrent à quel point les derniers paroxysmes naturels sont proches de notre époque.

Les témoignages géologiques nous apportent aussi l'absolue conviction que les grandes catastrophes globales ont été, soit accompagnées, soit causées par un déplacement de l'axe terrestre ou par une perturbation dans les mouvements quotidiens et annuels de la planète. Le déplacement de l'axe n'a pas pu être amené par des causes intérieures, comme l'avaient supposé au XIX^e^ siècle les adeptes de la théorie de l'âge glaciaire. Il n'a pu avoir lieu, et à plusieurs reprises, que sous le choc de forces extérieures. L'état des laves à magnétisme inversé, celui-ci étant des centaines de fois plus intensif que ne pourrait l'être le champ magnétique terrestre inversé, révèle la nature des forces qui sont alors entrées en action.

Ainsi, le témoignage géologique nous a amenés à la conclusion que nous avions déjà atteinte en suivant les traditions historiques et littéraires de tous les peuples la Terre : à plusieurs reprises, elle est passée par des catastrophes qui l'ont affectée tout entière et la cause en fut un agent extraterrestre ; certains de ces cataclysmes cosmiques datent de quelques milliers d'années seulement, c'est-à-dire des temps historiques.

On cherche sans les trouver les causes de beaucoup de phénomènes ayant touché le globe dans sa totalité. Or la cause est la même pour tous : c'est la somme composée par les changements climatiques soudains, les invasions des mers, les grandes activités volcaniques et sismiques, la formation de la calotte glaciaire, les périodes pluvieuses, le soulèvement des montagnes et leur dislocation, l'élévation et l'abaissement des littoraux, le basculement des lacs, la sédimentation, la fossilisation, la présence d'animaux et de végétaux tropicaux dans les régions polaires, les mélanges de fossiles provenant de latitudes et d'habitats différents, l'extinction d'espèces et de genres, l'apparition d'espèces nouvelles, l'inversion du champ magnétique terrestre et une vingtaine d'autres phénomènes qui se sont étendus à la Terre entière.

Si importante que soit cette affirmation d'événements catastrophiques, elle prend une dimension encore plus grande pour presque toutes les disciplines scientifiques, lorsqu'il faut répondre à la question : datent-ils d'époques anciennes ou d'époques nouvelles ?

La réponse est : des deux. Des événements catastrophiques eurent lieu aux époques préhumaines, préhistoriques et historiques. Nous sommes les descendants de survivants, qui eux-mêmes descendaient de survivants. Nous avons lu dans ce livre quelques pages du « *journal de bord* » de la Terre, roche roulant dans l'espace, tournant avec son satellite inanimé autour d'un astre de feu qui se déplace avec elle et avec d'autres planètes à travers une galaxie, la Voie Lactée faite de centaines de millions d'étoiles brûlantes, armée qui s'enfonce dans l'immensité aveugle de l'univers.

# Examen de *Mondes en Collision* d'après les récentes découvertes archéologiques, géologiques et astronomiques

*Conférence du Dr Immanuel Velikovsky à l'Université de Princeton*

Il y a 180 ans, Pierre-Simon de Laplace[539], alors âgé de 23 ans, donna lecture en 1773 devant l'Académie des Sciences de Paris d'une communication dans laquelle il établissait la stabilité du système solaire car les déviations apparentes des planètes ne sont que des oscillations périodiques par rapport à leur course moyenne, et parce que le mécanisme céleste est organisé de façon à fonctionner perpétuellement.

Son contemporain, Jean-Baptiste Lamarck[540] entreprit de démontrer dans plusieurs ouvrages que la Terre avait toujours été le théâtre d'une évolution paisible, sans perturbations spasmodiques, ce qui était en contradiction avec les vues de son temps.

Or, les idées d'harmonie ou de stabilité dans les sphères céleste et terrestre gagnèrent du terrain et devinrent la base de la pensée scientifique.

En annonçant le 31 août 1846 l'existence de la planète Neptune, immédiatement découverte dans la partie du ciel qu'il avait indiquée[541], Le Verrier prouva l'exactitude de la théorie newtonienne et de l'univers organisé de Laplace.

539 1749 – 1827
540 1744 – 1829
541 Le 25 septembre suivant par l'astronome Galle, de Berlin (NdT).

Mais, relevant des anomalies la même année dans la révolution de Mercure, anomalies qui se produisent toujours en une seule et unique direction, il jeta le premier doute sur l'infaillibilité de ces lois.

L'uniformisme, comme l'entendaient Lamarck et Hutton ou l'exposait Lyell, devint la pierre angulaire du darwinisme, à tel point que Darwin proclamait inutile de lire *l'Origine des Espèces* si l'on n'acceptait pas les vues de Lyell. Le principe d'uniformité, qui tente d'expliquer tous les événements remarquables de l'histoire du globe terrestre en fonction des processus toujours en cours et, par conséquent, nie les crises catastrophiques du passé, fournit à Darwin ce qui pouvait le mieux justifier ses idées sur l'origine des espèces : un temps presque illimité.

Il fallait, en effet, une éternité afin que la compétition entre individus et leur instinct de conservation assurent l'évolution de formes nouvelles pour qu'un animal à plusieurs pattes comme l'araignée et les êtres humains aient pu avoir un ancêtre commun.

Avec le XIX$^{e}$ siècle, la lutte que s'étaient livrée les évolutionnistes et les tenants de la création en six jours s'éteignit ; l'évolutionnisme en sortait victorieux.

A l'avis de Thomas Huxley, une seule incertitude subsistait : on n'avait constaté l'apparition d'aucune espèce nouvelle depuis les premières observations scientifiques et les expériences en matière d'élevage n'avaient pas donné de meilleurs résultats. Le passé géologique attestait pourtant sans équivoque possible que certaines formes animales, aujourd'hui éteintes, existaient jadis et que beaucoup de celles qui vivent maintenant n'existaient pas autrefois.

L'hypothèse de Laplace, selon laquelle l'ensemble planètes aurait été formé à partir d'une nébuleuse en rotation, fut remplacée vers la fin du siècle par une théorie catastrophiste. Elles proviendraient des débris d'un corps céleste entré en collision avec le Soleil ou qui, tout au moins, s'en serait trop approché.

Mais ses promoteurs spécifiaient bien que l'univers était organisé; que cette originc catastrophique faisait exception dans le cosmos; que le système solaire était régi par le principe de stabilité, comme l'avait signalé Laplace; que la Terre était soumise à la loi d'uniformité; que les animaux et les plantes suivaient la règle de lente évolution.

On estimait donc que, les principes de base ayant été établis, la science n'avait qu'à pousser toujours plus loin la précision dans l'observation et à accumuler les détails servant à perfectionner la connaissance, mais que le temps des découvertes fondamentales était révolu.

Tel était l'état d'esprit en 1895. Au mois d'avril de cette même année, l'expédition de Fridjof Nansen s'approcha à moins de quatre degrés du pôle Nord. Le monde scientifique considérait sa conquête comme l'ultime but à atteindre.

Cependant, avant que Nansen ait terminé l'exploration de l'Arctique en se laissant dériver à bord de son bateau jusqu'à 86°14 de latitude, la situation changea. Konrad Roentgen découvrait les rayons X, ou rayons cathodiques, qui traversent les corps opaques. En 1895 aussi, année de ses vingt ans, Marconi, travaillant dans la maison paternelle près de Bologne, réalisait sa première expérience de transmission sans fil. Toujours en 1895, Sigmund Freud ( avec Joseph Breuer ) publiait sa première étude ouvrant la voie vers une conception nouvelle du subconscient. En même temps, Pavlov apportait sa contribution à la psychologie des réflexes.

L'année suivante – Nansen n'avait pas encore débarqué en Norvège – Henri Becquerel découvrait la radioactivité naturelle de l'uranium. Deux ans plus tard, les Curie obtenaient du radium. En 1897, Thomson constatait que l'atome est divisible et constitue un véritable microcosme. Il fut suivi par Rutherford. En 1900, J. J. Planck formulait la théorie des quanta, ou des énergies propagées par petits fragments et non en flots ininterrompus. En 1900, dans le domaine de l'origine des espèces, De Vries annonçait que des mutations végétales avaient été observées pour la première fois: ces modifications spontanées des structures biologiques discréditaient totalement le postulat concernant l'évolution proposé par Darwin.

Ainsi, en quelques années, une kyrielle de découvertes spectaculaires ouvrit aux chercheurs des horizons insoupçonnés concernant la matière, l'énergie, les espèces vivantes, l'âme humaine. Il apparut dès lors que tout était en vibration, en collision et en transformation continuelle: le macrocosme comme le microcosme et même le monde impalpable de la pensée.

En 1905, Albert Einstein, alors âgé de 26 ans, fit connaître sa conception de la physique universelle. Elle ouvrait la voie à de nouvelles prospectives et attestait que l'ère des découvertes fondamentales n'avait pas pris fin avec la victoire de Darwin sur le livre de la *Genèse*.

Une fois de plus, comme avant la fin du XVIII^e^ siècle, on nous dit que tous les éléments de base sont maintenant connus et que, désormais, les générations actuelles et futures se contenteront de vérifier des détails, d'accumuler des données, d'additionner des décimales[542]. Bien que la passionnante décennie 1895-1905 ait mis en lumière des faits intéressant la matière, la vie et l'âme, et dont le déroulement dénote la brusquerie et la violence, les différentes disciplines scientifiques adaptèrent ces découvertes et ces idées nouvelles au grand et vieux principe qui régnait sur la nature animée comme sur la nature inanimée: la loi de l'harmonie et de la stabilité perpétuelle. Dans ces conditions, un schisme s'imposait.

La publication de *Mondes en Collision* provoqua un émoi presque sans précédent dans les milieux scientifiques. J'écrivais en préface: « *Le principe de Matnmnie et de la stabilité des sphères céleste et terrestre est à l'origine de notre conception actuelle et de l'univers exprimé par la mécanique céleste de Newton et l'évolutionnisme de Darwin. Si ces deux scientifiques sont sacro-saints, ce livre est une hérésie* ».

L'idée m'était venue que les traditions, les contes et les légendes de tous les pays pouvaient être analysés comme nous traitons en psychanalyse le souvenirs obscurs ou refoulés d'un malade mental. Ayant consacré dix années à ce travail, j'ai remarqué que la mémoire collective de l'humanité parle d'une série de catastrophes mondiales qui se

542 NdT: il y a lieu de ne pas oublier que Velikovsky écrivait ces lignes en 1955.

sont produites dans le passé. Je crois avoir retrouvé les dates exactes et identifier les causes réelles des grands bouleversements du proche passé.

Ces recherches m'incitèrent à approfondir mes connaissances archéologiques, astronomiques et géologiques.

Il en résulta un livre qui constitue l'introduction de mon œuvre ; dans les pages réservées à la conclusion, je reconnaissais que les problèmes soulevés dépassaient en nombre ceux jusqu'alors considérés comme résolus et je m'engageai, compte tenu des limites imposées à tout auteur travaillant seul, à poursuivre l'étude de ces différentes disciplines ; mais le fait de prétendre que les grands cataclysmes aient affecté à une époque aussi récente notre Terre suscita des réflexions désobligeantes. Mes critiques déclarèrent aussitôt ( selon les termes employés par un astronome d'Harvard ) que c'était là « *le meilleur exemple d'attaque dirigée contre les concepts définitivement admis* ».

Dans le débat enflammé auquel se livra la presse, le livre fut qualifié comme « *l'un des plus significatifs qu'on ait écrits depuis l'invention de l'imprimerie* » et comme « *le livre le plus mauvais qui soit paru depuis l'invention des caractères mobiles* ».

Estimant qu'une polémique ne convenait guère à une controverse féconde, je ne m'y suis engagé que très modérément. Après avoir apporté quelques corrections – brèves mais nécessaires – à certaines déclarations faites par l'astronome royal et par J. B. S. Haldane dans les articles traitant de mon ouvrage, j'ai répondu à votre professeur d'astronomie, J. Q. Stewart, dans le Harper's Magazine de juin. D'autre part, je me suis rendu à l'invitation de la Société américaine de philosophie qui avait organisé, en même temps que son assemblée annuelle d'avril 1952, un symposium sur « *les hétérodoxies de la science moderne* » ( la mienne étant l'un des principaux sujets inscrits au programme ). Hormis cette intervention, je n'ai participé à aucune discussion.

Plus de trois ans et demi ont maintenant passé depuis la publication du livre et j'accepte volontiers, grâce à l'occasion qui m'est offerte, de vous présenter un résumé objectif des dernières découvertes faites par les spécialistes des trois disciplines énumérées dans le titre de ma conférence.

**~ Mondes en Collision et les constatations récentes faites en archéologie**

J'ai décrit dans mon livre les grandes catastrophes naturelles des second et premier millénaires avant notre ère. Une place importante y est donnée à la description du bouleversement qui se produisit à la fin du Moyen Empire égyptien. J'ai synchronisé cet événement avec l'Exode, époque où la mer, la terre et le ciel étaient en pleine effervescence. La mémoire collective de l'humanité a retenu une quantité inépuisable de souvenirs rappelant le temps où la terreur régnait sur le monde, où la mer engloutissait la terre ferme où le globe tremblait, où le cours des astres était dérangé, où les météorites pleuvaient. Mon récit est basé sur les textes historiques de nombreuses portions, la littérature classique, les épopées nordiques, les livres sacrés de l'Orient et de l'Occident, les traditions et le folklore des peuples primitifs.

On m'avait demandé de fournir des preuves d'ordre archéologique, je les ai réservées aux derniers chapitres: clepsydres et cadrans solaires indiquant une longueur du jour différente ou une variation des latitudes, décalage de l'orientation des temples anciens, primitivement orientés à l'est.

J'étudiais aussi avec minutie les calendriers des nations civilisées de l'Antiquité, ceux du Mexique et du Pérou, de la Grèce, de la Perse, d'Israël, de l'Egypte, de Babylone, de l'Assyrie, de l'Inde et de lu Chine, ainsi que les réformes qui y furent apportées. Tous ces renseignements appuyaient fortement les témoignages de la littérature.

Le professeur Claude Schaeffer, dont les premières fouilles à Ras Shamra ( Ugarit ) avaient déclenché une véritable révolution dans le domaine de l'exégèse biblique, écrivit à mon insu sa ***Stratigraphie comparée et Chronologie de l'Asie occidentale*** ( troisième et deuxième millénaire ) que devait publier l'Oxford University Press[543]. Avec cet ouvrage technique très détaillé, qui compte un millier de pages y compris ses tables et ses annexes, il a prouvé qu'à plusieurs reprises ( chacune d'elles marquant la fin dune époque ) la totalité de l'Ancien Orient fut ébranlée et dévastée. Les annales sismologiques modernes ne contiennent rien de comparable en intensité ni en étendue[544]. Le plus destructeur de ces bouleversements se situe exactement à la fin du Moyen Empire égyptien et entraîna sa chute, ce que *Mondes en Collision* et *Ages in Chaos*[545] établissent. Les villes furent renversées. Les victimes des épidémies s'entassaient dans des fosses communes. L'exercice des arts et du commerce s'arrêta brutalement et les royaumes cessèrent d'exister. Des couches de terre, de poussière et de cendres épaisses de plusieurs mètres recouvrirent les cités mortes. En maints endroits, les populations furent anéanties ; ailleurs, elles furent décimées. La vie sédentaire fit place au nomadisme. Le climat changea.

Ayant analysé le matériel archéologique trouvé sur chaque site fouillé, de Troie aux Dardanelles, sur toute l'Asie Mineure, l'Arménie, le Caucase, la Perse, la Syrie, Chypre et la Palestine jusqu'à l'Egypte, Schaeffer résume ainsi son important ouvrage :

> « ***Notre enquête a démontré que les crises successives par lesquelles s'ouvrent et se ferment les principales périodes du troisième et du deuxième millénaire n'ont pas été provoquées par l'action de l'homme.***

543 Au cours de l'année 1951, le docteur W. Federn attira mon attention sur l'ouvrage du professeur Schaeffer paru en 1948. Le texte dans lequel j'affirmais que des catastrophes naturelles se sont abattues sur l'Orient ancien a été publié en janvier 1946, sous le titre de *Theses for the Reconstruction of Ancient History*; cette monographie qui fait partie de la série *Scripta Academica Hierosolymitana* contient le plan d'*Ages in Chaos* sous la forme d'un résumé. Quant aux catastrophes en question (dont la première mit fin à l'Ancien Empire égyptien), Schaeffer déclare: « *Nous ne distinguons encore qu'imparfaitement les causes initiales et réelles de certaines de ces grandes crises.* »

544 NdT: *Stratigraphie comparée*, conclusion, p. 566.

545 Note JdL: aux éd. Le jardin des Livres, sous le titre *Le désordre des siècles,* 2005.

> ***Au contraire, comparés à l'amplitude de ces causes générales et à leurs effets profonds, les exploits des conquérants et les combinaisons des hommes d'Etat d'alors paraissent bien modestes*** »[546].

L'ouvrage de Schaeffer éclaire sous un angle nouveau les conclusions auxquelles sir Arthur Evans est parvenu après de nombreuses années de recherches archéologiques en Crète : l'île fut secouée par de violentes catastrophes accompagnées d'incendies; ces bouleversements mirent un terme aux époques culturelles et politiques de la civilisation minoenne, en même temps qu'à celles d'Egypte. Le volcan de Mantorin explosa; son éruption entraîna des dégâts considérables. Troie fut détruite et disparut sous 16 mètres de cendres tandis que s'écroulait le Moyen Empire égyptien. Les récentes découvertes archéologiques faites dans la vallée de l'Indus montrent aussi que bien avant l'invasion aryenne, des villes puissamment fortifiées, dotées d'une organisation très avancée, eurent une fin soudaine.

La concomitance de l'émigration des Hébreux hors de l'Egypte et de la fin du Moyen Empire fut le point de départ d'une re-synchronisation de l'histoire égypto-palestinienne, objet du premier tome de la série *Ages in Chaos*. Un second volume couvrant la période comprise entre la XVIII^e^ dynastie et l'avènement d'Alexandre le Grand devait le parachever. L'époque à laquelle les « *enfants d'Israël* » se sont libérés du joug égyptien était une question très controversée. Je me suis aperçu que le papyrus Anastasi faisait mention de précisions ressemblant étrangement à celles que donne la Bible. Il y est en effet question d'un fleuve de sang, d'une suite de fléaux accompagnés d'un ouragan et d'une très longue nuit. J'ai, d'autre part, relevé parmi les inscriptions du Naos d'El-Arish[547] une allusion à la disparition accidentelle d'un roi et de ses troupes, emportés par le reflux des eaux près de Pi-Ha-Hiroth, sur

546 NdT: *Stratigraphie comparée,* p. 565.
547 NdT: répertorié sous le n° 2248 dans la nomenclature du musée d'Ismaïlia.

les lieux mêmes où le pharaon de l'oppression trouva la mort avec son armée, dans les mêmes circonstances. Ces coïncidences me firent reporter l'Exode à une autre date. Le rassemblement de textes retraçant les hauts faits de générations successives sur 1200 ans, m'a permis d'établir de nombreuses corrélations portant sur la vie politique de l'Egypte et de la Palestine – corrélations qui ne peuvent être fortuites. Ma reconstruction montra que leurs histoires respectives et celles des nations avec lesquelles ces deux pays entretenaient d'étroits rapports sont décalées d'environ 600 ou 700 ans.

Ainsi, mes deux livres découlent de la reconnaissance d'un trait: la chute du Moyen Empire au cours d'une grande catastrophe naturelle.

Les fouilles récentes pratiquées à Jéricho ont confirmé que ses murailles s'écroulèrent quelques décennies plus tard. Cependant, à l'époque où la chronologie traditionnelle place l'entrée des Israélites au Canaan sous la conduite de Josué, cette place forte n'existait pas et par conséquent, il n'y avait là aucune fortification susceptible de s'effondrer. Or, selon *Ages in Chaos*, les Israélites arrivèrent devant ses murs une génération après la fin du Moyen Empire, et l'énigmatique hiatus de 600 ans n'existe plus.

De nombreuses tablettes recouvertes d'écriture « linéaire » ( minoen B ) ont été trouvées en Crète et sur d'autres sites de la Grèce continentale au cours du siècle dernier. Je pense que leur déchiffrement ( du moins en ce qui concerne celles de Mycènes ) montrera qu'elles étaient grecques. Je les prétends aussi antérieures à la date qu'on leur assigne généralement. « *La Grèce n'a pas connu d'époque intermédiaire moyenâgeuse d'une durée de 600 ans, entre le minoen et la période ionienne du VII$^{e}$ siècle* »[548].

Avant longtemps, nous aurons de nouveaux témoignages apportés par les pictographies hittites découvertes en Asie Mineure, en Mésopotamie et dans le nord de la Syrie. Depuis la trouvaille récente[549], à Karatépé, en Asie

548 Citation tirée de mes thèses *For the Reconstruction of Ancient History*, servant de préambule à *Ages in Chaos* et auxquelles renvoie la note précédente.

549 NdT: « Trouvaille sensationnelle », pour emprunter l'expression de J. Friedrich.

Mineure, de textes bilingues ( hébreu ancien et hittite hiéroglyphique ), ces idéogrammes sont sur le point d'être transcrits. Dans ma reconstruction, je conclus que les signes utilités sont chaldéens et non hittites. A mon avis, il s'avère également qu'ils ont été employés jusqu'au dernier siècle avant notre ère. Compte tenu des anachronismes de l'histoire classique, les inscriptions chaldéennes néo-babyloniennes sont attribuées à des siècles antérieurs et à un empire imaginaire.

Avec ses assistants, W. F. Libby, professeur à l'université de Chicago, a perfectionné la méthode au radiocarbone permettant de dater les matières organiques. Les morceaux de bois trouvés sous les fondations de la forteresse « hittite » d'Alissar en Asie Mineure sont, en réalité 700 à 800 ans plus jeunes que ne l'admet la chronologie traditionnelle[550], ce qui vient à l'appui de ma thèse. L'histoire hittite mêlée à celle du Nouvel Empire égyptien ne peut être modifiée qu'en procédant au raccourcissement simultané de l'histoire d'Egypte. L'âge du bois provenant de sépultures des Ancien et Moyen égyptiens et aussi conforme avec ma reconstruction. Toutefois il n'a pas été fait d'analyse au radiocarbone pour la période décisive, celle du Nouvel Empire. Je propose donc qu'on soumette à ce test certains objets ayant appartenu aux rois des XVIII^e^ et XIX^e^ dynasties ( Hatchepsout, Touthmosis III, Akhnaton et Toutankhamon, Ramsès II et Ramsès III ).

Bientôt, vous serez en mesure de juger si j'ai tort ou raison de déclarer catégoriquement que l'analyse au carbone des cercueils en bois de Séti, de Ramsès II, de Menephtah, de Ramsès III, comme celle des meubles et des bateaux sacrés de Touthmès III ou de Toutankhamon, attestera des dates de 500 à 700 ans plus récentes que celles données par la chronologie traditionnelle. Vous saurez alors avec certitude laquelle, de l'histoire classique ou de l'histoire révisée des pays de l'Orient ancien, est la plus véridique[551].

---

550 W. F. Libby, *Radiocarbon Dating*, 1951, p. 71, 102.
551 Cette conférence fut prononcée le 14 octobre 1953. En novembre de la même année, l'architecte anglais Michaël Ventris annonça pour la première fois le déchiffrement d'inscriptions minoennes (Linéaire B). Contrairement à

Ces dernières années, les archéologues russes ont ramené au jour les vestiges d'une civilisation prospère en pleine taïga gelée, au nord-est de la Sibérie où abondent les restes de mammouths et où personne n'avait soupçonné que l'homme eût jadis habité.

Ils ont trouvé des objets paléolithiques en Yakoutie et dans la vallée de la Léna, près du village de Chichkino, des dessins rupestres ressemblant étonnamment à ceux des cavernes de France et d'Espagne. « *Pendant le néolithique, deux à trois millénaires avant notre ère environ, les descendants des premiers autochtones yakoutes s'éparpillèrent sur tout le littoral de l'océan Arctique jusqu'à la Kolyma à l'est* »[552]. Un an avant j'affirmais que l'on découvrirait les restes de colonies humaines « *dans la région où les rivières Kolyma et Léna se jettent dans l'océan Arctique* »[553]: il existe sur la basse Léna, au nord de sa confluence avec la Vilioui, c'est-à-dire à l'intérieur du cercle arctique, des substructures de constructions très caractéristiques; des trouvailles remarquables, de même ordre, ont été faites près du lac Yolba, dans la région de Djigansk.

Les archéologues avaient à peine commencé l'examen méthodique de la zone, qu'ils découvrirent à Yakoutsk même un atelier de fonderie ; on y fabriquait, à la fin du second millénaire avant notre ère, des haches de bronze semblables à celles utilisées vers la même époque au Proche-Orient et en Europe.

Aux environs de Yakoutsk, il y a près de « *3000 ans, vivaient déjà des artisans sachant extraire le cuivre de son minerai, le*

---

ce qu'on attendait à son sujet, on constata qu'elle était libellée en grec. Le fait surprit le monde scientifique, car les textes avaient été par erreur assignés à une époque antérieure au XII^e^ siècle. On pensait généralement qu'au temps d'Homère, vers 700 av. JC, les Hellènes étaient illettrés et que, vers cette époque, dès leurs premiers essais d'écriture, ils auraient adopté les caractères phéniciens (hébraïques). Le déchiffrement des inscriptions minoennes contraignit les philologues à constater que les Grecs employaient un alphabet syllabique 600 ans avant Homère, néanmoins, le doute subsiste, car aucun document littéraire grec datant d'entre 1300 et 700 av. JC. ne nous est parvenu. Il est impensable qu'un peuple cultivé ait pu égarer tout son patrimoine littéraire. Comme je l'ai dit dans *Ages in Chaos* et au cours de ma conférence, le « Moyen Age grec » qui aurait duré 6 siècles, entre les époques mycénienne et ionienne, résulte des anachronismes de l'histoire ancienne.

552 A. P. Okladnikov, «Excavations in the North » dans *Po Sledam Drevnikh Kultur* (Vestiges des civilisations anciennes), Gosudarstvenoye Isdatelsvo Kulturno-Prosvetitelnoy Literatury, 1951.

553 *Mondes en Collision*, op. cit.

*fondre et le couler dans des moules pour en faire des haches, de belles pointes de javelot en bronze, des couteaux et même des épées* »[554]. Les traces de ces différentes civilisations prouvent que la taïga du Nord-Est sibérien a abrité des populations humaines actives et impliquent que le climat a changé lorsque ces dernières ont atteint un niveau culturel avancé. Avant que la glace vînt geler leurs pâturages, ils étaient parcourus par de grands troupeaux d'éléphantides voraces.

## ~ Mondes en Collision et constatations récentes en géologie

Les témoignages archéologiques de bouleversements continentaux survenus au deuxième millénaire ayant été minutieusement rapportés par Schaeffer, il fallait vérifier les preuves qu'offraient la géologie et la paléontologie. J'y ai consacré un ouvrage dont la publication ne saurait tarder; c'est pourquoi je ne ferai ici que quelques brèves allusions à l'objet de son contenu.

Voici une dizaine d'années, dans le district de Fairbanks en Alaska, les gigantesques pelles hydrauliques utilisées pour l'extraction industrielle de l'or traversèrent, en pratiquant d'immenses tranchées longues de plusieurs kilomètres, d'extraordinaires cimetières d'animaux. « *Leur nombre est stupéfiant. Ils s'entassent, congelés en masses confuses dans un entremêlement inextricable d'arbres déracinés, et semblent avoir été déchirés, démembrés, puis agglomérés au cours d'événements catastrophiques. On en distingue encore la peau, les ligaments, les poils et la chair* »[555]. Il y avait là des mammouths, des bisons géants, des lions, des chevaux et, sous cet amas d'animaux mutilés et d'arbres éclatés, des objets façonnés ne différant guère de ceux dont se servaient encore récemment les Indiens de la vallée de la Tanana River.

Depuis lors, on en a exhumé de semblables un peu partout en Alaska. Ils rappellent les trouvailles faites il y a longtemps sur les « *îles de l'Ivoire* » qui composent, au nord

554 A. P. Okladnikov, « Excavations in the North ».
555 D. Macgowan, *Early Man in the New World*, 1950, p. 151. Cf. F. Rainey, « Archaelogical Investigation in Central Alaska », *American Antiquity*, 1940, V, p. 305. Cf. F. C. Hibben, « Evidence of Early Man in Alaska », *American Antiquity*, 1943, VIII, p. 256.

des côtes de la Russie du Nord, l'archipel de la Nouvelle-Sibérie dont le sol est « *littéralement bourré de squelettes d'éléphants et de rhinocéros en nombre stupéfiant...* » et où « *la profusion de défenses, de dents de mammouths et de cornes de rhinocéros a de quoi déconcerter* »[556]. Ces ossements, mêlés à des troncs d'arbres déchiquetés et calcinés forment des monticules hauts de centaines de mètres.

Les hippopotames, habitants des marais africains, ont laissé en Angleterre et en France une quantité impressionnante d'esquilles non encore fossilisées. J. Prestwich, professeur de géologie à Oxford ne tarda pas à être étonné par celles qu'il trouva dans les failles d'Angleterre, du centre et du sud de la France, de Gibraltar et des îles méditerranéennes[557]. Ces anfractuosités – dont certaines couronnent le sommet de collines – regorgent d'os brisés appartenant à des espèces vivantes ou éteintes et présentant encore un aspect de réelle fraîcheur. Il n'est pas rare d'y rencontrer aussi des objets de fabrication humaine. Prestwich en a conclu qu'une catastrophe à l'échelle continentale dont l'eau était l'agent principal avait balayé l'Europe à une époque où l'âge de la pierre polie ne faisait que commencer, alors que les grands centres culturels antiques vivaient peut-être déjà celui du bronze. L'on venait de constater que des palmiers poussaient autrefois au nord du Groenland, qui maintenant est plongé dans l'obscurité six mois sur douze, où le froid règne en permanence, et qu'en même temps, les coraux croissaient au Spitzberg et les forêts de séquoias en Alaska ; cette évidence sous-entendait que l'inclinaison de l'axe terrestre avait varié. Airy, lord Kelvin, George Darwin, et bien d'autres, parmi lesquels Schiaparelli et Simon Newcomb, engagèrent alors une polémique d'actualité, quant aux possibilités astronomiques ou géologiques de sa brusque variation (polémique que certains croient, à tort, suscitée par la publication de *Mondes en Collision*). A moins de laisser les constatations précitées sans explication, il fallait admettre qu'un tel change-

556 D. G. Whitley, *Journal of the Philosophical Society of Great Britain*, 1910, XII, p. 35.
557 J. Prestwich, *Quarterly Journal of the Geological Society*, XLVIII. *Philosophical Transactions of the Royal Society of London, 1893*, 1894. Voir aussi son ouvrage *On Certain Phenomena...*, London, 1895.

ment ait eu lieu. La théorie de la dérive des continents proposée à titre de remplacement, fut rejetée pour de nombreuses raisons. Jeffreys a établi que la puissance de la force invoquée par Wegener est cent milliards de fois trop faible pour les faire glisser. Eddington pensa que seule l'écorce terrestre tout entière avait bougé sans que l'axe noyau ait pour autant changé de direction. Mais le couple moteur qu'il faisait intervenir ( dû aux marées d'origine lunaire ) n'aurait pas déplacé les latitudes, la poussée s'exerçant d'est en ouest.

Selon X. B. Wright[558] les nombreux changements de position des zones climatiques qui se sont produits au cours des temps ne peuvent s'expliquer autrement que par les errances du pôle autour de sa place actuelle, autrement dit, les déviations de l'axe par rapport au plan de l'écliptique. Restait à déterminer la cause. Pour ce faire, je suggérai au dernier chapitre de *Mondes en Collision* que la Terre avait probablement traversé un champ magnétique puissant.

L'étude du paléomagnétisme, en constant progrès, a confirmé – et ne cesse de prouver quotidiennement – que la plupart des laves et des roches ignées sont inversement magnétisées. Mais il est plus surprenant encore de constater que le magnétisme rémanent est infiniment supérieur à celui que le champ terrestre aurait dû leur communiquer. H. Manley écrit dans une étude : « *Il semble étrange qu'une roche rendue magnétique par le champ terrestre puisse avoir été aussi fortement aimantée si on la compare avec la force génératrice. C'est l'énigme la plus étonnante du paléomagnétisme* »[559].

Manley cite également les mesures faites il y a plusieurs années, par G. Folgheraiter et P. L. Mercanton, sur l'argile de certains vases étrusques. On constata que les fours dans lesquels ils ont été cuit étaient relativement près du pôle Sud; leur position pendant la cuisson est connu à cause du sens dans lequel a coulé l'émail, et l'on en a déduit l'inclinaison magnétique de ses particules ferrugineuses. Manley ajoute : « *Cela prouve qu'au VI^e^ siècle av. JC le champ terrestre était inversé dans la région méditerranéenne* ». Il men-

558 *The Quarternary Ice Age*, 2^e^ éd. 1937.
559 « Paleomagnetism », *Science News*, juillet 1949.

tionne aussi une « *inversion générale au cours des temps historiques, il y a 2500 ans* », que des recherches complémentaires auront à vérifier.

Connaissant grâce à l'étude des sources littéraires anciennes, l'époque exacte des perturbations exogènes apportées à la rotation terrestre, il me sembla que la dernière phrase d'un de ses articles – au demeurant fort bien écrits – contenait une inexactitude: le phénomène, disait-il, « *a dû se manifester au VIII*^e^ *siècle et, une seconde fois, au début du VII*^e^ *( 687 av. JC )* ». J'eus le plaisir de lire dans le texte original du professeur Mercanton contacté directement, que les céramiques en question appartiennent bien au huitième siècle[560]. Je souhaite que de telles investigations soient étendues aux poteries datant du Moyen Empire égyptien ( fabriquées vers 3500 av. JC ) ; elles permettaient de déterminer d'autres périodes pendant lesquelles la polarité du champ terrestre s'est inversée en Egypte et ailleurs.

Le professeur Daly, de l'université d'Harvard, a découvert qu'il s'est produit voici 3500 ans une baisse générale du niveau des océans, due selon lui à un brusque affaissement de l'écorce. Dans un ouvrage qui fait autorité, Marine Geology ( 1950 ), le professeur néerlandais P. H. Kuenen déclare que « *cet effondrement récent est maintenant bien établi* » par des faits, en de nombreux points du globe. Lui aussi fait remonter ce tassement catastrophique du socle océanique à 3500 ans environ.

L'expédition suédoise tout dernièrement organisée par l'Institut océanographique de Göteborg avait pour but d'étudier les océans – Atlantique, Pacifique et Indien. D'après son chef, H. Pettersson, elle a relevé « *les traces de grands bouleversements qui ont modifié le relief de la Terre* ». Le rapport de mission parle de « *catastrophes climatiques* » et de « *catastrophes tectoniques qui exhaussèrent ou enfoncèrent les fonds océaniques de centaines et même de milliers de pieds donnant naissance à de violents raz de marée, dont les vagues détruisirent la faune et la flore des plaines littorales* ». En maints endroits, « *certaines coulées de lave récentes*[561] *sont à peine voilées par une mince couche de*

---

560 P. L. Mercanton, dans *Archives des sciences physiques et naturelles*, quatrième période, vol. XXIII, Genève, 1907.
561 NdT: géologiquement parlant.

*sédiments »*. Pettersson découvrit que le lit du Pacifique et de l'océan Indien « *est composé en grande partie de cendres provenant de phénoménales éruptions volcaniques »*. Il remarqua aussi la forte proportion de nickel contenu dans l'argile des profondeurs et décida de sa propre initiative, que ce nickel abyssal était d'origine météorique. Il en conclut logiquement qu'il y avait eu « *de grosses averses de météores* » ... « *l'inconvénient majeur de cette explication est qu'elle exige une vitesse d'accrétion de la poussière météorique dépassant plusieurs centaines de fois celle que les astronomes... sont disposés à admettre* »[562].

Le professeur Ewing, de l'université de Columbia, prit sa suite et publia les résultats de son enquête personnelle sur l'Atlantique en 1949. Comme Pettersson, il avait constaté que des laves se sont répandues à une époque relativement récente. Il s'était trouvé aussi devant des signes indiquant la présence de terres profondément immergées. De deux choses l'une, dit-il : « *Ou le sol s'est affaissé de 3000 à 5000 mètres ou bien la mer, jadis, a été de 3000 à 5000 mètres plus basse qu'aujourd'hui »*. Chaque terme de ce dilemme est surprenant.

L'analyse des pollens retirés de la zone comprise entre l'Allemagne, l'Angleterre, la Norvège et la Suède a convaincu les chercheurs scientifiques que ce bassin est, dans son ensemble, assez jeune: sa formation remonterait tout au plus au sub-boréal, le chiffre de 1500 ( époque du *Klimasturz* ) étant souvent retenu[563]. Il y avait, à cet emplacement, une immense étendue d'eau, très vite recouverte de débris provenant des monts de Norvège ; plus tard, la mer du Nord en prit possession à la suite d'une transgression de caractère catastrophique. On en a retiré des objets de fabrication humaine laissés sur place lorsque le socle continental aujourd'hui immergé était à l'air libre.

L'expansion du delta de la Bear River ( sur la frontière de l'Alaska ), dûment contrôlée par Hanson, a révélé qu'« *à la vitesse actuelle de leur sédimentation, les alluvions charriés par ce fleuve... ne s'y accumulent que depuis 3600 ans »*. D'après les calculs d'Albert de Lapparent, éminent géologue fran-

---

562 H. Pettersson, « Exploring the Ocean Floor », *Scientific American*, août 1950.
563 NdT: cf. chap. XI.

çais secrétaire perpétuel de l'Académie des sciences, 3000 ans seulement se sont écoulés depuis le moment où la fusion du glacier rhodanien a commencé, et les études modernes confirment que de nombreux champs de glace alpins ont moins de 4000 ans.

Le professeur Flint, de Yale, écrit au sujet de la nouvelle datation de la cataracte du Niagara « ... *L'ancienneté de la grande gorge supérieure est évaluée à un peu plus de 4000 ans – et encore, pour obtenir ce chiffre, il a fallu supposer que la vitesse de recul est restée constante, bien que nous sachions que le débit a considérablement varié pendant les temps postglaciaires* »[564].

Sernander et d'autres scientifiques ont établi qu'en 1500 ( av. J.-C. ), et de nouveau en 800, il s'est produit des catastrophes climatiques qui ont affecté le globe entier. Ces recherches m'étaient inconnues lorsque j'écrivis *Mondes en Collision* ; leurs résultats concordent parfaitement avec mes propres conclusions et avec les dates que j'ai proposées.

A ces deux époques, les habitations lacustres de Suisse, d'Allemagne, d'Italie du Nord et de Scandinavie ont été détruites par des « *inondations catastrophiques* » et abandonnées, la première fois pendant quatre siècles, la seconde fois définitivement.

Gains et Nordhagen ont démontré à l'aide d'une documentation très fournie qu'au même moment les lacs furent basculés et que certains d'entre eux, comme l'Esssee et le Federsee, se vidèrent complètement. Dans les Alpes bavaroises, le sol « *s'entrouvrit récemment* » donnant naissance à la vallée de Ilsan Au Tyrol « *les nombreuses modifications du lit des affluents de l'Inn dénotent de prodigieux mouvements telluriques* »[565].

Pour H. de Terra, de l'institut Carnegie, et Pettersson, d'Harvard, l'Himalaya prit sa configuration et son altitude actuelles à la suite de bouleversements catastrophiques en présence de l'homme. Le bouleversement auquel la Cordillère des Andes doit son existence a forcément revêtu aussi un caractère catastrophique : elle s'est élevée

564 R. F. Flint, *Glacial Geology and the Pleistocene Epoch*, 1947, p. 382.

565 H. Gams et R. Nordhagen: « Postglaziale Klimaänderungen und Erdkrustenbewegungen in Mitteleuropa », *Mitteilugen der Geographischen Gesellschaft in München*, 1923, p. 13-336.

de plusieurs milliers de mètres sous une phénoménale poussée volcanique quand l'humanité avait déjà pris possession de la Terre.

On a découvert des os de baleines à 150 ou 200 mètres au-dessus du niveau de la mer dans les collines de Montréal et du New Hampshire. Un peu partout, sur certaines îles et à l'intérieur des continents, des os d'animaux marins, d'animaux terrestres polaires et d'animaux tropicaux sont entassés en masses compactes; on trouve aussi bien dans la grotte de Cumberland ( Maryland ), dans les fissures de Ch'ou-K'eou-Tien ( Chine ), en Allemagne qu'au Danemark, des hippopotames et des autruches mêlés à des phoques et à des rennes.

Où que nous dirigions nos pas, de l'Arctique à l'Antarctique, du levant au couchant, des cimes au fond des mers, nous rencontrons d'innombrables indices de grands bouleversements anciens et récents.

Un cratère météorique circulaire a été repéré aux environs de Chubb dans le nord du Labrador au cours de l'été 1950. Avec ses 11 km$^2$, il est bien plus vaste que celui de l'Arizona, dont le diamètre est de 1.280 mètres, et la superficie de 1.750 km$^2$ ; alors que celui-ci pourrait recevoir 2 millions d'hommes, l'amphithéâtre naturel de Chubb en recevrait 12 millions. D'après les avis autorisés, il serait dû à l'impact d'un astéroïde, tombé il y a 4.000 ans environ.

Peu de temps avant la découverte de Chubb, et même immédiatement après, on a constaté l'existence d'autres grands cratères météoriques en Australie, en Arabie et au Mexique.

Dans une monographie publiée en 1952, Prouty considère de façon décisive que la myriade de cuvettes oblongues du littoral atlantique des Etats-Unis, et notamment les « *bays* » de Caroline – dont certaines atteignent une longueur de plusieurs kilomètres – ont été causées par la chute de grosses météorites[566]. Enfin, un très important groupe de cratères répartis sur 1760 km$^2$, situé au nord de Sept Iles[567], fait actuellement l'objet d'une enquête dirigée par le

566 *Bulletin of the Geological Society of America*, 1952, LXIII.
567 Province de Québec, Canada.

docteur M. J. S. Innes sous l'égide du ministère des Mines. Sans vouloir préjuger de ses conclusions, ils sont, selon toute vraisemblance, d'origine météorique.

Parmi les nombreux progrès réalisés en matière de géologie, j'aimerais souligner quelques-uns des résultats obtenus grâce à la méthode de datation au radiocarbone. Non seulement ils rapprochent très près de nous la dernière période glaciaire en la faisant remonter à moins de 25.000 ans, mais démontrent qu'il y a 10.000 ou 11.000 ans, la glace continuait d'avancer; cette réduction de temps n'empêche pas qu'il subsiste des « *exceptions énigmatiques*[568]» ; par exemple, la présence de mastodontes et de mammouths dans des couches vieilles de 3500 ans seulement[569]. ( En outre, ce procédé a permis de dater à 3500 ans des restes de substances organiques rencontrés dans des terrains erratiques de la dernière glaciation[570])

Appliqué au naphte, il a également montré que l'âge des produits pétroliers du golfe du Mexique se mesure en milliers d'années, et non pas en millions[571]. Cette constatation s'inscrit en faux contre l'argumentation des géologues visant à discréditer la théorie de l'origine exogène de certains gisements[572].

L'analyse spectrale a révélé la présence d'hydrocarbones dans les queues de comètes, ainsi que celle d'hydrates de carbone[573] ( substances comestibles ). Mais nous voilà déjà sortis du domaine de la géologie et entrés dans celui de l'astronomie.

---

568 Frederick Johnson, président de la Commission du carbone 14 pour le choix d'échantillons destinés à l'analyse, « The Significance of the Dates for Archaeology and Geology », dans *Radiocarbon Dating*, éd. W. F. Libby, 1952, p. 97.

569 NdT: en 1968, le Centre de mesure des faibles radiations de Saclay n'a pas accepté d'analyser un échantillon du chêne provenant de Smorgon (Russie) sous prétexte que de tels bois – paradoxalement datés de 3.500 ans par le radiocarbone – avaient été découverts dans des couches évaluées à 700.000 ans.

570 Suess, *Science*, 24 septembre 1954.

571 P. V. Smith, *Science*, 24 Octobre 1952

572 *Mondes en Collision.*

573 N. T. Bobrovnikoff, directeur de l'observatoire Perkins, «Comets », dans *Astrophysics*, éd. J. A. Hynek, 1951, p. 342.

## ~ Mondes en Collision et constatations récentes en astronomie

Pendant les années où le manuscrit de *Mondes en Collision* est resté en possession de l'éditeur MacMillan, prêt à être édité mais non encore imprimé, c'est-à-dire en 1946-1949, et pendant celles qui suivirent sa publication en 1950, plusieurs récentes découvertes fondamentales ont donné lieu à des interprétations justifiant pleinement la théorie énoncée dans l'ouvrage.

La lumière zodiacale, cette nébulosité lumineuse qui suit le cours de l'écliptique et se manifeste dès le coucher du soleil vient d'être expliquée après avoir longtemps préoccupé les astronomes. Ce serait la réflexion de la lumière solaire sur deux anneaux de particules infinitésimales; l'un d'eux suit le parcours de Vénus, l'autre orbite entre Mars et Jupiter, zone de l'espace où, selon *Mondes en Collision*, une comète frôla de près certaines planètes. Bobrovnikoff de l'observatoire Perkins tient à son hypothèse selon laquelle les astéroïdes qui gravitent entre Jupiter et Mars, dont certains coupent l'orbite de Mars, et même celle de la Terre, seraient « *les restes d'une gigantesque comète préhistorique* ». Leur origine que l'on croyait due à l'explosion d'un corps céleste est, depuis peu, considérée, par Kuiper[574] notamment, comme le résultat d'une collision entre deux planètes dans un passé lointain.

Whipple est arrivé par de savants calculs à reconstituer leurs orbites ( 1950 ). Il en a déduit qu'elles avaient dû entrer en collision à deux reprises, la première fois il y a 4700 ans, et la seconde il y a 1500 ans ; les dates des collisions interplanétaires dont il est question dans Mondes en Collision – tirées, elles, de diverses sources et témoignages historiques – sont du même ordre.

Le découvreur de Pluton, Tombaugh, a expliqué en 1950 que les zones sombres et les canaux martiens résultent de collisions successives avec des astéroïdes. Selon *Mondes en Collision*, Mars a été meurtrie par les impacts réitérés de grandes masses cométaires. De fait, on a observé

574 NdT: sstronome qui découvrit un nouveau satellite de Neptune lorsque *Mondes en Collision* était déjà sous presse.

en 1950 une spectaculaire explosion provoquée, selon Opik, par la collision d'un astéroïde ; elle souleva des nuages de poussière de dimensions considérables qui masquèrent, comme un écran, la configuration de son sol.

Struve, en fonction à l'observatoire de Yerkes[575], passant en revue les brochures et les périodiques traitant d'astronomie parus en 1950, s'étonna de ce que, « *par une bizarre coïncidence* », ait fleuri cette année-là « *une profusion d'articles retentissants* » sur « *les collisions du système solaire* », dès la parution de *Mondes en Collision...*

Il existe deux théories relatives à l'origine des cratères lunaires dont la dimension dépasse tout ce qui leur serait comparable sur notre globe. Conséquences, selon la première, de collisions entre la Lune et de grosses météorites, ou même d'astéroïdes, ce sont d'après la seconde, des formations volcaniques. Les deux admettent que le corps céleste le plus proche de la terre porte les traces laissées par les cataclysmes auxquels il a été mêlé.

Dans *Mondes en Collision*, je les explique de la façon suivante lorsque la Terre et la Lune traversèrent la substance d'une grande comète et de nouveau, au cours du VIIe siècle avant notre ère, quand elles furent fortement déviées par Mars, « *la lave se répandit à la surface de notre satellite, de grosses bulles éclatèrent, créant d'immenses dépressions dont les bords abrupts eurent tôt fait de se refroidir pendant la longue nuit lunaire, aucune atmosphère ne les protégeant du froid intersidéral. C'est aussi au cours de ces proches rencontres que des failles et des sillons s'y ouvrirent* ».

Si les cirques sélénites ont été formés par l'éclatement de ces bulles, il en existe probablement d'autres, encore intactes. Le docteur Percy Wilkins, sélénographe anglais, en a répertorié une quarantaine. Plusieurs sont situées au nord-est du cratère de Copernic; la plus importante, à l'intérieur de celui de Darwin, mesure 32 kilomètres de diamètre, selon la publication de F. Benario parue dans Véga ( 1953 ).

575 NdT: dans l'Etat de Wisconsin, où est installée la lunette équatoriale la plus puissante du monde avec un tube de 18,50 mètres et une lentille de 1 mètre de diamètre.

A mon avis, beaucoup de comètes sont d'origine récente ; j'ai étayé cette affirmation en tenant compte de la luminosité et de la fréquence des météores contemplés par les plébéiens et les patriciens de la Rome impériale et en les comparant à celles des comètes visibles à l'œil nu pendant les siècles derniers.

Cette notion a trouvé une très nette confirmation dans un ouvrage important, publié en Russie soviétique par une autorité en la matière, le professeur Vsehsviatsky. Ses recherches révèlent que la luminosité des comètes périodiques, observées pendant les dernières décennies, diminue à chaque apparition et perdent leur substance avec une telle rapidité que 50 ou 60 révolutions suffisent à les désagréger complètement. C'est ainsi que celle de Halley ne peut guère remonter au-delà de 3500 ans, c'est-à-dire à 1500 av. J.-C. Au cours du siècle dernier, plusieurs d'entre elles n'ont pas réapparu, leurs matériaux s'étant sans doute volatilisés ; d'autres sont littéralement disloquées sous les yeux des observateurs[576].

La vitesse à laquelle elles se désagrègent rend improbable leur appartenance à notre système solaire depuis le commencement du monde ou depuis l'accrétion des planètes. D'autre part, la théorie selon laquelle elles proviendraient de l'espace extragalactique a été unanimement abandonnée. Vsehsviatsky démontre aussi pourquoi il faut rejeter l'hypothèse de leur capture par notre système solaire pendant un hypothétique passage à travers un nuage de poussière et de gaz.

Elles seraient plutôt le fruit d'éruptions qui se produisirent sur les planètes et même sur les satellites comme notre Lune où les cirques attestent les ravages de violents cataclysmes; mais, toujours selon lui, le maximum d'activité s'est vraisemblablement manifesté sur les deux plus grandes, Jupiter et Saturne, comme le suggère le tracé orbital des comètes de courte période. Cela remet en vigueur la thèse émise il y a 70 ans par R. Proctor, attribuant à des éruptions l'origine de la famille des comètes dites jupitériennes, c'est-à-dire la majorité de celles qui resurgissent

576 NdT: telle la comète Biela en 1845.

après de brèves disparitions[577]. Malgré leurs basses températures, les gaz de Jupiter et de Saturne sont animés de mouvements rapides. Néanmoins, la vitesse de libération nécessaire pour échapper à l'attraction des grandes planètes est si élevée que Vsehsviatsky avoue ignorer le mécanisme capable, dans les conditions qui y règnent actuellement, de communiquer une telle impulsion aux matières éjectées. Il assure toutefois qu'au cours d'un passé récent, un concours de circonstances indéfinissables l'aurait permis.

Il fait remarquer avec insistance qu'en éjectant une partie de leurs propres matières, les planètes ont modifié leur masse et, par conséquent, leur orbite. Elles ont dû aussi subir un certain recul.

Dans les Publications de l'observatoire de Kiev pour 1953, le scientifique russe écrit « *Nous estimons que l'histoire du système planétaire a été caractérisée par des changements nettement plus rapides et un ensemble de phénomènes beaucoup plus actifs qu'on ne le pensait quand il était seulement tenu compte des corrélations gravitionnelles à l'intérieur du système solaire* »[578].

Tout cela correspond parfaitement aux conclusions auxquelles je suis arrivé avec *Mondes en Collision*, concernant les comètes à courte période, l'époque de leur formation ( voici quelques milliers d'années ) et leur origine. J'y traite aussi des forces qui ont provoqué leur éjection hors des planètes supérieures et des conditions qui ont présidé à l'expulsion de leurs masses « *la ( quasi ) collision des grandes planètes leur donna naissance* ».

En définitive, mon affirmation fondée sur des faits probants, selon laquelle la composition du système solaire s'est modifiée depuis l'apparition de l'humanité, reçoit l'appui de l'observation et du calcul.

La nature électromagnétique de l'univers, dont il est question dans *Mondes en Collision*, déduite d'une succession de phénomènes historiques vient d'être également confirmée par une série d'observations scientifiques. Au labora-

---

577 60 km par seconde pour Jupiter.

578 S. K. Vsehsviatsky, « New Yorks Concerning the Origin of Comets and the Theory of Eruption », *Publications of Kiew Observatory*, n° 5, 1953, p. 3-57.

toire Evans des télécommunications de l'armée américaine, installé à Belmar ( New Jersey ), des chercheurs qui effectuaient des expériences sur la réception des échos radar répercutés par la Lune ont détecté des « *bruits-radios* » provenant du Soleil. Ces crachements laissent présumer des décharges de forts potentiels électriques[579].

Lors du congrès de l'Association britannique pour l'avancement des sciences, en automne 1947, sir Edward Appleton a signalé qu'ils coïncidaient avec les « *Flares* »[580] observés au moment où les centres d'activité – les taches solaires notamment – atteignent leur maximum d'intensité ; selon lui, chacune d'elles « *constitue un émetteur d'ondes ultra-courtes dont la puissance dépasse de loin un million de kilowatts* ».

En 1948 et en 1949, Donald Menzel a enregistré cinématographiquement les protubérances solaires depuis l'observatoire de Climax dans le Colorado.

Sur le film, on les voit s'élever très rapidement à des hauteurs considérables, animées d'une vitesse, sans cesse croissante, puis redescendre non pas en décrivant une parabole comparable à celle d'un projectile, mais en renversant leur marche pour revenir à leur point de départ. Ce faisant, ils semblent ne pas éprouver l'accélération attendue en pareil cas, or cela est contraire aux lois de l'attraction universelle. Par ailleurs, lorsque deux jets de matières projetées par le soleil viennent à se rencontrer, chacun amorce un net recul.

Le fait a été observé par McMath et Sawyer; Lyot l'a aussi constaté. E. Pettit, de l'observatoire du mont Wilson, en a conclu ( 1951 ) qu'elles sont chargées électriquement.

De plus, « *la structure coronaire, souvent recourbée en forme d'arche, est parfois composée de plusieurs arcs concentriques. c'est une preuve supplémentaire de la nature électrique de la couronne et de ses protubérances* »[581]. Nous avons de bonnes raisons de croire,

579 NdT: on appelle aujourd'hui ces émissions radio-électriques les « sursauts ».

580 NdT: accroissement brutal de la luminosité dont la puissance dissipée équivaut à quarante millions de super-bombes H.

581 E. Petit, « The Sun and Stellar Radiation », dans *Astrophysics*, éd. J. A. Hynek, 1951.

d'après le comportement des noyaux et des queues de comètes que « *chacune des particules dont elles sont composées influencent le mouvement de toutes les autres* » et que la disposition de leurs stries lumineuses... « *indique nettement une répulsion réciproque* », c'est ce qu'écrivait en 1951 le professeur Bobrovnikov de l'observatoire Perkins[582].

Ses calculs montrent que la puissance dissipée par le Soleil pour les orienter est 20.000 fois plus grande que la force de gravitation ; par conséquent, il ne s'agirait pas de la pression du vent solaire ainsi qu'on l'avait cru précédemment, mais de répulsion électrique. L'analyse spectrale montre, d'autre part, que les queues de comète ne brillent pas simplement par réflexion de la lumière et que leur propre luminosité ne provient pas d'une quelconque combustion, mais d'un phénomène électrique comparable à celui qui se manifeste dans un tube de Geissler[583].

Pour expliquer le champ magnétique du globe terrestre, le docteur Bullard, du Laboratoire national de physique de Grande-Bretagne, a supposé l'existence de courants électriques dans la partie liquide du noyau métallique de la Terre. Selon certains scientifiques, les arcs lumineux qui apparaissent dans les régions polaires de l'atmosphère seraient dus aux électrons émanant du Soleil. On a remarqué que les éruptions chromosphériques se produisaient souvent pendant les périodes de croissance des taches solaires. Ces perturbations sont immédiatement ressenties sur Terre où elles provoquent des orages magnétiques, l'interruption des liaisons radio et influent sur les courants telluriques. Vingt-quatre heures plus tard, une seconde réaction encore efficace malgré son décalage engendre les aurores boréales.

En 1948, Enrico Fermi a expliqué l'énigmatique positivité des rayons cosmiques par leur passage à travers des champs magnétiques.

En 1951, Richtmyer et Teller, reprenant une idée précédemment exprimée par Swann, affirmèrent que ces charges provenaient du Soleil : un puissant champ très

582 N. T. Bobrovnikov, « Comets », ibid., p. 327-328.
583 H. Spencer Jones, *General Astronomy*, p. 273-274.

étendu, d'origine solaire, pourrait en effet accélérer les protons lourds jusqu'à ce qu'ils atteignent la vitesse des particules cosmiques. Les deux théories supposent l'existence de champs magnétiques dans l'espace. Je me permets d'ajouter que, le potentiel de la terre étant négatif, l'énergie avec laquelle les rayonnements corpusculaires la bombardent n'a rien d'extraordinaire: tout corps chargé négativement attire les charges positives.

Harold Babcock a prouvé ( observatoire du mont Wilson, 1947 ) que certains astres ont leur propre champ magnétique ( l'un d'eux passe alternativement de + 7000 à – 6000 gauss tous les 9 jours ). On peut en déduire qu'il est en rotation et dirige vers nous un pôle différent à chaque demi-tour: entre-temps, l'effet Zeeman ne se manifeste plus quand le plan de son équateur magnétique passe par la Terre[584].

En 1952, l'astronome royal d'Angleterre, sir Harold Spencer Joncs, estimait à plus d'une centaine les astres qui jouissent des propriétés magnétiques ce nombre augmente rapidement.

Il y a plusieurs années, le docteur J. S. Hall, en fonction à l'observatoire de la Marine américaine, et le docteur W. Hiltner, appartenant à celui de Yerkes, découvrirent que la lumière de certaines étoiles est fortement polarisée. On supposa d'emblée qu'elle devait filtrer à travers des rideaux de poussières interstellaires magnétisées ; restait à savoir pourquoi elles étaient toutes orientées dans la même direction que leurs axes magnétiques. Pourtant, si ces nuages de poussière sont chargés électriquement et en mouvement, l'orientation magnétique uniforme des particules n'est pas surprenante.

En juin 1950, Baade, de Palomar, et Spitzer, de Princeton, avancèrent avec circonspection une théorie où il était question de galaxies en collision. En novembre 1952, on parlait couramment d'une « *collision titanique entre deux gigantesques amas d'étoiles* » au-delà de la Voie lactée, derrière

584 La divergence des résultats obtenus lorsqu'on cherche à délimiter le champ magnétique du Soleil, est sans doute due à la position variable de la Terre par rapport à l'équateur magnétique solaire; lorsqu'elle est dans son plan, l'effet Zeeman n'apparaît pas et l'on en conclut à tort que le champ magnétique solaire ne s'étend pas très loin.

la constellation du Cygne. La réalité de ce « *gigantesque affrontement* » fut confirmée par l'enregistrement de bruits radio provenant des confins de la Voie lactée et la traversant. Deux galaxies, chacune aussi vaste que la nôtre, composées d'innombrables étoiles, s'interpénétraient, se heurtaient et émettaient à destination de l'univers un dramatique appel de détresse sous forme d'une angoissante cacophonie. Bien qu'ayant parcouru des milliards de kilomètres pendant des millions d'années à la vitesse de l'éclair, ces signaux parvenaient audibles, jusqu'à nos radiotélescopes ; ils ont quitté depuis longtemps le lieu de la catastrophe, mais il est possible que la collision dure encore, tant les dimensions de ces galaxies sont incommensurables. Il se pourrait même que ceux émis encore actuellement atteignent notre système solaire lorsque l'astre du jour ne sera plus qu'une étoile naine et ses planètes des nuages de poussière.

Les astronomes s'alarmèrent en constatant que des mondes lointains se fracassaient les uns contre les autres, mais ils furent encore plus stupéfaits du moyen employé pour le leur faire savoir: les galaxies nous envoyaient des signaux hertziens, prouvant par là que leur structure électromagnétique était aussi celle de l'espace universel.

En août 1953, on apprit qu'une autre armée céleste chargeait une galaxie rivale, dans la partie du ciel où l'on voit la nébuleuse du Crabe, et qu'un assaut du même genre était en cours derrière Cassiopée.

Dans la revue publiée par la *Radio Corporation of America* ( numéro de mars 1951 ), John H. Nelson, ingénieur du service technique de cette société, donne les résultats de plusieurs années d'observations précises, avec graphiques illustrant l'influence que la position des planètes dans le système solaire exerce sur les émissions hertziennes.

Ces courbes, écrit-il, « *montrent au premier coup d'œil qu'il existe une étroite corrélation entre les dérangements radiotéléphoniques ( et télégraphiques ) et les configurations planétaires... Il n'est pas douteux que la position de chacune des six planètes étudiées joue un rôle dans certaines transmissions* ». La presse s'en mêla : « *Une corrélation étrange et inattendue entre les positions respectives de Jupiter, de Saturne et de Mars dans leur course autour du Soleil, d'une part, et les perturbations de l'ionosphère, d'autre part, semblent indiquer que les planètes et le Soleil participent à un mécanisme cosmique d'équilibre électrique s'étendant au-delà d'un milliard et demi de kilomètres du centre de notre système solaire, fait inexplicable par les théories astrophysiques couramment admises* »[585].

Les ondes courtes sont perturbées lorsque Jupiter, Saturne et Mars se placent sur le même alignement ou forment entre elles des angles droits. Nelson fait remarquer que le phénomène « *n'est pas une conséquence de la gravitation ou d'un effet de marée entre le Soleil et les planètes* ». En réalité cela montre qu'elles sont chargées électriquement.

Il projette également une lumière neuve sur la théorie, plus ancienne, d'un rapport direct mais encore inexpliqué entre la révolution de Jupiter et le cycle des taches solaires. De même, la constatation due à Stetson, de l'Institut de technologie du Massachusetts, selon laquelle la Lune affecte les transmissions radioélectriques – bien meilleures quand elle est au-dessous de l'horizon que si elle est au zénith – est à rapprocher de l'observation faite par Nelson concernant les influences planétaires sur l'ionosphère. Stetson estimait que c'était l'effet d'une radiation émanant de notre satellite car, selon lui, le phénomène ne saurait être produit par une lune neutre.

En 1953, on s'aperçut que les marées solaires s'exerçant dans l'atmosphère terrestre sont seize fois plus fortes que les marées lunaires; le fait est nettement contraire à la théorie admise, selon laquelle l'action de la Lune sur les océans dépasse de beaucoup celle du Soleil. Cette différence n'a toujours pas reçu d'explication satisfaisante.

Telles sont quelques-unes seulement des découvertes récentes qui rendent impérative la révision de notre conception actuelle de l'univers. C'est justement à cause du degré de précision atteint par la mécanique céleste qui a pour défaut de ne pas avoir tenu compte des forces dont on constate maintenant l'existence, que ce monument scientifique élaboré par de grands esprits mathématiques

585 *New York Times*, 15 avril 1951.

depuis près de trois siècles, semble en avoir un besoin urgent. Tout cela n'a pas de rapport direct avec le sujet de *Mondes en Collision,* dont la seule prétention se résume à décrire les événements auxquels on pourrait s'attendre si un corps comme la Terre passait très près d'un autre objet céleste, magnétique lui aussi. Le tollé suscité par cet ouvrage eut pour raison profonde mon scepticisme à l'égard de la théorie soi-disant irréfutable qui dénie aux astres la moindre charge électrique et le moindre magnétisme.

Prenons, par exemple, une étoile binaire, c'est-à-dire un ensemble de deux astres tournant autour de leur centre de masse, dont la période de demi-révolution varie entre quelques mois et quelques jours, parfois moins. Supposons qu'ils aient chacun un champ de 7000 gauss, ce qui n'a rien d'improbable ; dans ce cas, de toute évidence, même en négligeant la composante électrique des électroaimants, on ne pourrait pas soutenir qu'ils soient uniquement soumis aux lois de la gravitation universelle.

Cela suffit à démontrer la faillibilité de la conception purement mécanique du système solaire, tant en ce qui concerne les astres isolés que le soleil et ses planètes.

Nous trouvons en Jupiter et ses lunes un système qui présente quelques analogies avec celui de la famille solaire. La planète est froide, mais ses gaz sont en mouvement. J'estime probable qu'elle émet des ondes hertziennes, comme le font le Soleil et les étoiles et je me permets de suggérer qu'on étudie la question[586].

Uranus est la seule planète qui, nous le savons, conserve pendant une partie considérable de sa révolution, un de ses pôles tourné vers la terre. Si son atmosphère n'est

---

586 Le 5 avril 1955, à une réunion de la Société Astronomique Américaine, le Dr Bernard F. Burke et le Dr` Kenneth L. Franklin, de la Section de Magnétisme Terrestre de l'institut Carnegie, annoncèrent une nouvelle imprévue; on venait de capter de puissants bruits radio en provenance de Jupiter. L'explication du phénomène leur parut difficile, car personne ne s'attendait à ce que les planètes émettent de telles ondes. La phrase ci-dessus, prononcée dans ma conférence devant les étudiants de Princeton le 14 octobre 1953 et envisageant la production de bruits par Jupiter, figure dans le texte dactylographié de mon exposé remis en janvier 1954 à un de leurs professeurs, M. V. Bargmann, texte reproduit par les éditions Doubleday, au cours de l'été 1954, c'est-à-dire huit mois avant la découverte en question.

pas turbulente mais forme une surface lisse et réfléchissante, je présume que la lumière solaire réfléchie par ses régions polaires doit être polarisée, comme l'est un rayon lumineux renvoyé par les pôles d'un aimant. ( On pense généralement que le champ magnétique terrestre n'atteint pas la Lune de façon sensible. Il est cependant un moyen permettant de vérifier si tel est bien le cas. Notre satellite effectue des mouvements de balancement périodiques en latitude et en longitude, dont certains n'ont pas d'explication théorique. Je propose que des recherches soient entreprises pour savoir si ces oscillations énigmatiques ne seraient pas synchronisées avec les révolutions quotidiennes des pôles magnétiques de la Terre autour de ses pôles géographiques. )

Paine-Gaposchkin, d'Harvard, qui a écrit au cours de ces dernières années de longs articles hostiles à la thèse de *Mondes en Collision*, affirmant que les corps célestes « *ne pouvaient posséder de charges électriques capables de produire les effets observés sur les objets en mouvement à l'intérieur du système solaire* » ... avoue maintenant ( Scientific American, numéro de septembre 1953) : « *Il y a dix ans, dans nos hypothèses cosmologiques nous ne raisonnions qu'en fonction des forces gravitationnelles et des énergies rayonnées, demain nous constaterons peut-être que le monde essentiellement constitué d'électro-aimants tourbillonnants, gravitant autour d'un centre d'attraction* ».

Avec le temps, ces concessions se feront plus nombreuses. Notre soleil et ses planètes font partie d'une galaxie. Ils ne sont pas seuls dans l'univers et ne font pas exception. J'aime à raconter l'histoire suivante : un soir, au crépuscule, je reçus dans mon cabinet de travail la visite d'un homme d'allure distinguée. Il m'apportait un manuscrit traitant de mécanique céleste. Dès les premières pages, j'eus l'intuition qu'elles étaient l'œuvre d'un mathématicien génial. Engageant la conversation avec mon visiteur, je citai le nom de James Clerk Maxwell.

– Qui est-ce ? me demanda-t-il.

Embarrassé, je répondis :

– Vous savez bien... le scientifique qui a fourni une explication théorique des expériences de Faraday.

– Et qui est Faraday ?

De plus en plus gêné, je dis :

– Mais... c'est le pionnier de l'électromagnétisme!

– Et qu'est-ce que l'électromagnétisme?

– Mais qui êtes-vous ? répliquai-je, au comble de l'étonnement.

– Isaac Newton, répondit l'étranger.

Je m'éveillai alors. Sur mes genoux, un livre était ouvert : les *Principia*...[587]

Cette histoire a pour but d'illustrer ce que j'ai dit tout à l'heure : écouteriez-vous quelqu'un n'ayant aucune notion des forces régissant la nature et qui ne se priverait pas pour autant, de discourir sur la mécanique céleste ?

C'est pourtant l'attitude des astronomes qui proclament infaillible une mécanique céleste conçue vers 1660 où ni l'électricité ni le magnétisme n'occupent la moindre place.

Ces dernières années, l'archéologie, la géologie et l'astronomie nous ont gratifiés d'une quantité de constatations qui corroborent ce que j'avançais dans *Mondes en Collision*, à savoir :

1 ) que le globe entier a connu au cours des temps historiques des bouleversements d'ordre physique,

2 ) que ces catastrophes furent provoquées par des agents extraterrestres,

3 ) que la nature de ces facteurs peut être déterminée.

Bien que mes conclusions soient en conflit avec les « *credo* » orthodoxes, les résultats de la plupart des observations scientifiques récentes confortent ma position, aucun ne m'est contraire.

Ce dont je voudrais vous convaincre, c'est qu'aujourd'hui, comme du temps de Newton, la science s'étale

587 NdT: l'oeuvre célèbre de Newton, *Les Principes mathématiques de philosophie naturelle* (1687).

devant nous comme un océan inexploré, sur lequel nous ne nous sommes encore guère éloignés des côtes de l'ignorance.

Malgré notre connaissance de l'âme humaine nous ne savons pratiquement rien de la pensée ou de la mémoire. La biologie ne nous a pas encore appris d'où provient la vie. L'ère des découvertes fondamentales n'est pas près de sa fin, et vous ne faites pas partie des retardataires qui n'ont plus rien à découvrir.

Tels que je vous vois aujourd'hui, si nombreux, j'espère que, d'ici 20 ou 30 ans, ceux d'entre vous qui ont l'esprit critique apte à relever les défis, la volonté d'aller de l'avant, le besoin d'acquérir et de parfaire leurs connaissances seront d'heureux découvreurs. Ne craignez pas d'affronter les difficultés ; cherchez sans trêve le pourquoi et le comment des choses. Soyez, en cela, têtus comme des enfants. Ne craignez pas le ridicule et rappelez-vous l'histoire des grandes découvertes. Alfred North Whitehead a dit :

> *Si, pendant votre vie, vous avez prêté attention aux littératures d'avant-garde, vous aurez constaté qu'au moment où elles paraissent, presque toutes les idées vraiment nouvelles ont un certain côté absurde*[588]...

Donc osez.

Quand les personnalités de votre temps chercheront à vous décourager, souvenez-vous qu'Archimède s'est gaussé d'Aristarque, son aîné de 25 ans, dont la théorie affirmait que la Terre tournait autour du Soleil. Toute contrevérité scientifique risque de ne pas être acceptée avant des siècles et vous ne vous verrez peut-être jamais compris...

Osez quand même.

Ne vous obstinez pas si les faits s'opposent à vos idées mais persistez s'ils se rangent de leur côté. Ils sont parfois capables de réduire la plus forte des oppositions, celle des chiffres.

---

588 Alfred North Whiteheadd, *Science and the Modern World*, New York, 1925, chap. III.

En 1903, le plus grand mathématicien américain, Simon Newcomb, avait prouvé par le calcul, qu'une machine volante transportant un pilote était purement et simplement utopique ; la même année les frères Wright, sans mathématiques, mais avec un fait, prouvèrent à leur tour, qu'il avait eu tort.

Les grands initiés, fondateurs des religions, et leurs enseignements révélés font partie du passé ; plus ils sont anciens plus ils sont vénérés. En revanche, il appartient à l'avenir de recruter de nouvelles autorités scientifiques et de susciter de grandes révélations. L'élève dépassera le maître, s'il a le don de voir les choses sous un angle nouveau.

Toutes les idées fécondes sont nées dans l'esprit des non-conformistes, pour qui le connu était encore l'inconnu et qui souvent prirent du recul afin de repartir du bon pied, sûrs d'eux-mêmes, tandis que d'autres se fourvoyaient.

La vérité du jour a toujours été l'hérésie de la veille. Si vous avez le goût de la recherche, une imagination doublée de scepticisme, la nature généreuse vous livrera quelques-uns de ses innombrables secrets. La joie que vous éprouverez en découvrant la vérité vous payera de vos efforts, mais n'espérez pas d'autre récompense, car elle est incertaine. Mais osez malgré tout...

# Remerciements

Les travaux que j'ai entrepris pour la rédaction de ce livre et de la conférence pour les étudiants de l'Université de Princeton, m'ont fait contracter une dette de reconnaissance envers plusieurs scientifiques.

Le professeur Walter S. Adams, ex-directeur de l'observatoire du mont Wilson, m'a donné tous les renseignements sur l'atmosphère des planètes, domaine dans lequel il fait autorité. Lors de ma visite à l'observatoire solaire de Pasadena, Californie, et tout au long de nos échanges épistolaires il a fait preuve d'un réel esprit de coopération scientifique.

Le regretté docteur Albert Einstein m'a consacré, pendant les derniers mois de sa vie ( de novembre 1953 à avril 1955 ) beaucoup de son temps et de sa pensée. Il a pris connaissance de mes manuscrits, les a enrichis de commentaires ou de notes marginales ; il m'a dit avoir particulièrement apprécié les chapitres 7 à 12 de ce livre. J'ai passé en sa compagnie de longues soirées pendant lesquelles nous avons débattu, souvent jusqu'à une heure avancée, le contenu et les conséquences de mes théories. Au cours des dernières semaines de son existence, ayant relu *Mondes en Collision* et les trois fascicules de notes le concernant ainsi que l'accueil qui lui fut réservé, il a consigné ses réflexions par écrit. Nous étions au début en désaccord mais celui-ci diminua progressivement, comme le montre notre correspondance. Même si à sa mort ( notre dernière entrevue eut lieu 9 jours avant ) il subsistait des points sur lesquels nos avis différaient encore, sa nouvelle position indique l'évolution de son opinion pendant ces 18 derniers mois.

Le professeur Waldo S. Glock, directeur du département de géologie à l'Université Macalester, de Saint Paul, Minnesota, autorité reconnue en matière de dendrochronologie ( technique permettant d'évaluer l'âge des arbres ) s'est livré à des recherches concernant la datation de bois utilisés dans l'Antiquité et a répondu lui aussi à mes questions. Le docteur H. Manley, de l'Imperial College of London, le professeur P. L. Mercanton, de l'Université de Lausanne, et le professeur E. Tellierde de l'observatoire géophysique de l'Université de Paris, m'ont fait bénéficier de leurs connaissances en géomagnétisme et m'ont envoyé des exemplaires de leurs publications.

Le docteur T. E. Nikulins, géologue vénézuélien de Caracas, m'a signalé à plusieurs reprises différents textes parus dans la presse scientifique et susceptibles de m'être utiles, ainsi que l'ouvrage sur les découvertes de vestiges de l'âge de pierre et du bronze en Sibérie nord-orientale.

Le professeur George McCready Price, géologue californien, a lu sous leur première forme plusieurs chapitres. Il y a entre cet octogénaire auteur de divers traités de géologie classique et moi-même quelques sujets de friction, mais aussi des points sur lesquels nous nous accordons. Parmi ceux qui nous divisent voici le principal : le professeur Price s'oppose à toutes les thèses évolutionnistes et son refus s'appuie sur le fait que, depuis que l'on accumule toutes sortes d'observations menées scientifiquement, personne n'a assisté à l'apparition d'aucune espèce animale nouvelle, alors que je présente dans les derniers chapitres de mon livre ( « Extinction » et « Evolution » ) une solution radicale au problème.

Je me suis longuement entretenu de questions relevant de la physique pure et de la géophysique avec le professeur Richardson de l'Institut de technologie de l'Illinois. Je ne partage la responsabilité de mon œuvre avec personne mais je veux exprimer ici ma reconnaissance à tous ceux qui m'ont encouragé par leurs avis favorables alors que l'atmosphère des milieux académiques était généralement empreinte d'animosité.

# Table des matières


**Introduction Jardin des Livres** *p. 5*

**Préface Américaine** *p. 11*
**Préface Française** *p. 14*

**1. Dans le Nord**
En Alaska *p. 17*
Les îles de l'ivoire *p. 19*

**2. Révolution**
Les blocs erratiques *p. 27*
Les mers et les terres ont changé de place *p. 29*
Les cavernes d'Angleterre *p. 32*
Les cimetières d'animaux marins *p. 34*

**3. L'uniformité**
La doctrine de l'uniformité *p. 39*
L'hippopotame *p. 44*
Icebergs *p. 46*
Darwin en Amérique du Sud *p. 48*

**4. La glace**
Origine de la théorie glaciaire *p. 51*
Sur les plaines russes *p. 54*
La glaciation des tropiques *p. 57*
Le Groenland *p. 58*
Les coraux des régions polaires *p. 61*
Des baleines sur les montagnes *p. 63*

**5. Les raz de marée**
Les fissures dans les roches *p. 67*
Les forêts enfouies du Norfolk anglais *p. 72*
La caverne de Cumberland *p. 75*
En Chine du Nord *p. 77*
La fosse d'asphalte de La Brea *p. 80*
La carrière d'Agate Spring *p. 83*

**6. Montagnes et fractures**
Les Alpes *p. 87*
L'Himalaya *p. 90*

Les Monts Siwalik p. 94
Tihuanaco, ville morte des Andes p. 97
Le plateau de la Columbia p.103
Un continent déchiré p.104

**7. Déserts et océans**
Le Sahara p.109
L'Arabie p.111
Les « bays » de la Caroline p.113
Le fond de l'Atlantique p.115
Le fond des mers p.118

**8. Pôles déplacés**
Cause de la glaciation p.123
Déplacement des pôles p.125
La dérive des continents p.131
Modification de l'orbite terrestre p.136
Rotation de l'écorce terrestre p.138

**9. Déviation de l'axe terrestre**
La Terre dans un étau p.143
Evaporation des océans p.144
Condensation p.147
Une hypothèse de travail p.149
La glace et les marées p.152
Inversion des pôles magnétiques p.156
Volcans, tremblements de terre, comètes p.160

**10. Il y a 3500 ans**
Une horloge jamais révisée p.167
Le lac glaciaire Agassiz p.172
Les chutes du Niagara p.173
Le glacier du Rhône p.175
Le Mississippi p.177
Les fossiles de Floride p.178
Les lacs du Grand Bassin
et la fin de l'époque glaciaire p.181

**11 Klimasturz**
Brusques changements de climat p.185
Les anneaux des arbres p.187
Habitations lacustres p.188

Baisse du niveau des océans *p.192*
La Mer du Nord *p.195*

**12. Les ruines de l'Orient ancien**
La Crète *p.199*
Troie *p.203*
Les ruines du Proche-Orient actuel *p.205*
Les époques et les dates *p.210*

**13. Effondrement des systèmes**
La géologie et l'archéologie *p.215*
Hypothèses périmées *p.218*
Les premières périodes *p.222*
Le charbon *p.225*

**14. Extinction**
Fossiles *p.233*
Empreintes de pas *p.235*
Des cavernes *p.237*
Extinction des mammifères *p.239*

**15. L'évolution**
Catastrophisme et évolution *p.245*
Le passé géologique
et les formes de vie changeantes *p.249*
Mécanisme de l'évolution *p.255*
Mutations et espèces nouvelles *p.261*
L'évolution cataclysmique *p.267*

**16. Conclusion** *p.273*

**Conférence du Dr Immanuel Velikovsky:** examen de *Mondes en Collision* d'après les récentes découvertes archéologiques, géologiques et astronomiques *p.279*

**Remerciements** *p.312*

# AUTRES OUVRAGES DU JARDIN DES LIVRES :

## MONDES EN COLLISION

### *Le livre extraordinaire* du Dr Immanuel Velikovsky

Est-il exact que la Terre a été bouleversée par des cataclysmes sans précédent ? Pourquoi 2000 ans av. JC, les astronomes ne dessinaient-ils jamais la planète Vénus? Comment expliquer le mythe grec de la « Naissance de Vénus » si merveilleusement illustré par Botticelli ? Pourquoi les romains disaient-ils qu'Athéna est née de Jupiter pour aller se battre avec Mars ? Pourquoi les océans se sont-ils massivement déplacés et les jungles transformées en désert ? Comment expliquer que le papyrus égyptien Ipuwer, en plus des textes aztèques, chinois et mayas, confirment ce que la Bible présente sous forme des dix plaies d'Egypte ? Pourquoi les scientifiques enregistrent-ils des inversions de polarité dans les rochers anciens ? Et pourquoi cet ouvrage est-il le plus combattu de tous les temps ?

**Dans ce livre, le plus censuré de l'histoire de l'édition moderne,** le Dr Immanuel Velikovsky répond **de manière si révolutionnaire** qu'on en ressort avec le choc intellectuel de sa vie car le travail de cet homme, reconnu maintenant comme l'un des plus grands génies du XX$^{e}$ siècle, a osé aborder ce que notre amnésie collective veut à tout prix oublier : « *Je trouve la concentration de légendes accumulées par Immanuel Velikovsky stupéfiante. Si 20% des concordances légendaires sont réelles, il y a quelque chose d'important à expliquer* », **Dr Carl Sagan**.

**Cette édition 2004 contient la biographie de Velikovsky, l'histoire du livre, des documents, des listes, une liste de ses découvertes incroyables - confirmées depuis par les sondes spatiales - et bien-sûr le *Mondes en collision* lui-même, avec les sources.**

## *Revue de Presse*

( quelques extraits de 1950 jusqu'à 2003 sur plus de 250.000 articles avec l'analyse de **Robert Rickard parue dans « Fortean Times »** )

« *Un tremblement de terre littéraire* » **New York Times** « *Le Dr Velikovsky a rassemblé dans un travail monumental, des preuves issues des premières civilisations sur les cataclysmes gigantesques ayant touché la Terre en 2000 et 1000 ans avant J.C. ( ... ) Un panorama stupéfiant d'histoires terrestres et humaines. ( ... ) Un ouvrage magnifique* » **New York Herald Tribune** « *Si le Dr Velikovsky a raison, ses livres sont la plus grande contribution jamais faite aux études des civilisations anciennes* » **Dr Robert H. Pfeiffer, Harvard University** « Mondes en Collision *n'est que mensonges et rien que des mensonges.* - Question : *Vous l'avez lu* ? - *Non, je n'ai pas lu ce livre, et je ne le lirai jamais !* » **Dean MacLaughlin, Harvard University** « *Aussi fascinant qu'un roman de Jules Verne...* » **Reader's Digest** « *Ridicule* » **Times magazine** « *Si vous voulez un choc intellectuel, lisez* Mondes en Collision *du Dr Immanuel Velikovsky* » **Book of the Month Club News** « *Ce livre aura un effet explosif dans le monde scientifique* » **This Week** « *Excitant, étonnant, surprenant, incroyable et certainement une histoire révolutionnaire de l'Univers* » **Dallas Times Herald** « *Ce livre pourrait affecter la manière de penser de ce siècle* » **Louisville Courier Journal** « *Un livre étrange et merveilleux* » **Detroit News** « *Gigantesque, sensationnel, génial* » **Glasgow Daily Record** « *Rien dans les dernières années n'a excité autant l'imagination du public* » **Pageant** « *Ses conclusions finales sont encore plus terrifiantes* » **Newsweek** « *La science elle-même, bien que la plupart des scientifiques aient considéré que son cas était définitivement enterré, se dirige dans la direction montrée par Velikovsky. Ses propos, qui semblaient tellement scandaleux et choquants lorsqu'il les a tenus à l'époque, sont maintenant très communs. La mise à l'écart de Velikovsky, ainsi que son lynchage par la communauté académique, nécessite maintenant un véritable réexamen par les scientifiques* » **Harper's Magazine, août 1963** « *Les travaux du Dr Immanuel Velikovsky doivent être reconsidérés* » **The New Scientist, Angleterre, 1972** « *Nous demandons à la communauté scientifique, dans la tradition de la véritable recherche, de continuer, sans aucun parti pris, à examiner le formidable challenge présenté par le*

*Dr Velikovsky* » **Pr Trainor, Department of Physics of Toronto, 1974** « *Des thèses totalement ridicules* (...) *et qui ne respectent aucune loi physique* » **Bulletin of the Atomic Scientist, 1964** et... « *Velikovsky pourrait bien avoir raison* » **Bulletin of the Atomic Scientist, 1975 ( !!! )** « *Velikovsky fut le scientifique le plus controversé de ce siècle... mais l'acceptation de ses travaux est maintenant inévitable* » **Industrial Research & Developement, 1979** « *Les observations de Vénus par la sonde Pioneer n'ont pas confirmé toutes les prédictions de Velikovsky sur sa nature* (...) *mais Velikovsky a aussi correctement prédit les changements de pôles de la Terre, les caractéristiques de la surface de Mars, les ondes radio de Jupiter, la température de Vénus.* (...) *A lui seul, Velikovsky a influencé tout le programme spatial de la NASA grâce à ses idées. L'intérêt croissant pour l'exploration des planètes dans les années 70 a été lancé et inspiré par ses théories et ses analyses* » **Transactions of the American Geophysical Union, 1980** « *Lorsqu'il a publié en 1950 son premier best-seller* Mondes en Collision, *Immanuel Velikovsky a déclenché la fureur du monde académique. Bien des mythes anciens de dévastation ou de déluge, affirmait-il, représentent une réalité factuelle des cataclysmes causés par des événements cosmiques. Et les batailles des dieux reflètent les trajectoires des objets célestes d'après lesquels ils étaient nommés* » **E. Krupp, dans « Search of Ancient Astronomies » 1980** « *Les recherches du Dr. Velikovsky dans les textes anciens ont révélé des histoires de feu et de cendres tombant du ciel... de lave dégoulinant de la terre... des pluies de bitume... des tremblements de terre... des océans bouillonnants... des raz-de-marée et des nuages épais de poussière recouvrant la face de la Terre. Des témoignages similaires apparaissent dans les légendes de peuples dispersés autour du monde, de la Méditerranée aux Caraïbes en passant par le Mexique* » **Robert Jastrow, « Héros ou Hérétique? » in Science Digest, Oct. 1980** « *Il semble que tous les mille ans nous assistons à une sorte de mini-âge glaciaire, résultat d'un bombardement provenant de l'espace. Les histoires de feu tombant du ciel dans les mythes, légendes et les archives historiques doivent être prises au pied de la lettre. Plutôt que d'être exceptionnelles, ces catastrophes sont normales tout le long de l'histoire humaine.* (...) *La Grande-Bretagne a vécu ces périodes de destructions massives, suivies par des années de migrations, des cieux noirs et des années som-*

*bres. Pourquoi était-ce si grave ? Les références chinoises parlent d'une comète dans l'année 442 et une pluie catastrophique de météores au cours de l'année 524. (...) Ce qui est curieux, est le niveau de la civilisation : il faut attendre 1300 ans pour retrouver le même niveau de développement. Est-ce que l'humanité a failli suivre le même chemin que les dinosaures ?* » **Dr Victor Clube, Oxford University, in « The New Scientist », Angleterre, dans le numéro "anniversaire" de la catastrophe de Tungushka (Sibérie) paru le 8 septembre 1988.** « *( Depuis Velikovsky ) le catastrophisme est devenu très à la mode* » **« Catastrophic Episodes in Earth History » par Claude Albritton, Ed. Chapman and Hall, London, 1989.** « *Parmi tous ces érudits qui ont voulu réécrire l'histoire du monde, l'un d'entre eux est particulièrement célèbre. C'est Immanuel Velikovsky qui a brossé, dans ce qu'il a appelé un "essai de cosmologie historique", une fresque qui a obtenu un succès commercial mondial, mais non sans contrepartie. Son livre fameux,* Worlds in Collision, *paru en 1950, a eu un double effet. Il a plu au grand public par son côté mystérieux et par le parfum d'érudition qu'il dégage en première lecture. Mais, revers de la médaille, il a contribué à faire passer Velikovsky pour un charlatan qui s'est mis la quasi-totalité de la communauté scientifique de l'époque à dos. Car il faut le redire, même si cet auteur passe encore parfois pour un martyr de la science, son livre est inacceptable sur le plan scientifique, bien que la partie historique soit assez remarquable. La méconnaissance de Velikovsky sur la partie* astronomique *du sujet est flagrante. Vouloir faire de Vénus une ancienne* comète *éjectée par Jupiter, il y a seulement quelques milliers d'années, a fait crier à l'imposture tous les astronomes* » **Michel-Alain Combes, Docteur en Astronomie, dans son livre *La menace du ciel*, chapitre 17, Paris 1999** « *Les orbites des planètes ne sont plus inscrites dans le marbre. (...) Il semble que les planètes Saturne, Uranus et Neptune aient étendu leurs orbites depuis le début du système solaire, alors que Jupiter a réduit la sienne. (...) Les interactions entre Neptune et Pluton ont poussé les planètes plus petites à passer d'une orbite circulaire à une orbite plus excentrique et cela avec un plan plus incliné par rapport aux autres planètes* » **Renu Malhotra, Scientific American, 1999** « Je ne suis pas d'accord avec ce que vous dites, mais je ferai tout ce qui est en mon pouvoir pour que vous puissiez continuer à le dire ». *Voltaire à Rousseau. Ce fut vraiment un choc entre mondes différents ! Comment un psychiatre osait-il non seulement écrire sur l'astronomie mais de plus, citer comme une évidence les écritures hébraïques ?* (...) Mondes en collision *affola à ce point les astronomes professionnels qu'ils en vinrent à un acte extraordinaire : ils se liguèrent pour empêcher le succès de ses ouvrages et les censurer, et ce à plusieurs occasions au cours de deux décennies. Le grand exploit de Velikovsky était de montrer comment les catastrophes naturelles - principalement les collisions manquées de peu avec des comètes - marquèrent l'histoire humaine, sans en appeler à Dieu, au paranormal ou aux extraterrestres. De nos jours, ces idées sont tellement répandues qu'elles forment la structure de films populaires, mais dans les années cinquante elles étaient aussi dangereuses que de la dynamite* (...) *Velikovsky poursuivit ses recherches depuis son domicile de Princeton, jusqu'à sa mort survenue le 17 novembre 1979. Pleinement satisfait d'instruire une nouvelle génération d'historiens, d'astronomes et de physiciens planétaires qui, il l'espérait, échapperaient à l'étroitesse d'esprit de leurs prédécesseurs.* **Robert Rickard, in "The Fortean Times" n°118 de janvier 1999. Traduit de l'anglais par Marcelle Gerday. Avec l'aimable permission de Mr Robert Rickard pour le Jardin des Livres.** « *L'influence de Velikovsky a été significative dans le monde anglo-saxon ( USA, Canada, Angleterre, Australie et Nouvelle Zelande ) alors que le monde latin y échappa, sans doute par manque d'intérêt pour les sujets bibliques. En Italie, rappelons que Velikovsky a reçu un accueil positif du grand mathématicien Bruno de Finetti, et que l'historien Federico Di Trocchio lui a consacré un chapitre conséquent dans son livre* Il Genio Incompreso. ». **Pr. E. Spedicato, Université de Bergamo, Italie, 2000** « *Russe d'origine, ce génie scientifique ami d'Albert Einstein a publié, entre 1950 et 1979, une série d'ouvrages qui ont agité et agitent toujours le monde scientifique. Pour Velikovsky, l'histoire de l'humanité est jalonnée de catastrophes naturelles d'origine cosmique qui éclairent d'un jour nouveau nombre de grands mythes du passé, tels les plaies d'Egypte et le déluge* » **Kadath, Cahiers des civilisations anciennes N° 92, France, 2001** « *Les théories d'Immanuel Velikovsky concernant l'histoire géologique de la Terre exposées dans* Mondes en Collision *sont récemment devenues très très à la mode, merci aux* *trajectoires des divers et très larges corps célestes qui ont joué avec nos nerfs. Est-ce que notre planète a été façonnée par un bombardement de météorites et des débris cosmiques ? Est-ce qu'ils sont responsables de la soudaine période glaciaire et de l'extinction des dinosaures ? La toute jeune science du catastrophisme, basée sur le travail précurseur de Velikovsky répond à ces questions et tend à confirmer les mystères de l'Ancien Testament comme le déluge ou l'ouverture de la mer Rouge* » **Richard Metzger, Disinfo, Angleterre, 2001** « *Velikovsky souleva immédiatement la colère des astrophysiciens qui clamèrent à juste titre que Vénus n'avait jamais pu être une comète.* (...) *Pour ma part, je n'ai aucune honte à dire que la lecture du livre hérétique de Velikovsky lorsque j'étais adolescent a puissamment contribué à ma vocation d'astrophysicien !* » **Jean-Pierre Luminet in *Le Feu du Ciel*, page 246, Editions Le Cherche-Midi, 2002.** « *Velikovsky était une sorte de prophète* » **Jean-Pierre Girard, Le Monde Inconnu, 2002** « *Le trio mythique Freud-Einstein-Velikovsky est recomposé. Mais on pourrait aussi dire que le cerveau de Velikovsky est le résultat hallucinant de ce qu'aurait pu donner l'union intime entre Sigmund Freud et Albert Einstein. Freud représente l'irrationnel, l'inconscient, l'intuition, l'instinct et nos peurs ancestrales. Einstein représente le rationnel, la logique, les mathématiques, la déduction empirique, bref la science avec un grand « S » . Velikovsky, dans une formidable intuition s'est servi de l'un pour expliquer l'autre : au lieu de considérer les rédacteurs des textes bibliques comme des demeurés avides de surnaturel, il a démontré avec une* maestria *sans égal dans l'histoire de la littérature et des sciences humaines que les mythes religieux qui agissent toujours en arrière-plan, proviennent tous des observations factuelles du ciel et des planètes. Dans* Mondes en Collision*, on assiste, fasciné, à la naissance des dieux et des déesses que l'on pensait être une création poétique des Romains et des Grecs. Velikovsky transforme le lecteur en astronome car son livre, métamorphosé en télescope, permet d'observer le « Big Bang » religieux. C'est un pur chef d'œuvre dans lequel les mythes humains s'opposent violemment à la pure logique des mathématiques. Bien qu'il ne l'ait pas fait exprès, Immanuel Velikovsky n'a eu qu'un seul tort, humilier tous les astrophysiciens de son époque, époque d'autant plus difficile que la course à l'espace n'avait pas encore commencée et qu'une partie du public était persuadée que des martiens habitaient la planète rouge.*

*En déclarant, entre autres, en 1950, qu'il y avait eu des océans sur Mars, Velikovsky s'était suicidé* » **Présentation de *Mondes en Collision*, janvier 2003. A propos de l'eau sur Mars :** « *La NASA s'apprête à envoyer un robot sur Mars afin de trouver son eau. L'appareil est un véritable géologue ambulant capable d'analyser seul tout ce qu'il trouve. Le reportage de...* » **Claire Chazal, journal de 20 heures, TF1 samedi 18 janvier 2003. « Une météorite provenant du cœur de Mars contiendrait de l'eau.** La pierre martienne a été trouvée par deux chercheurs français (...) « *C'est très intéressant pour nous car c'est une manière indirecte d'observer l'eau martienne* » explique Philippe Gillet directeur de l'Institut National des Sciences de l'Univers ( INSU ) , une des principales branches du CNRS » **Le Monde, 12 juin 2001.**

**Premiers chapitres en ligne :**
**www.jardindeslivres.com/veliko1.htm**

# LE DESORDRE DES SIECLES

( Ages in Chaos )

## du Dr Velikovsky

C'est en tentant de coordonner l'histoire des rois d'Israël à celle des pharaons égyptiens qu'Immanuel Velikovsky avait fait sa plus grande découverte : celle du *Papyrus d'Ipuwer* qui raconte lui aussi les plaies d'Egypte bibliques.

Mais avec une différence notable : il s'agit du récit d'un modeste scribe égyptien, dépassé par les événements cataclysmiques qui se sont soudain abattus sur son pays. Pour Velikovsky, le *Papyrus d'Ipuwer* est l'une des innombrables preuves que le monde antique a été victime d'un cataclysme sans précédent, et aussi que la chronologie de l'Histoire telle qu'on nous la présente actuellement ne correspond pas à la réalité. Sa thèse a été validée par le Pr. Claude Schaeffer, du Collège de France.

Ce livre propose une nouvelle et fascinante chronologie ( allant de la période de l'Exode jusqu'au règne d'Akhenaton ) avec une réécriture de l'Histoire. Un véritable monument du génie de Velikovsky.

**Sortie en juin 2005**

# LE GRAND DEREGLEMENT DU CLIMAT

**par Art Bell et Whitley Strieber**

Nous vivons en ce moment des changements de climat que les météorologues officiels se gardent bien de commenter :

- fontes de glaciers grands comme la France,
- tornades jamais vues en Floride comme en Bretagne ou en Alsace,
- réchauffement soudain de la Méditerranée,
- vents de plus en plus violents,
- tempêtes et pluies diluviennes,
- inondations soudaines et dramatiques, etc.

Pour Art Bell et Whitley Strieber en revanche, ces changements ne sont que les prémices d'un grand bouleversement climatique.

**Best-seller mondial, une minuscule partie de ce livre a directement inspiré le film « Le Jour d'Après » avec plus de 200 millions de spectateurs. A lire de toute urgence.**

**Document : 350.000 exemplaires**

# LA DIVINE CONNEXION

par le **Dr Melvin Morse**

Après quinze années de recherches, le Dr Melvin Morse, médecin urgentiste et pédiatre, affirme que 1) nous disposons tous dans notre lobe temporal droit d'un circuit biologique spécialement conçu pour dialoguer avec Dieu et que 2) les souvenirs de notre vie ne se trouvent pas dans notre cerveau ! S'appuyant sur les dernières découvertes médicales et scientifiques, son livre explique pour la première fois avec une logique implacable l'ensemble des phénomènes surnaturels et mystiques, tout comme les vies passées, les sensations de déjà vu, l'intuition, les guérisons spontanées et surtout le don de « voir » des parcelles de l'avenir. De façon simple et claire, le Dr Morse donne des cas précis et raconte comment il est parvenu à ses conclusions après avoir travaillé sur les expériences aux frontières de la mort infantiles. Salué par la presse anglo-saxonne comme une avancée majeure pour le XXIe siècle, ce livre ouvre des portes insoupçonnées et donne une dimension, nouvelle, phénoménale à la spiritualité. Des pilotes de chasse aux épileptiques, des neurologues aux physiciens et des médecins aux magnétiseurs, sa thèse prend vie et s'impose comme une évidence. Ce livre monumental peut changer votre vie. Version mise à jour et avec une préface française du Dr Melvin Morse ainsi que du Dr Charles Jeleff.

## *La découverte du « Point de Dieu »*

( début du chapitre 1 de la *Divine Connexion* du Dr Morse )

**Les neurologues** de l'University of California de San Diego ont annoncé en 1997, avec beaucoup de courage, qu'ils venaient tout juste de découvrir dans le cerveau humain une zone « *qui pourrait être spécialement conçue pour entendre la voix du Ciel* ». Avec des recherches spécialement élaborées pour tester cette zone, les médecins ont établi que certaines parties du cerveau, le lobe temporal droit pour être exact, s'harmonisent avec la notion d'Etre suprême et d'expériences mystiques... Ils ont donc baptisé cette zone « *le module de Dieu* », précisant qu'elle ressemblait à un véritable « *mécanisme dédié à la religion* ». Si bien des scientifiques furent ravis de cette découverte, l'un d'eux, Craig Kinsley, neurologue à l'University of Virginia de Richmond, fit cette remarque pleine de bon sens : « *Le problème est que nous ne savons pas si c'est le cerveau qui a créé Dieu ou si c'est Dieu qui a créé le cerveau. Néanmoins, cette découverte va vraiment secouer les gens* ». Je comprenais parfaitement ce qu'il voulait dire. Dans mes trois livres précédents sur les expériences aux frontières de la mort, j'avais déjà identifié le lobe temporal droit comme l'emplacement de ce point de contact entre l'homme et Dieu. C'est là qu'Il semble habiter en chacun de nous, dans une zone au potentiel illimité et inexploité que j'appelle le « *Point de Dieu* » ou le *« Point Divin » ;* il permet aussi bien la guérison du corps que le déclenchement de visions mystiques, de capacités médiumniques et d'expériences spirituelles inoubliables. En clair, le lobe temporal droit nous permet d'interagir directement avec l'Univers. Bien que les événements vécus au cours d'une expérience aux frontières de la mort ( EFM) soient considérés aujourd'hui comme notre dernière communication et interaction avec la vie, il semble que rien ne puisse être aussi inexact. L'EFM est seulement une expérience spirituelle qui se déclenche lorsqu'on meurt. Mais en étudiant ces expériences, nous avons appris que chaque être humain possède ce potentiel biologique pour interagir avec l'univers et ce à n'importe quel moment de sa vie.

Pour cela, nous devons simplement apprendre à activer notre lobe temporal droit, là où habite Dieu. En tant que pédiatre, j'ai vu ce qui se passait lorsque cette zone était activée chez les enfants passés « *de l'autre côté* ». J'ai aussi remarqué combien ils étaient marqués à vie par leur expérience : ils devenaient plus équilibrés non seulement au niveau mental et physique, mais aussi au niveau spirituel ! Ils mangeaient une nourriture plus saine, obtenaient de meilleurs résultats scolaires et possédaient plus de maturité que leur camarades. Ils sont conscients ce lien avec l'Univers alors que la plupart de leurs camarades ignorent jusqu'à son existence. Ces enfants ont même le sentiment absolu d'avoir une tâche à accomplir sur terre. Ils ne craignent plus la mort. Mieux, ils suivent en permanence leurs intuitions et savent qu'ils peuvent retrouver cette présence divine aperçue dans leur EFM à tout moment, sans être obligés de mourir à nouveau. « *Une fois que vous avez vu la lumière de l'autre côté, si vous essayez, vous pouvez la revoir* » m'a dit l'un de mes jeunes patients. « *Elle est toujours là pour vous* » .

**Où se trouve le Point de Dieu ?** Ne le cherchez pas dans un livre d'anatomie, la science médicale contemporaine ne le reconnaît pas, pas plus qu'un autre d'ailleurs, comme étant celui de Dieu. En fait, les livres classiques de neurologie décrivent le lobe temporal droit simplement comme étant le « *décodeur* », l'interprète de nos souvenirs et de nos émotions. Dans ce livre, nous allons montrer que le lobe temporal droit fonctionne plutôt comme une zone « *surnaturelle* » procurant des capacités d'auto-guérison, de télépathie et surtout de communication avec le divin. Comme ces capacités sont « *paranormales* », elles sont donc controversées. Mais comment cela est-il possible ? Comment pouvons-nous ignorer, et ce depuis des millénaires, quelque chose d'aussi important que la faculté de communiquer avec Dieu ? La réponse la plus simple pourrait être la suivante : « *nous sommes au Moyen-âge de la spiritualité* » et devons encore évoluer pour en sortir. En effet, l'histoire humaine comporte d'innombrables cas d'aveuglements intellectuels. Ce sont les ( suite dans le livre )



# ENQUETE SUR L'EXISTENCE DES ANGES GARDIENS

**version « présidentielle », 600 pages**

## de Pierre Jovanovic

***« Le livre ultime sur les Anges Gardiens »,***
**Dr Melvin Morse ( à propos de la version américaine )**

Lors d'un reportage à San Francisco, alors qu'il se trouvait dans une voiture, Pierre Jovanovic se jette soudain sur la gauche, une fraction de seconde avant qu'une balle ne pulvérise son pare-brise. En discutant avec ses confrères journalistes, il découvre d'autres histoires étranges similaires: journalistes arrachés à la mort par miracle alors qu'elle était inévitable, temps qui « ralentit » mystérieusement, « voix intérieures » qui avertissent d'un danger, sentiment d'insécurité, gestes « inexpliqués » qui sauvent. Tout le monde connaît au moins une histoire totalement incompréhensible de ce genre, et ce livre recense les différentes variantes de ces faits quotidiens inexplicables. *Enquête sur l'Existence des Anges Gardiens* est également le premier ouvrage qui étudie d'une manière approfondie les apparitions d'Anges dits « gardiens » dans les expériences aux frontières de la mort (EFM), révélées par le docteur américain Raymond Moody. Les résultats de cette investigation de 6 ans dans le domaine des EFM ont poussé Pierre Jovanovic à examiner les apparitions d'Anges chez les grands mystiques chrétiens et à les comparer à celles des EFM, ce qui constitue également une première. La presse internationale, d'une voix unanime, a qualifié cet ouvrage d'exceptionnel : le lecteur est progressivement plongé dans l'impénétrable des EFM, parce que la démonstration est menée à la façon d'une enquête policière. Une fois l'ouvrage commencé, le lecteur ne plus s'arrêter, emporté par la curiosité et la volonté de savoir s'il possède, lui aussi, son Ange gardien. **FIGARO LITTERAIRE:** « *La présence angélique est évidente* » Laurence Vidal. **PARIS MATCH:** « *Peut-on croire aux Anges ?* » Marie-Thérèse de Brosses. **JOURNAL DU DIMANCHE:** « *Une enquête de six ans que vous lisez comme un policier* », **LE REPUBLICAIN LORRAIN:** « *Ce livre laisse le lecteur fasciné* » Gaston Schwinn. **AISNE NOUVELLE:** « *Une enquête de détective* ». **CENTRE PRESSE:** « *On demeure perturbé lorsqu'on le finit* ». **COURRIER PICARD:** « *Les anges en 6 ans d'enquête* ». **L'EST REPUBLICAIN:** « *Une enquête par un journaliste scientifique* ». **NICE MATIN:** « *Une enquête avec beaucoup de distance et d'humour* ». **OUEST-FRANCE:** « *Ne l'appelez pas "hasard"* ». **LE COURRIER DE L'OUEST:** « *Le premier livre sur les anges gardiens dans les NDE* ». **TELE 7 JOURS:** « *Un best-seller* ». **TF1 MAGAZINE:** « *Les anges flottent* ». **LE POINT:** « *Pierre Jovanovic a importé les anges en France...* » Stephanie Chayet. **LE CANARD ENCHAINE:** « *Les ailes du délire* ». **ELLE:** « *Une enquête de police...* ». **MARIE-CLAIRE:** « *Le livre le plus détaillé sur les Anges* » Isabelle Girard. **MADAME FIGARO:** « *Des mystiques aux NDE, on y est presque* »,

**FEMME:** « *Une enquête très sérieuse* » Judith Belisha. **BULLETIN DES MEDECINS:** « *Une première...* », **MYSTERES:** « *Enquête détaillée* », **FAMILLE CHRETIENNE:** « *Le premier livre sérieux sur les anges* » Luc Adrian. **ROYALISTES:** « *Un retour doctrinal* » Gérard Leclerc. **REPONSE A TOUT:** « *Vous devez lire ce livre* ». **JEUNE AFRIQUE:** « *Une enquête sur les anges faite par un journaliste* » Jean-Claude Perrier. **Radio CANADA:** « *Un livre extraordinaire* » Richard Cummings. **LE SOIR ILLUSTRE, Bruxelles:** « *Vous pouvez le lire* » Patrica Hardy. **Tv Ad-Lib Canada:** «*Un livre impressionnant* » Jean-Pierre Coalier. **TV-5 Espagne:** « *Une enquête impressionnante* » Benigno Morilla. **ELLE-Italie:** « *Un travail exceptionnel* » Michela Cristallo.



**Document : texte biblique**

# ENOCH : DIALOGUES AVEC DIEU ET LES ANGES

**versions complètes éthiopienne et slavonique**

**par Anne-Marie Bruyant** agrégée de lettres classiques
**et Pierre Jovanovic**

***Le texte que le Christ connaissait par cœur parce qu'il le citait en permanence***

Ce livre demeure une référence absolue sur le dialogue avec Dieu et les Anges. Une expérience mystique, assortie de la plus extraordinaire sortie hors du corps jamais racontée.

Pour la première fois en France depuis 1898, un livre fait le point sur les dernières découvertes à propos d'Enoch en proposant les textes complets en langage contemporain ( versions éthiopienne et slavonique ) avec des interviews du professeur James C. Vanderkam et surtout de Joszef Thadeus Milik, le paléographe des Manuscrits de la mer Morte.

Analysé depuis plus de 150 ans par des linguistes et des théologiens, le Livre d'Enoch est un véritable livre magique, raison pour laquelle il survit depuis au moins 2700 ans. Indispensable à tous ceux qui cherchent le dialogue avec Dieu et ses Anges.

**Premier chapitre en ligne :**
**www.jardindeslivres.com/09enok1.htm**

# LE LIVRE DES SECRETS D'ENOCH

**version bilingue slavonique**

**par le Pr. André Vaillant et Pierre Jovanovic.**

Depuis plus de 2000 ans, le Livre d'Enoch a la réputation de porter chance à toute personne qui le lit. Le texte de la version « slavonique » est le plus mystérieux sans doute parce que le plus fidèle au texte original sumérien, comme le montre le dossier historique.

En effet, les nouvelles découvertes archéologiques montrent qu'Enoch, celui qui a été emporté au ciel par Dieu, et celui qui doit revenir avant le grand Jugement, s'appelait en réalité Enmerudanki, Prince de Sippar.

Afin de préserver l'originalité et la richesse du travail d'André Vaillant, le Jardin des Livres a reproduit dans son intégralité la version bilingue afin de mieux saisir l'incroyable portée du Livre d'Enoch, accompagnée d'un dossier historique de plus de 100 pages.

## ENCYCLOPEDIE DES PHENOMENES EXTRAORDINAIRES DANS LA VIE MYSTIQUE

**Joachim Bouflet**

**En 3 tomes (456 pages, 420 pages et 340 pages)**

Historien de formation, Joachim Bouflet s'est imposé avec ces deux premiers ouvrages, comme le meilleur spécialiste mondial des études sur les phénomènes surnaturels du mysticisme, digne successeur du spécialiste anglais Herbert Thurston. Salué par la critique comme le travail le plus complet jamais effectué sur le sujet, ces ouvrages se lisent presque comme un roman fantastique.

**Le tome 3, *Les Anges et leurs saints***, nous invite à faire une incursion dans le monde angélique et dans ses rapports - tantôt graves, tantôt drôles, mais toujours fantastiques - avec les mystiques. Un livre toujours aussi "extraordinaire", nous montrant les relations parfois stupéfiantes entre les anges et "leurs" saints, qui, parfois, n'en mènent pas large devant ces guides exigeants, mais non dépourvus d'humour comme par exemple saint Michel qui oublie toujours quelque chose derrière lui à chacune de ses apparitions. Un travail unique.



## Document :

# LA VIERGE DU MEXIQUE

### ou le miracle le plus spectaculaire de Marie

### par le Père François Brune
### préface de Didier Van Cauwalaert

Un journaliste de France-Info expliquait récemment à l'antenne que « *même les Mexicains qui ne croient pas en Dieu, croient en la Vierge de la Guadalupe* ».

Cette phrase, assez mystérieuse pour nous, ne prend toute sa dimension qu'à la lecture de ce livre remarquable du Père Brune. En effet, à côté de l'apparition mexicaine de la Vierge, celle de Lourdes semble tout à coup bien terne car les preuves hallucinantes – surnaturelles - laissées par Marie ( pigments de couleur extra-terrestres, yeux "vivants", entre bien d'autres choses ) sont aujourd'hui prouvées par des scientifiques médusés. Si le Père Brune qualifie cette apparition de « *bombe à retardement* », c'est tout simplement parce que ces preuves n'ont pu être découvertes que récemment grâce aux nouvelles technologies !

Un livre qui doit être lu par tous ceux qui désirent avoir

une « preuve » de l'existence de Dieu ou de Marie. Ou simplement par ceux qui veulent qu'un « miracle » leur soit prouvé.

**www.jardindeslivres.com/07brune1.htm**

# LA VIERGE DE L'EGYPTE

## par le Père François Brune

Depuis 1968, la Vierge apparaît régulièrement en Egypte et les millions de musulmans, comme de chrétiens, se sont véritablement frotté les yeux en découvrant la Mère du Christ flottant au-dessus de l'église de Zeitoun, de Choubra ou encore d'Assiout. Ainsi, la Vierge est apparue pendant presque trois ans à Zeitoun et elle a été vue chaque soir par plus de 100.000 croyants ou athées, y compris le président égyptien de l'époque, Nasser. Encore plus étrange, elle a repris ses apparitions spectaculaires en 2000, à Assiout. Mais en Europe, ce fut le silence. Pourtant, et pour la première fois dans l'histoire des apparitions mariales, elles ont été photographiées et certaines même filmées par la télévision égyptienne.

Le Père François Brune a enquêté en Egypte auprès d'innombrables témoins et nous livre dans cet ouvrage quasi-surnaturel le résultat de son incroyable enquête.

**290 pages avec photos noir et blanc + un cahier de photos couleurs des apparitions de l'an 2000 à Assiout.**

# VOIE EXPRESS POUR LE PARADIS

## Ned Dougherty

Membre de la jet-set, millionnaire, cocaïnomane et un peu alcoolique, rien ne prédisposait Ned Dougherty à s'occuper de choses spirituelles jusqu'à ce que son cœur le lâche brutalement sur le trottoir de sa discothèque. Sanglé dans l'ambulance avec des urgentistes au-dessus de lui tentant de le réanimer, l'homme d'affaires se sent soudain quitter son corps et flotter au-dessus de lui-même. Il ne comprend pas et cherche aussitôt sa Rolex lorsqu'un tunnel lumineux s'ouvre devant lui et dans lequel se trouve un ami, mort pourtant 15 ans auparavant. Ned Dougherty traverse le tunnel « hors du corps » et là commence son incroyable odyssée : il se retrouve en présence de la **Femme de Lumière** qui lui montre son avenir personnel, ainsi que celui du monde. Dans ces visions, l'homme d'affaires assiste à des scènes apocalyptiques, difficilement plausibles pour lui, comme par exemple celle des *Twin Towers* s'effondrant presque ensemble dans un fracas assourdissant de débris et de sirènes, ou celle d'une vague haute comme un immeuble, décimant toute la côte Est, déclenchant la chute économique des Etats-Unis par les faillites des compagnies d'assurance entraînant, dans leur sillage, celle des banques.

Son livre mentionnant qu'un « ***attentat terroriste majeur pourrait frapper New York ou Washington, avec de graves répercussions sur le mode de vie aux États-Unis*** » est sorti dans les librairies américaines six mois avant le 11 septembre. Mais ce n'est qu'après les attentats que le public a plébiscité cet ouvrage, première expérience aux frontières de la mort sans « enluminures » qui montre aussi à quel point notre enfance conditionne notre vie d'adulte.

# LE PRINCIPE DE LUCIFER

## *le livre « phénomène » sur la violence*

## de Howard Bloom

**468 pages**

« ***Du caviar pour l'esprit*** », «***Le livre qui fait sensation*** ». « *Les lecteurs seront émerveillés par le miroir que Bloom tend à la condition humaine et fascinés par la masse éclectique de données qui surgissent avec la grâce et la furieuse intensité de la volée d'une balle de tennis. Son style est attirant, plein d'esprit et vif. Il se repose sur une douzaine d'années de recherches dans une véritable jungle de spécialités universitaires diverses... et prouve méticuleusement chaque* *information...* » **The Washington Post** « *Un immense plaisir à lire et débordant d'informations fantastiques.* » **The New York Review of Books** « *Ce livre couvre un sujet que les sources plus timides et plus conventionnelles n'osent pas confronter : la nature et les causes de la violence humaine... vigoureux... fervent... une théorie fraîche et viable sur l'évolution de l'humain social* ». **The Washington Times** « *Le travail de Bloom rassemble une telle quantité d'évidence, qu'il rappelle* l'Origine des Espèces *de Darwin* ». **Wired** « *Provoquant... explosif... fringuant... un assemblage de grenades rhétoriques qui remettent en cause nos innombrables formes de satisfaction de soi* ». **The Boston Globe** « *Howard Bloom bouleverse toutes nos idées préconçues, et au passage libère notre manière de penser, nous permettant de voir le monde différemment* ». **Los Angeles Weekly** « *Le tour de "science" et d'histoire de Howard Bloom Bloom est fascinant... une idée grandiose, extraordinaire* » **The Detroit Free Press** « *Elegant... Un dîner quatre étoiles pour le cerveau... Une nouvelle vision révolutionnaire de la nature humaine... Un travail monumental d'un penseur merveilleux et original. Tout simplement extraordinaire* ». **Newark Star-Ledger.** « *Un regard philosophique sur l'histoire de notre espèce, qui alterne entre le fascinant et l'effrayant. Le lire fut comme lire du Stephen King. Je n'ai pas pu le poser. Exceptionnel* ». **Rocky Mountain News** « *Howrad Bloom a un telle maîtrise de son sujet, et une telle facilité à communiquer de manière attrayante que ce livre est quasiment enivrant... L'Histoire entre les mains de Bloom devient tellement excitante qu'on en devient sceptique. Mais chaque information difficile à croire, comme par exemple ces 30.000 Japonais qui se sont suicidés en sautant d'une falaise d'Okinawa, est soutenue par les sources en annexes. On y trouve également une bibliographie impressionnante. Howard Bloom nous a fait une faveur : son livre passionnant et quelque peu choquant pulse avec des ponctions bizarres dans l'histoire, la sociologie, et l'anthropologie* » **The Courier-Mail** « *Un travail fascinant. La théorie de Howard Bloom peut être résumée de la manière suivante : premièrement les réplicateurs (les gènes par exemple) qui produisent leur matière si facilement de façon exponentielle que le résultat à leur bout, entre autre, c'est moi, c'est vous. Deuxièmement, les êtres humains, comme toutes les formes de vie animales, existent à l'intérieur d'un superorganisme : nous sommes, dit Bloom, des composants jetables d'un être* *plus important que nous mêmes. Troisièmement, les mèmes, ces grappes d'idées qui se répliquent d'elles-mêmes, devenues la colle qui maintient les civilisations. Quatrièmement, le réseau neuronal, le groupe de pensée qui nous transforme en une massive machine d'apprentissage. Enfin, le dernier point, l'ordre de préséance qui existe chez les hommes, les singes, les guêpes et même les nations qui explique pourquoi le danger des barbares est réel, et pourquoi les idées de notre politique étrangère sont souvent fausses* ». **Los Angeles Village View** « *Un livre dérangeant* (...) *de la nourriture pour l'esprit, plutôt que raison de désespoir* ». **Booklist** « *Saisissant... Habile...Gracieux... Howard Bloom est quelque chose qu'on ne rencontre plus beaucoup de nos jours : un esprit universel.* Le Principe de Lucifer *est vraiment épatant à lire, ce type de livre qui donne l'envie d'attraper le téléphone pour avoir une bagarre avec l'auteur pratiquement toutes les trois pages, simplement pour voir ce qui va se passer... Hérétique... Enervant... Divertissant et engageant, ce qui est - selon ma définition - une bonne description d'un compagnon agréable* ». **The Phœnix** « *Se repose solidement sur des preuves biologiques et anthropologiques pour montrer que les êtres humains ne sont pas par nature des individualistes, ou des isolés, mais qu'au contraire ils ont une puissante et naturelle inclinaison pour le groupe social, et que la plupart de la violence et de la cruauté qui a caractérisé l'histoire humaine est ancrée dans la compétition entre groupes pour le statut (social) et la domination* ». **Foreign Affairs** « Le Principe de Lucifer *est devenu une sensation "underground" dans les communautés scientifiques et littéraires* ». **The Independent Scholar** « Le Principe de Lucifer *est devenu l'un des livres de sciences le plus influent depuis sa publication, salué par 22 scientifiques de renommée mondiale comme étant un ouvrage majeur. Le livre est tellement annoté, mais facile à lire, et accessible - une preuve du talent d'écrivain de Bloom. Peu de livres changent votre vie ou vos concepts de la vie de cette manière. Mais celui-ci, oui, définitivement* ». **Disinfo.com.** « *Howard Bloom a écrit une "Histoire du Monde" avec un nouveau point de vue reposant sur la structure psychologique et les prédispositions naturelles de la pensée humaine. Son récit est une formidable alternative à celles qui reposent sur des assomptions politiques ou théologiques* ». **Pr. Horace Barlow, Royal Society Research Cambridge University** « *Le livre de Howard Bloom est puissant, provoquant, un plaisir à lire, et, j'es-*

*père, qu'il a au moins à moitié tort* ». **Pr. Ellen Langer, PhD, Prof. Psychology Harvard University** « *Un summum de l'écriture. L'un des meilleurs livres contemporains que j'aie lus* ». **Pr. Paul C. Edwards Stanford University** « *Un puissant outil de réflexion, complexe et ambitieux, franc, avec une capacité exceptionnelle à intégrer, à travers un incroyable spectre d'informations scientifiques. Je me suis retrouvé à pousser des "Ahhh" et des "Ohhh". Excellent, totalement fascinant et brillant* » **Pr. Allen Johnson Anthropology departement UCLA.**

**www.jardindeslivres.com/05bloom1.htm**

# LE PRINCIPE DE LUCIFER

## tome 2, Le Cerveau global

« *Le Travail de Bloom est tout simplement brillant et il n'existe rien de comparable.* Le Cerveau global *est puissant et provoquant. En fait, il explose la cervelle* ». Don Edward Beck.

**Sciences Humaines :**

# LA SEXUALITE DE NARCISSE

**Sarane Alexandrian**

La masturbation du tout premier dieu sumérien Enki donna le fleuve Euphrate. En Grèce avec Diogène elle devint un acte public. En Inde, Shiva y encourageait les amants. En Europe certains la célébraient avec leurs fidèles. Les Anglais la mirent au rang d'activité mystique et d'interaction directe avec les dieux. Quant au Tao, il dit simplement, et avec beaucoup de sagesse, qu'avant de jouer avec l'être aimé, il importe de « *savoir s'auto-cultiver* ».

Mais ce qui surprend le plus dans ce livre extraordinaire de Sarane Alexandrian ( le plus grand spécialiste mondial de la littérature érotique ), est la relation inamovible qui existe entre créativité et auto-érotisme comme le prouvent les textes des plus grands écrivains et artistes comme Diderot, Rousseau, Kierkegaard, Artaud, Proust, Joyce, Freud, Eluard, Aragon, Prevert, André Breton, Yves Tanguy, Max Ernst, Salvadore Dali et tant d'autres.

Cet ouvrage richissime - dans lequel on apprend plus de choses sur soi-même en quelques heures que pendant toute une vie de méditation - donne au lecteur le bonheur de (re)découvrir que la solitude offre parfois bien plus d'intensité que les tièdes étreintes en couple.

Grâce à Sarane Alexandrian, on comprend alors mieux cette phrase mystérieuse de Pascal : « *Tout le malheur des hommes vient du fait qu'ils ne savent pas rester seuls dans une chambre* » et on se surprend à le remercier d'avoir écrit ce livre avec une telle érudition.

## Roman :

# LES PONTS, LE DIABLE ET LE VIADUC

### Jacques Godfrain

**LCI :** « *Mon coup de cœur.* » **Patrick Poivre d'Arvor**

**LE MIDI LIBRE :** « *Un duo de choc émerge évidemment un peu plus dans le livre : le diable et les ponts. Jacques Godfrain* [ député UMP et Maire de Millau ] *s'est visiblement bien documenté, livrant ainsi un mélange de réalité-fiction sous le signe de l'ésotérisme. Le diable aurait enseigné aux hommes la construction du premier pont. Il a proposé son savoir faire en échange d'une âme, celle du premier à le traverser. Partant de cette légende répandue un peu partout à travers le monde, Jacques Godfrain a tracé sa route littéraire.* (...) *Disons qu'avec* Les ponts, le diable et le viaduc *il conjure le mauvais sort, pour lui d'abord peut-être et accessoirement pour le président de la République. Il met en tout cas la pression, via le livre, à Jacques Chirac. Celui-ci n'a pas intérêt, en janvier 2005, de refuser l'invitation sur le viaduc de Millau. Il passerait pour un trouillard* ».

**LA DÉPÊCHE DU MIDI :** « *Pour déjouer la malédiction* [ de l'inauguration du viaduc ], *une fringante jeune énarque, Aline de la Brosse - obsédée de chaussures par ailleurs - se voit au sortir d'une réunion à l'Elysée le soin de trouver une solution avec l'architecte du viaduc, rebaptisé Nigel Forsyth. De Las Vegas à Londres, de Paris à Cahors et à Millau, Jacques Godfrain amène alors son lecteur à suivre une intrigue toujours très documentée* (...) *où le paranormal côtoie un chassé-croisé amoureux bien huilé, empreint d'un érotisme torride entre l'énarque et l'architecte* ». Philippe Rioux

**LE PROGRÈS :** « *Un livre plaisant à lire, plein d'allusions piquantes, de clins d'œil malicieux, de rapprochements habiles, une histoire divertissante... en diable !* » Jacques Vaizy

# L'EXPLORATEUR DE L'AU-DELA

### d'Anne-Marie Bruyant et Pierre Jovanovic

***« Après avoir traversé bien des zones, je peux avouer que je reviens vraiment de très loin. Dans vos langues, ces zones ne possèdent pas de nom puisqu'elles ne se trouvent nulle part. Aussi, en m'efforçant d'être aussi bref et clair que possible, j'aimerais vous raconter mon voyage dans l'au-delà afin que ceux qui s'apprêtent à prendre le même chemin que moi sachent ce qui les attend »***

*L'Explorateur de l'Au-delà* commence là où les biographies normales se terminent : debout à côté de son cercueil, Franchezzo, un aristocrate richissime, découvre qu'il est mort. N'étant guère familier avec les questions spirituelles, il refuse son état, puis, dépité, commence à explorer son environnement jusqu'à découvrir progressivement les différentes sphères qui composent ce que les Evangiles appellent « *les nombreuses demeures* » de l'au-delà. Témoignage unique sur le fonctionnement des diverses strates de l'après-vie, *L'Explorateur de l'Au-delà* ( qui a inspiré les films « Ghost » et « Au-delà de vos rêves » ) est le plus grand texte disponible à ce jour parce qu'il emporte le lecteur dans un véritable tourbillon et il ne demande qu'une seule chose, que la lecture dure éternellement.

## Roman :

# LE PRETRE DU TEMPS

**Le roman devenu "culte" de Pierre Jovanovic, uniquement destiné à ceux qui connaissent l'Evangile de Saint-Jean. 324 pages.** Environ 1870 avant JC, un jeune prêtre d'Amon découvre qu'il a la capacité d'arrêter le temps. Alors que tout le royaume ne rêve que d'obtenir un des ses oracles ou l'un des ses envoûtements, lui veut se suicider car ayant la capacité de voir son avenir avec chaque femme qu'il convoite, il ne peut aimer, car pouvoir aimer, c'est ne pas connaître le futur. Jusqu'à ce qu'il rencontre une fille de Seth, une rousse... ***« Un livre inclassable. De tous les livres que j'aie lus, celui-ci est de loin le plus mystérieux et le plus étrange avec un talent littéraire incontestable »*** **Philippe Tesson.**

15 chapitres en ligne:
www.jardindeslivres.com/02amon1.htm

## Document :

# BIOGRAPHIE DE L'ARCHANGE GABRIEL

**Pierre Jovanovic**

**334 pages + 16 pages de photos**

Personne en 2000 ans ne s'était jamais penché sur la « vie et l'œuvre » de l'Archange Gabriel, celui qui a annoncé la naissance de Saint Jean-Baptiste, du Christ à

Marie et qui a dicté le Coran à Mahomet.

Pourquoi ?

Parce que trop contradictoire et trop sexuel. L'Archange Gabriel embarrasse l'Eglise qui ne voudrait voir en cet Ange qu'un simple porteur de messages.

Un voyage extraordinaire à travers le temps et l'histoire des religions avec Pierre Jovanovic qui dresse un portrait unique de l'Archange Gabriel, celui qui se tient devant Dieu. Une biographie étonnante, plus passionnante que celle de n'importe quelle célébrité contemporaine.

Vision fascinante de l'histoire des hommes à travers les yeux d'un Archange dont la mission consiste à annoncer l'avenir.



## Roman :

# L'ETRUSQUE

•

## Mika Waltari

**Olivier Barrault** ( *Un livre, Un Jour*, 1er juin 2004) **FR 3 :**
« *Le maître du roman historique nous emmène en Méditerranée* »

Au Ve siècle av. JC, Lars Turms est amoureux de son Ange gardien qui se trouve être une femme. En attendant de la retrouver pour vivre avec elle dans l'éternité, il parcourt le monde antique en compagnie d'Arsinoë, une vierge sacrée nymphomane, le seul amour de sa vie terrestre. Et ce n'est qu'après sa participation à la bataille de Marathon que l'on finit par progressivement découvrir pourquoi les dieux lui ont imposé un chemin de vie si difficile et pourquoi il ne devait pas connaître ses parents.

Avec ce livre crépusculaire de Mika Waltari ( auteur de *Sinouhé l'Egyptien* ) on ne regrette qu'une seule chose, qu'il n'ait pas 500 pages de plus. Traduction de Jean-Pierre Carasso

**Roman :**

# L'ESCHOLIER DE DIEU

Mika Waltari

***« La naissance du protestantisme »***

Etudiant à la Sorbonne avant de devenir l'espion du Roi du Danemark, le destin du jeune catholique Mikaël l'emmène au cœur d'une forêt allemande où il rencontre une « guérisseuse » qui va définitivement l'ensorceler avec ses potions. Mais en 1520, le Vatican veille, et le jeune homme va découvrir le visage le plus cruel de l'Eglise.

Ecœuré par Rome et ses méthodes barbares, Mikaël se joint alors aux paysans révoltés allemands, rencontre un certain Luther et assiste en témoin privilégié de l'Histoire à la naissance du protestantisme.

Et c'est en compagnie du médecin Parcelse que le destin va lui permettre de venger sa femme.

Avec ce livre, Mika Waltari étale au grand jour le génie de son style littéraire, c'est-à-dire un roman historique qui se lit comme un roman policier... Unique.

# LE DICTIONNAIRE DES ANGES

**Gustav Davidson**

**plus de 4000 entrées & 133 illustrations**

***Le Livre évènement***

« *Unique !* »
**Isaac B. Singer, Prix Nobel de Littérature.**

« *Sublime. Le fruit de 15 années de recherches en littérature biblique, talmudique, gnostique, cabalistique, apocalyptique, etc.* »
**Wall Street Journal**

« *Le Triomphe du savoir universitaire* »
**New York Times**

« *Magnifique ! Un bonheur sans fin* »
**The Times of London**

Conservateur à la Bibliothèque du Congrès de Washington, Gustav Davidson a passé sa vie à rechercher les Anges dans toutes les bibliothèques du monde, nationales ou privées, y compris celles des châteaux et des couvents les plus isolés. Papyrus, codex, textes saints, grimoires, formules magiques, écrits apocryphes, rites cabalistiques, incantations, etc., il n'a négligé strictement aucun domaine. Au bout de 15 années de travail acharné, il a dressé le tableau des habitants des quatre coins du Ciel en rédigeant la fiche de plus 4.000 Anges, Archanges, Dominations, Vertus, Puissances, Trônes, Principautés, Chérubins et Séraphins, sans jamais tenir compte de la distance qui les sépare du Trône de Dieu. **Un pur ravissement de l'esprit.**

# COMME UNE BETE et GARE A LA BETE

## de Philip José Farmer, *l'ange Gabriel de la Littérature*

Philip José Farmer est un écrivain mystique, fasciné par l'interaction qui existe entre notre monde humain et le monde divin. Dans les *Amants Etrangers*, livre qui l'a rendu mondialement célèbre, Farmer a traité ce thème en refaisant une *Annonciation* : marié à une femme frigide et bigote le héros n'avait pas réussi à la voir nue, ni même à la toucher. Ne pouvant plus supporter la société prude imposée par le clergé, et totalement frustré, le héros accepte de s'expatrier. Il embarque à bord du vaisseau spatial « *Gabriel* » qui le dépose sur une planète lointaine. Là, bravant l'interdit des curés, il tombe amoureux d'une jeune extra-terrestre et fait l'amour avec elle ! En 1950, les censeurs en ont avalé leur cutter. Un critique remarqua très justement que pour Philip José Farmer, « *le sexe et la religion sont les deux faces d'une même pièce. Pouvons-nous aller jusqu'au bout de nous-mêmes et accéder à la jouissance totale ? A l'immortalité ? A la résurrection des corps ? A la toute-puissance* ? »

L'immortalité est l'autre thème obsessionnel de Philip José Farmer, plus particulièrement dans son œuvre la plus célèbre, le *Monde du Fleuve*. En effet, Farmer s'était posé bien des questions sur le « *Jugement Dernier* », principe selon lequel les habitants de la Terre périront d'un coup pour être tous ressuscités ensemble. Cependant, Farmer ne s'était pas contenté de poser des questions à son pasteur local, il est allé loin, beaucoup plus loin : il a imaginé ce qui se passerait pratiquement lorsque 40 milliards d'êtres humains, venant de toutes les époques et de toutes les cultures, se réveilleront tous ensemble et au même moment ! Et dans cette saga ( best-seller mondial traduit en 30 langues ) les ressuscités n'ont qu'une seule idée en tête, découvrir Celui qui les a ressuscités.

S'il est dit que tout homme doit rechercher Dieu dans sa vie, alors Philip José Farmer est celui qui est allé le plus loin pour Le trouver, obtenant au passage, lui aussi, une forme d'immortalité. Songez par exemple que son livre *Les Amants Etrangers* a aujourd'hui 54 ans et qu'en 2004, il n'a toujours pas pris une seule ride !

Curieusement, de toute son œuvre littéraire, *Comme une Bête* et *Gare à la Bête* se distinguent comme ses deux livres les plus fous. Se servant de la trame classique d'un bon vieux livre policier, Farmer y examine la part animale de chaque être humain, au sens propre. Avec le personnage de Vivienne Mabcrough, incontestablement le plus original et le plus extravagant de toute l'histoire de la Littérature, y compris sumérienne, Philip José Farmer montre que nous avons tous en nous une part obscure qui ne demande qu'à sortir. Transcendant cette idée avec une aisance indécente, Farmer prouve ainsi à tous les aspirants-écrivains que ce n'est pas tant leur style qui est important mais bien leur imagination. Et là, pas de doute, on en reste abasourdi : mais où est-il allé chercher tout ça ?

Si l'histoire de *Comme une Bête* et *Gare à la Bête* se déroule dans le Los Angeles de la fin des années soixante, elle fait penser à bien des égards au livre du grand romancier finnois Mika Waltari *L'Etrusque*. Le héros de Waltari traverse le monde antique en compagnie d'une vierge sacrée nymphomane dont les roueries finissent par lui révéler sa véritable identité. Le héros de Farmer traverse Los Angeles où son « moi » ne lui sera révélé qu'après un bain de sexualité torride avec Vivienne Mabcrough qui lui donnera, en plus, les clés de l'orgasme absolu. Dans les deux cas, le très prude Waltari et le très libéré Farmer disent la même chose : la sexualité des femmes permet aux hommes de se... retrouver. Et se retrouver dans un lit avec Vivienne, un clin d'œil à la fée, doit être un véritable feu d'artifice. Vivienne Mabcrough ! A elle seule, elle devrait être prescrite par tous les médecins et doublement remboursée, d'abord par la Sécurité Sociale et ensuite par le Ministère de la Culture afin d'encourager la lecture chez la jeune génération. Cette rousse captive l'imagination comme aucun autre personnage de roman. On l'imagine, on la désire, on la caresse et on rêve même de devenir voyeur, comme Farmer, pour la voir ne serait-ce qu'une fois en pleine action. En résumé, *Comme une Bête* et à *Gare à la Bête* sont aux adultes ce que les *Harry Potter* sont aux enfants, un débordement de personnages fantasmagoriques mais avec une sexualité sans frontières, ce qui est normal puisqu'ils viennent tous de galaxies lointaines. C'est la raison pour laquelle Vivienne Mabcrough sort littéralement de ces pages car cette rousse, que Salvador Dali aurait adoré peindre, est à la Littérature ce que Emmanuelle est au Cinéma. Un mythe.

# Bon de Commande

pour les personnes qui ne peuvent pas se déplacer ou qui habitent loin d'une grande librairie ou qui simplement n'ont pas le temps...

( France métropolitaine uniquement )

| Titre | Prix | Q | Ss-Total |
|---|---|---|---|
| La Divine Connexion | 19,9 | | |
| La Vierge du Mexique | 21 | | |
| La Vierge de l'Egypte | 21 | | |
| Voie Express Paradis | 19,9 | | |
| L'explorateur de l'Au-delà | 19,9 | | |
| Enquête Anges Gardiens 600p. | 28,8 | | |
| Enoch, Dialogues avec Dieu | 19,9 | | |
| Le Livre des Secrets d'Enoch | 22,7 | | |
| Biographie de Gabriel | 22 | | |
| Mondes en Collision | 22,7 | | |
| Les Grands Bouleversements | 22,7 | | |
| Le Désordre des Siècles | 22,7 | | |
| Le Prêtre du Temps | 22,7 | | |
| Le Principe de Lucifer | 22,7 | | |
| Le Principe de Lucifer T2 | 22,7 | | |
| Les Ponts, le Diable | 19,9 | | |
| Comme une Bête | 21 | | |
| Gare à la Bête | 21 | | |
| Encyclopédie Mysticisme T1 | 30 | | |
| Encyclopédie Mysticisme T2 | 30 | | |
| Encyclopédie Mysticisme T3 | 23,9 | | |
| La Sexualité de Narcisse | 21 | | |
| La Vénus aux Fleurs | 19,9 | | |
| Le Grand Dérègl. du Climat | 19,9 | | |
| Le Dictionnaire des Anges | 29,9 | | |
| L'Etrusque | 24,9 | | |
| L'Escholier de Dieu | 25 | | |
| | | **ss-total:** | |
| **Frais de port : 3,40 Euro pour le 1er livre, + 1 Euro pour le 2ème + 0,5 Euro pour le 3e.** | **Port gratuit à partir de 4 livres** | | |
| | | **TOTAL:** | |

Les envois sont faits en toute sécurité avec *Colissimo Express La Poste Suivi* ( contre signature )

Votre Prénom et Nom : ______________________________

Votre Adresse : ______________________________________

Code Postal : __________ Ville : ______________________

Un téléphone ( au cas où ) : __________________

Observations particulières : ____________________________

Renvoyez ce bon ( ou recopiez que les titres qui vous intéressent ) avec votre règlement au :

Jardin des Livres
243 Bis, Blvd Pereire
Paris 75827 Cedex 17

Tél : 01 44 09 08 78

Couverture : Patrice Servage
Service de Presse : Marie Guillard

Achevé d'imprimer en avril 2005 sur les presses de la *Nouvelle Imprimerie Laballery* pour le compte des éditions *Le jardin des Livres*
Boîte Postale 40704, Paris 75827 Cedex 17

Dépôt légal : avril 2005

N° d'édition : 0305LGBT2

N° d'impression : 502214